高等学校"十二五"规划教材
市政与环境工程系列丛书

环境分子生物学
研究技术与方法

许志茹　　那冬晨　　李永峰　　郑国香　　主编

徐菁利　　主审

哈尔滨工业大学出版社

内 容 提 要

编者根据多年的教学科研经验,结合环境分子生物学及其他教材、专著、文献资料编写此书。本书分五篇,共 13 章,第一篇绪论包括分子生物学导论和环境样品核酸的提取;第二篇环境组学包括环境微生物基因组学、环境微生物蛋白质组学、环境微生物转录组学和环境微生物代谢组学;第三篇环境分子生物学技术包括 PCR 技术、分子标记技术、荧光原位杂交技术、基因差异表达研究技术、生物芯片技术;第四篇为环境分子生物学技术的应用;第五篇为现代分析仪器。

本书适合作为环境科学、环境工程等相关专业的本科生和研究生教学用书,也可作为相关专业研究人员的参考书。

图书在版编目(CIP)数据

环境分子生物学研究技术与方法/许志茹等主编.
—哈尔滨:哈尔滨工业大学出版社,2012.7
(市政与环境工程系列丛书)
ISBN 978 - 7 - 5603 - 3739 - 5

Ⅰ.①环… Ⅱ.①许… Ⅲ.①环境生物学-分子生物学-研究 Ⅳ.①X17

中国版本图书馆 CIP 数据核字(2012)第 171428 号

策划编辑　贾学斌
责任编辑　张　瑞
封面设计　卞秉利
出版发行　哈尔滨工业大学出版社
社　　址　哈尔滨市南岗区复华四道街 10 号　邮编 150006
传　　真　0451 - 86414749
网　　址　http://hitpress.hit.edu.cn
印　　刷　黑龙江省委党校印刷厂
开　　本　787mm×1092mm　1/16　印张 15.75　字数 370 千字
版　　次　2012 年 8 月第 1 版　2012 年 8 月第 1 次印刷
书　　号　ISBN 978 - 7 - 5603 - 3739 - 5
定　　价　32.00 元

前　言

　　环境保护是当今世界各国人民共同关心的重大的社会经济问题,也是科学技术领域里重大的研究课题。环境科学是在现代社会经济和科学发展过程中形成的一门综合性科学。环境分子生物学作为环境科学与分子生物学的交叉学科,是从分子水平对自然环境的生物因素,特别是环境微生物进行研究。通过研究我们可以了解环境中的微生物种类、微生物之间的关系以及微生物与生境的相互作用,从而对环境做出评价、预测环境的变化趋势。此外还可以通过对环境微生物的研究,发现对人类有价值的新的基因资源,开发其潜在的应用价值。

　　随着社会经济的发展,当今世界上大气、水、土壤和生物所受到的污染和破坏已达到危险的程度。自然界的生态平衡受到严重的干扰,自然资源受到大规模破坏,自然环境正在退化。环境科学就是为解决人类面临的严重的环境问题,为创造更适宜、更美好的环境而逐渐发展起来的。它的兴起和发展,标志着人类对环境的认识、利用和改造进入了一个新的阶段。

　　环境分子生物学是一门新兴的学科,为了让学生及有关读者能够更扎实地掌握环境分子生物学研究技术,我们综合了分子生物学、环境微生物学及相关教材和专著,结合编者的科学研究和教学实践,在广泛查阅国内外有关资料的基础上编写此书。全书分为五篇,共13章。第一篇、第二篇为基础理论部分,第三篇为环境分子生物学的相关技术,第四篇为环境分子生物学技术在相关领域的应用,第五篇为现代分析仪器。

　　本书由许志茹、那冬晨、李永峰、郑国香主编。编写分工如下:第1章至第6章由许志茹编写;第12章由郑国香编写;第7章第10章由那冬晨、王文斗、姬虎太编写;第11、13章由李永峰、郑国香编写。本书的出版得到东北林业大学主持的"溪水林场生态公园的生态规划与建设(No.43209029)"、"环境保护部公益研究基金制药废水排放及环境预警研究(2010)"和"上海市科委重点科技攻关生态氢的制备及其有机储氢(No.071605122)"项目的技术成果和资金的支持,在此特别表示感谢。电子课件与李永峰教授(dr_lyf@163.com)联系。

　　由于编者水平有限,疏漏之处在所难免,真诚欢迎和期待专家、读者批评指正!

编　者
2012 年 1 月

目　录

第一篇　绪　　论

第二篇　环境组学

第三篇　环境分子生物学技术

第四篇　环境分子生物学技术的应用

第五篇　现代分析仪器

第一篇 绪 论

第1章 分子生物学导论

　　分子生物学是多门学科相互交叉渗透并集中在分子水平上研究生命现象与规律的新兴学科。它的逐步形成和发展，与其他生物学科以及化学和物理学的发展有着密切的联系，尤其是与生物化学、细胞学、遗传学和微生物学的发展关系更为密切。随着分子生物学的迅猛发展，多种重要生物的基因组计划的完成，为人类认识生命现象带来了前所未有的机遇，也为人类利用和改造生物创造了极为广泛的前景。

1.1　分子生物学概述

　　什么是分子生物学？这个术语有多种定义。广义的定义是在分子水平解释生物学现象，但这种定义难以与生物化学相区分。另一种更为严格，同时也更为有用的定义是指在分子水平上研究生命的重要物质（注重于核酸、蛋白质等生物大分子结构）的化学物理结构、生理功能及其结构功能的相关性，揭示复杂生命现象本质的一门现代科学。它是在细胞学、遗传学、微生物学、生理学、生物化学等多门生物分支学科发展的基础上建立起来的新学科，其后随着新理论和新技术的发展又为研究各种生物学现象奠定了坚实的基础。

　　自从有了人类文明史，就有了人们对生命现象的记载与描述，人们对大自然、对生命现象的观察与思考。分子生物学的形成经历了漫长的历史发展过程：由形态结构→细胞结构→分子结构；由定性分析→定位分析→定量分析；由表现型→基因型→表现型，不断深化、不断成熟。分子生物学源于遗传学和生物化学。由于早期的遗传学家还不知道基因的分子本质，根据定义对基因的早期研究不能归入分子生物学或分子遗传学，称其为传递遗传学（Transmission Genetics），研究遗传性状从亲本向子代的传递。直到 1944 年基因的化学组成搞清楚以后，将基因作为分子进行研究成为可能，分子生物学才得以诞生。

　　从表面上看，分子生物学涉及范围极广，研究内容似乎包罗万象。事实上，从当今世界生物发展的潮流和研究方向来看，它所研究的内容包括生物遗传信息携带者——核酸的化学、生物信息和传递相关生物大分子结构——蛋白质的化学、生物遗传信息的传递规律（传递的中心法则、复制、转录、翻译等）、生物基因的突变与修复、生物基因的重组与转移、生物遗传信息表达与调控的功能单位与调控规律、生物性状遗传过程与生物进化原动力的分子基础等。分子生物学从人们决定打破细胞、研究组成细胞的大分子（如核酸、蛋白质、多糖）的结构与生物学功能开始，逐步在分子水平上认识了生物的遗传、变异、进化、遗传信息的传递、基因的表达与调控、细胞内和细胞间的信号调节、细胞分化和细胞癌变（增生）及凋亡、个体发育过程调控、感染、病理及机体预防，直到认识高等动植物乃至人类基因组学、蛋白质组学。这样，分子生物学的发展又回到了整体生物学，而生物学的各学科则可能在分子生物学的基础上统一为整体生物学或总体生物学。

1.2　分子生物学简史

20 世纪初，人们重新发现与证实了孟德尔遗传定律，从此，生物学研究按照正确的基本原理与法则突飞猛进。同时，与之相关的化学、数学、物理学与计算机等基础学科的理论、技术及其各项新成果向生命科学不断渗透，推动了生物大分子结构与功能的研究。核酸、蛋白质、生物催化剂（蛋白酶、核酶）、多糖等大分子物质的分子结构、理化性质、生理功能、作用机制以及结构与功能之间的关系等方面研究都有大量的文献资料积累和重大的理论与技术突破。尤其是随着核酸化学研究的进展，1953 年 Watson 和 Crick 共同提出了脱氧核糖核酸的双螺旋模型。这个模型的建立为揭开遗传信息的复制和转录奠定了基础，也是分子生物学学科形成的奠基石。

有人把分子生物学的发展大致分为三个阶段：①从 19 世纪后期到 20 世纪 50 年代初的准备和酝酿阶段，在这一阶段产生了两点对生命本质的认识上的重大突破：确定了蛋白质是生命的主要基础物质、确定了生物遗传的物质基础是 DNA；②从 20 世纪 50 年代初到 70 年代初的现代分子生物学的建立和发展阶段，在此期间的主要进展包括：遗传信息传递中心法则的建立、对蛋白质结构与功能的进一步认识；③20 世纪 70 年代后的初步认识生命本质并开始改造生命的深入发展阶段，此阶段以基因工程技术的出现作为新的里程碑，标志着人类深入认识生命本质并能够改造生命的新时期开始，其间的重大成就包括：重组 DNA 技术的建立和发展、基因组研究的发展、单克隆抗体及基因工程抗体的建立和发展。基因表达调控机理、细胞信号转导机理研究成为新的前沿领域。

而对于分子生物学（Molecular Biology）一词最早出现在 1938 年由 Warren Weaver 写给洛克菲勒基金会的一份年度报告（Report of the Rockefeller Foundation）中。当时，洛克菲勒基金会支持了 Bernal 和 Crowfoot 发表的第一张胃蛋白酶晶体的 X 线衍射图谱的有关研究，以及 Astbuy 和 Bell 关于 DNA 的 X 线晶体图谱所揭示的 DNA 结构像"一叠钱币"的研究。这一系列的研究工作已经开始应用相当精细的技术进行了生命活动的定量研究，研究的内容已经涉及生命活动的精细过程。人们的目光已经注意到生命现象的深层次问题——大分子生命物质的分子结构与功能的相关性，一个新的研究领域已经被开辟。针对这些研究，Warren Weaver 在报告中讲到：在基金会给予支持的研究中，有一系列属于比较新的领域，可以称为分子生物学。1945 年，William Astbury 正式使用"分子生物学"这一术语，并将分子生物学定义为生物大分子的化学和物理结构的研究。此后，以分子生物学命名的研究机构和刊物相继出现。1956 年，英国剑桥医学研究委员会生物系分子研究单位改名为剑桥医学委员会分子生物学实验室；1959 年，出现分子生物学杂志；1963

年,出现"欧洲分子生物学组织"等国际性学术机构。

自生物学分支、形成分子生物学的一个多世纪以来,它是生命科学范围中发展最为迅速的一个前沿学科,推动着整个生命科学的发展。在此期间,生命科学经历了许多重大事件,也正是这些重大事件构成了分子生物学发展的历程。

1866 年,奥地利的 Mendel 在《植物杂交试验》的论文中,提出细胞中的某种遗传因子(即孟德尔因子、基因)决定生物某种遗传性状,并提出了遗传因子的分离法则和自由组合法则。

1869 年,德国学者 Miescher 首次从莱茵河鲑鱼精子中提取了 DNA。

1871 年,Lankester 最早提出分子分类学观点,认为在确定生物系统发生关系的研究中,分析与寻找生物不同种属间化学和分子间的差异比形态学的比较研究更为重要、更为精确。

1900 年,荷兰的 Vries、德国的 Correns 和奥地利的 Tschrmak 分别重新发现与证实了孟德尔遗传法则。

1902 年,Boveri 和 Sutton 根据细胞减数分裂研究,提出了"染色体遗传理论",首次把遗传因子与染色体联系起来。

1909 年,Johannsen 在《科学遗传要义》著作中,首次用"基因"(Gene)一词取代孟德尔提出的"遗传因子",并提出"表现型"与"基因型"等概念。

1910 年,德国科学家 Kossel 获得了诺贝尔生理医学奖,他首先分离出腺嘌呤、胸腺嘧啶和组氨酸。

1926 年,Morgan、Bridges 和 Sturtevant 发现果蝇的伴性遗传,证明基因在染色体上的直线排列方式,提出了连锁遗传法则。同年,Morgan 发表了《基因论》。

1934 年,Bernal 和 Crowfoot 表了第一张胃蛋白酶晶体详尽的 X 线衍射图谱。

1944 年,Avery 等人通过肺炎双球菌转化实验证明,引起遗传性状改变的物质是 DNA 而不是蛋白质或其他物质。

1951 年,McClintock 发表了关于玉米控制成分的论文,揭示了生物基因组的流动性,从而打破了孟德尔关于基因在各个独立的染色体上固定排列的僵化概念。

1952 年,Brigges 和 King 将蛙胚胎细胞核注射到卵内,构建重组胚,发育成克隆蛙。这是基因工程的前奏曲。

1953 年,Watson 和 Crick 通过对 DNA 结构的 X 线衍射的分析,提出了脱氧核糖核酸的双螺旋模型。这一模型被 Wilkins 和 Franklin 所拍摄的电镜直观形象照片所证实。这是分子生物学发展史上最具突破性的事件,开创了分子生物学的新纪元。

1954 年,Gamow 首先提出遗传密码的问题,指出 mRNA 碱基序列和相应蛋白质中氨基酸序列之间存在着相互关系。

1956 年,A. Kornberg 发现 *E. coli* DNA 聚合酶Ⅰ,1958 年分离该酶并在体外环境下酶促合成有活性的 DNA,因此于 1959 年获得诺贝尔奖。

1958 年,Meselson 用著名的"密度转移"实验证实了 DNA 的"半保留复制",建立了密度梯度离心技术。1968 年,冈崎片段发现后提出 DNA 复制是半保留不连续复制。

1958 年,Crick 提出次了"三联体密码",同时阐明了 DNA 在活体内的复制方式,并提出了生物遗传信息单向不可逆传递的"中心法则",认为基因就是连续的 DNA 序列,生命世界就是 DNA——蛋白质的世界。这一法则被生物学界公认,并统治生化界 20 余年。

1959 年,S. Weiss 发现转录酶。

1959 年,Uchoa 发现了细菌的多核苷酸磷酸化酶,成功地合成了核糖核酸,研究并重建了将基因内的遗传信息通过 RNA 中间体翻译成蛋白质的过程。而 Kornberg 则实现了 DNA 分子在细菌细胞和试管内的复制。他们共同获得了当年的诺贝尔生理医学奖。

1960 年,Jacob 和 Monod 经 10 余年研究后提出了乳糖操纵子模型,这是第一个原核基因表达控制的模型,同时还预言 mRNA 的存在。

1961 年,S. Spiegelman 在 T2 感染的 *E. coli* 中发现了 mRNA,并建立了分子杂交技术。

1961 年,法国分子生物学家 Jacob 和 Monod 提出了原核生物基因表达调控的操纵子模型,并预言基因调控研究将推动生物大分子间特别是 DNA 和蛋白质间的相互作用研究。

1962 年,Watson 和 Crick 因为在 1953 年提出了 DNA 的反向平行双螺旋模型而与 Wilkins 共同获得诺贝尔生理医学奖,后者通过对 DNA 分子的 X 射线衍射研究证实了 Watson 和 Crick 的 DNA 模型。

1965 年,R. W. Holley 测定酵母丙氨酸 tRNA 的一级结构,提出 tRNA 的“三叶草”结构模型。

1965 年,Jacob 和 Monod 由于提出并证实了操纵子作为调节细菌代谢的分子机制而获得了诺贝尔生理医学奖。同时他们还预言了 mRNA 分子的存在。

1966 年,M. W. Nirenberg 和 H. G. Khorana 完成全部遗传密码的破译,证明 64 个密码中 3 个是终止密码子。

1967 年,Kates 和 McAuslan 发现真核转录酶,1970 年发现真核 mRNA 含有 polyA 尾巴(在天花病毒感染细胞中发现),于是用 oligo(dT)柱分离纯化真核 mRNA 从而促进研究进展。

1968 年,M. Gellert 等五个实验室发现 DNA 连接酶,为发展体外 DNA 重组技术奠定了基础。

1969 年,Nirenberg 由于在破译 DNA 遗传密码方面的贡献,与 Holly 和 Khorana 等人共同获得了诺贝尔生理医学奖。Holly 的主要功绩在于阐明了酵母丙氨酸 tRNA 的核苷酸 序列,并证实所有 tRNA 具有结构上的相似性。Khorana 第一个合成了核酸分子,并且人工复制了酵母基因。

1970 年,H. M. Temin 和 D. Baltimore 同时发现不同反转录病毒的逆向转录酶,补充了“中心法则”。

1970 年,H. O. Smith 发现了第一个 Ⅱ 型 DNA 限制性内切核酸酶 Hind Ⅱ,导致之后一系列 DNA 限制性内切核酸酶的发现及应用,和 DNA 连接酶一起促进了 DNA 体外重组的发展。

1970 年,Khorana 用化学合成方法合成了酵母丙氨酸 tRNA 基因,这是生物学史上首次人工合成基因。

1972 年,P. Berg 等人建立了 DNA 重组技术,建立了第一个体外 DNA 重组分子(λdvgal DNA 片段克隆到 SV40)。并建立了含有哺乳动物激素基因的工程菌株,促进了 DNA 克隆技术的发展和应用。

1973 年,Cohen 和 Boyer 等成功地将非洲爪蟾的 rDNA 与 *E. coli* pSC101 质粒拼接在一起,重组成一个嵌合质粒在 *E. coli* 中获得表达,证明基因工程技术已达到可使真核基因在原核生物中复制与表达的水平。

1975 年,Furuichit 和 Miura 研究质型多角体病毒,发现真核 mRNA 中的 m^7Gppp 帽子结构。

1975 年,Temin 和 Baltimire 由于发现在 RNA 肿瘤病毒中存在以 RNA 为模板,逆转录生成 DNA 的逆转录酶而共同获得诺贝尔生理医学奖。

1977 年,P. Sharp 和 P. Leder 分别从腺病毒 II 型和鸡卵蛋白基因中发现真核基因内部含有内含子。

1977 年,Gilbert 和 F. Sanger 分别发明了不同的 DNA 测序技术,前者发明了化学断裂法技术;后者发明了加减法和聚合酶链式反应终止技术(即双脱氧终止技术),帮助人们研究基因的精细结构和排列乃至对人类基因组的研究。Sanger 因此第二次获得诺贝尔奖(第一次因首次测定蛋白质——牛胰岛素的氨基酸顺序而获奖)。

1979 年,J. A. Shapiro 提出了描述转座子转座过程的 DNA 转座重组模型,即 Shapiro 模型。

1979 年,Sharp 和 Roberts 发现了断裂基因,与单向不可逆传递的“中心法则”发生冲突。

1980 年,Sanger 因设计出一种测定 DNA 分子内核苷酸序列的方法而获得了诺贝尔生理医学奖。DNA 序列分析法至今仍被广泛应用,是分子生物学最重要的研究手段之一。

1981 年,Cech 等人发现四膜虫大 rRNA 体前分子的自我拼接。这一拼接反应在没有任何蛋白质存在的情况下就能够进行,提出核酶的概念,与单向不可逆传递的“中心法则”再次发出挑战。

1983 年,Mullis 建立体外快速扩增特定基因或 DNA 序列的方法,即 DNA 聚合酶链式反应(PCR)。这一试管中的克隆技术是分子生物学在技术上的一次革命,是现代分子生物学研究的一大创举。

1984 年,Kohler、Milstein 和 Jerne 由于发展了单克隆抗体技术,完善了极微量蛋白质的检测技术而共同获得了诺贝尔生理医学奖。

1985 年,Smithies 等人首次报道在肿瘤细胞中实现了人工打靶载体与内源 β-球蛋白基因间的同源重组。

1987 年,Burke 等人首次构建了基因组 DNA 的 YAC 分子克隆库,使 YAC 克隆技术迅速成为真核基因组制图与致病基因克隆和分离的一个重要工具。

1988 年,Mansour 等人设计了一种称为“正负筛选”的系统,使正确克隆富集的倍数大大提高。

1988 年,McClintock 由于在 20 世纪 50 年代提出并发展了可移动的遗传因子而获得了诺贝尔生理医学奖。

1989 年,Altman 和 Cech 由于发现某些 RNA 具有酶的功能(称为核酶)而共享诺贝尔化学奖。Bishop 和 Varmus 由于发现正常的细胞同样带有原癌基因而共享当年的诺贝尔生理医学奖。

1990 年,人类基因组计划开始实施,借助先进的 DNA 测序技术及相关基因分析手段探明人类自身基因组(Genome)全部核苷酸顺序。

1993 年,Roberts 和 Sharp 由于在断裂基因方面的工作而荣获诺贝尔生理医学奖。Mullis 由于发明 PCR 仪而与第一个设计基因定点突变的 Smith 共享诺贝尔化学奖。

1994 年,Gilman 和 Rodbell 由于发现了 G 蛋白在细胞内信息传导中的作用而共享诺贝尔生理医学奖。

1994 年,Gu 等人首次研制成功条件基因打靶小鼠,采用 flox-and-delete 策略设计了打靶载体,建立了定向改变细胞或生物遗传信息的技术。Wilkins 首次公开使用"Proteome"(蛋白质组)一词。

1995 年,全基因组覆盖率高达 94% 的人类基因组物理图问世。3、12、16、22 号染色体高密度物理图以及 30 余万左右 cDNA(EST)序列测序的《人类基因组指南》由 Nature 出版。

1995 年,Lewis、Nusslei-Volhard 和 Wieschaus 由于在 20 世纪 40~70 年代先后独立鉴定了控制果蝇体节发育基因而共同获得诺贝尔生理医学奖。

1997 年,Wilmut 等人用成年绵羊的乳腺上皮细胞作为供体,成功克隆出"多利"羊。

2000 年,首次宣布完成人类基因组的工作框架图,同时提出 RNA 组学。

2001 年,人类基因组计划正式完成,国际人类基因组计划与美国 Celera 公司分别在 Nature、Science 公布人类基因组草图。将蛋白质组学研究提上议事日程。

2003 年,美国 Science 杂志连续三年将 RNA 组学研究成果(包括 RNA 干扰以及 siRNA 和 miRNA 在内的小分子调控 RNA)评为当年十大科技突破之一。

2005 年,与人类最近亲的黑猩猩基因组序列草图公布。

随着划时代研究成果——人类基因组序列草图的完成,生命科学领域的新纪元——后基因组时代已经开始,分子生物学在迅速的发展中涌现出更多新成果、新技术。从基因到基因组(Genomic),从蛋白质(Protein)到蛋白质组(Proteomic);从基因学(Genetics)到基因组学(Genomics)到蛋白质组学(Proteomics)到代谢组学(Smetabolismics)到核糖核酸组学(RNomics),这不是一个简单的转变,而是一个巨大的跨越。分子生物学已成为带动生命科学的前沿学科。当今,分子生物学研究的核心就是功能基因组学研究,而蛋白质组学研究、核糖核酸组学研究与代谢组学研究则是这一核心研究的技术平台。21 世纪生命科学中一切重大事件都将围绕这一核心主题发生,关于生命本质的研究也将因新一轮重大事件的发生而获得更大的进展。与此同时,新的挑战、新的课题、新的学科分支、新的技术平台将会不断出现。

1.3　分子生物学的现状与展望

分子生物学拥有着令人鼓舞的现状和世人瞩目的发展,成为生命科学范围内发展最为迅速的一个前沿领域,同时推动着整个生命科学的发展。20 世纪 90 年代以来分子生物学在理论和技术方面都取得了重要进展,在 DNA 的复制、修复、转录、翻译和调控的分子机理等方面都得到了进一步的阐明,如拓扑异构酶Ⅰ(Topoisomerase Ⅰ)的晶体结构、核糖体结构的研究使得我们对 DNA 的复制、翻译等的认识比过去更深入了许多。2003年4月，由美、日、英、法、俄、中六国科学家共同宣布人类基因组计划的完成，标志着人们开始从被动地认识自然界转向主动地改造自然界；结构分子生物学是由分子生物学发展出来的最有价值的一个分支，实际上它是现代分子生物学的重要组成部分。而 X 射线衍射及其他高分子研究技术的相继问世，使得建立生物大分子三维构象库的梦想逐步实现。根据2001年的数据统计，共有 20 000 余套蛋白质构象入库。此外，DNA 重组技术广泛的应用，使得基因克隆分析日益成为全世界数以万计的科学工作者手中的"常规武器"，每年有上千个新的基因序列被存入人类基因文库，总共有 200 多种植物被转化成功。

分子生物学已广泛渗透入生物学各个领域，使得这些领域大大发展。人们不仅从宏观和微观角度认知生命世界，也从分子水平、细胞水平、个体水平甚至群体水平等不同层次展开对各种生命现象的研究，揭开生命的奥秘。生物学革命也为数学、物理学、化学、信息科学、材料与工程科学注入了新鲜的血液，促使这些学科在理论和方法上提出许多新概念、新问题和新思路。

分子生物学与细胞生物学关系密切，现已形成一门新的学科——分子细胞生物学。许多细胞生物学问题如细胞分裂、细胞骨架、细胞因子的研究都进入了分子水平。免疫学与分子生物学结合，产生了分子免疫学。病理学与分子生物学结合，产生了分子病理学，其中病毒学与分子生物学结合，就是分子病毒学。目前，分子生物学几乎已渗入到所有生物科学的各个领域，甚至最古老的动物和植物的分类学也开始采用分子生物学研究物种的亲缘关系，于是有了分子系统学的出现。

结构分子生物学是 20 世纪90年代以来兴起的一门新学科，它专门研究生物大分子的空间结构和功能。目前，生物大分子三维结构的研究进展极快，在全世界范围内已达到平均每天能解析出 3 种蛋白质晶体结构的速度。高分辨率的蛋白质晶体结构使我们更加深入地了解蛋白质多肽链的折叠结构与相应功能的关系。DNA 和蛋白质的相互作用是结构分子生物学中另一个热点领域，它对分子生物学的理论研究至关重要。

遗传学是分子生物学发展以来受影响最大的学科。孟德尔著名的分离规律和自由组合规律以及摩尔根的连锁与互换规律，在近20年内相继得到分子水平上的解释。越来越多的遗传学原理正在被分子水平的实验所证实或摒弃，许多病害已经得到控制，许多经典遗传学无法解决的问题和无法破译的奥秘也相继被攻克，分子遗传学已成为人类了解、阐明和改造自然界的重要武器。

蛋白质工程技术与分子生物学结合是促进分子生物学发展的一条途径，采用定点突变方法使基因结构发生改变，从而可以改变基因表达产物中的氨基酸残基，就有可能使我们了解蛋白质中每个氨基酸甚至每个化学基团所起的作用。

我国自20世纪50年代以来，通过征集和考察共收集 1 160 种作物种质资源36万份，成为在数量上处于世界第二位的种质资源最为丰富的国家，并且建成了现代化的国家作物种质库，实现了长期保存和复份保存。同时由于核酸技术的进步，人们摆脱了过去专门依靠形态等表观特征探讨生物亲缘关系的局限性，开始利用现代分子生物技术对种质资源进行鉴定、遗传多样性分析及优良基因的跟踪与转移，这也直接导致了分子系统学的出现。

人类基因组计划被称为使人类历史上最为宏伟的三大成就之一。而随着该研究的完成,蛋白质组计划或者说后基因组计划成为目前研究工作者最为迫切解决的问题。蛋白质工程技术与分子生物学的结合是促进其发展的一条途径。采用定点突变技术使基因组结构发生改变,从而定向改变基因表达产物的功能,就有可能帮助我们了解蛋白质中每个氨基酸甚至到核酸中某个核苷酸所起的作用。

分子生物学的发展趋势一是纵深求索,二是横向交叉。以"大学科"态势协同攻关探索生命的深层奥秘,在整体水平上系统协调揭示生命的复杂规律。纵深求索就是不断将本学科的理论与技术引向深入,在相当长的时期内,在基因组研究、基因表达调控研究、结构分子生物学研究、生物信号传导等四大前沿领域开展深入持久的工作,并由此开拓新的前沿领域和新的生长点。横向交叉就是不断地与生命科学的其他学科及非生命科学的自然学科、文史学科相互融合。综合应用化学、数学、物理学、计算机等学科的理论与技术,形成相关学科群,并以"大学科"的模式研究生命的实质问题。使各种复杂的生命现象与生命本质之间的联系在分子、细胞、整体水平和谐统一,使表现型和基因型的相关性得到客观准确的解释。

21世纪分子生物学正以突飞猛进之势向前发展。基本规律与原理的新发现、新思维与新方法的提出,新知识与新成果的积累,大大加快了人类了解自身、征服自然的进程。分子生物学已成为现代生命科学的共同语言。今后,分子生物学在实践方面的发展也是令人乐观的。在医学方面,基因治疗目前已在研究之中。在动植物方面转基因动植物的培育,也已进入重点研究之列,成为生物技术的主要内容。随着分子生物学和生物技术的发展,它们在医学和农业方面必将对人类的健康和生活作出更大的贡献。

1.4 分子生物学在环境微生物研究中的应用

目前,人类越来越深刻地认识到解决各种环境问题的重要性和迫切性。环境生物学作为环境科学的重要分支学科之一,一方面需要在理论上研究受污染和破坏的环境与人和生物之间的相互作用机理和过程;另一方面需要结合其他学科,发展新的技术和方法,以便更有效地评价环境质量、控制污染、恢复和管理生态系统、评估和预测人类干预可能造成的生态风险,从而维持可持续利用的生物圈。而微生物在环境治理过程中扮演着极其重要的角色,了解特定环境下微生物群落的种群分布、遗传多样性及其动态变化规律和认识微生物群落的稳定性及功能菌的作用是环境微生物学研究的重要内容。传统的微生物群落分析方法建立在微生物纯种培养分离基础上,但自然环境中有99%以上的微生物还不能通过人工培养,给微生物的分析和研究工作带来了极大的障碍。随着分子生物学技术的深入发展,特别是PCR技术的发明和完善,使得从不同来源(如生物、土壤和水体)的极微量样品中,通过特异性扩增得到目的DNA成为可能,从而使有关的分子生物学技术迅速渗透到环境生物学的许多分支学科,如污染生态学、环境毒理学、环境生物技术、保护生态学等不同研究领域。这样就从微观、动态、机理、调控等多个角度推动了环境生物学的发展。

分子生物学是研究核酸、蛋白质等生物大分子的功能、形态结构特征及其重要性、规律性和相互关系的科学。分子生物学的研究内容包含4个方面:DNA重组技术,基因表达调控研究,生物大分子的结构功能研究,基因组、功能基因组与生物信息学研究。在环境中应用的分子生物技术有:基因重组技术、电泳技术、分子杂交与印记技术、PCR-DGGE技术、荧光原位杂交(FISH)技术、PCR-SSCP 技术、免疫技术、生物传感技术和生物芯片等。利用分子生物学技术已揭示了许多污染生态学中的重要机理,同时,先进的分子生物学技术也为环境监测、环境污染的治理和生物修复等应用技术提供了更快速、更灵敏、更科学的依据与方法,从而极大地推进了污染治理的实践进展。

分子生物技术在环境微生物分类、监测、治理污染等方面应用显著。

1.4.1 在环境微生物分类中的应用

用核酸探针技术可以发现核酸分子的同源序列,生物间亲缘关系越近,其间的 DNA/DNA 或 DNA/RNA 同源率越高。其中 DNA/DNA 杂交最适合进行一级水平的研究。Johonson 总结提出了依据 DNA/DNA 杂交同源性与亲源关系的判断标准:杂交同源性为60% ~ 100%,属同一种细菌;同源性为 60% ~ 70%,属同一种内不同亚种;同源性为20% ~ 60%,属属内紧密相关的种;同源性小于 20%,则属于有关的不同属。

在对微生物群体进行多样性研究的方法中,大多数方法的先决条件是该群体的微生物能被分离纯化,而我们知道,绝大多数微生物很难或无法纯培养。据统计,通常环境中,不可培养的细菌占到细菌总数的 85% ~ 99.99%。即使得到纯培养,但其形态和生理也可能发生很多变化。随着人们对环境微生物的原位生态状况的研究,发现常规的分离培养方法很难全面评估环境微生物群落的多样性,只能反映极少数微生物的信息,从而影响我们对环境微生物种群的准确评估。DGGE、FISH、RFLP、RAPD 等分子生物学技术的引入,降低了研究环境微生物生态对培养技术的依赖,为环境微生物的多样性研究提供了新的理论和方法。

1.4.2 在环境微生物监测中的应用

核酸杂交、PCR、多态性研究等分子生物学技术已能在 rDNA 测序和有关结构基因分析的基础上监测和定量复杂的混合微生物群落中的一些特殊的微生物。同时,一些作为分子标记的基因工程菌也应用到环境微生物技术中,结合使用这些分子生物学技术,在系统发生基础上对培养物中的微生物进行快速的测定,从而为监测自然界和基因工程体系中的菌落结构和生物多样性提供重要的依据。所以这些分子生物学技术的共同特点是具有特异性,它们能快速、灵敏地检测环境微生物的结构基因并对其进行定量研究,从而能准确测定微生物的活性,有效地对环境微生物进行监测。

微生物的多样性机能及丰富的现存量是生态系统的基础,它起到维持环境平衡及物质循环的作用。许多已被分离出来的微生物,能够对传统方法难以处理的有害物质进行强有力的酶解转化。但在特定的生态系统中,只有微生物的个别亚群对特定有毒化合物的降解起关键作用。受污染地区的生物整治和处理工业废物的活化污泥生物反应器,都依赖于微生物群落。因此,了解微生物有效群体的动态,并发展出测定其生存压力和鉴别其活性的方法相当重要。以 16S rDNA 序列和相关的结构基因为基础的分子生物学技术,为鉴别和量化环境中特定微生物的系统发育群体提供了许多强有力的工具。

虽然现已做过鉴定的微生物种类极为有限,但在自然的土壤、水体和大气以及人工微生物系统中,一定隐含着大量不同的具高效净化和抗污染能力的微生物。传统的微生物计数方法,如平板培养法,用于环境生物学研究时,存在许多不足:

(1)环境只有不超过百分之几的微生物可以培养,而污水和底泥中生存的主要细菌群落还不一定能用培养的方法分析。

(2)不能充分揭示生物反应器实时的、有意义的信息。

(3)当特定微生物系统不具竞争性且相关的结构基因未被诱导出来时,传统方法就不可能检验该系统降解污染物的能力。

(4)传统的显微方法,难以获得微生物群落结构和空间分布的有关信息,因而不利于根据微生物群落多样性的变化迅速判断环境的变化。

以下评述的分子生物学技术,有助于解决上述问题。

1.4.3　在环境微生物治理污染中的应用

利用微生物来治理污染快速高效,因此,利用基因重组技术构建高效菌种来治理污染,特别是环境中复杂或难以降解的有毒有害化合物,如人工合成塑料、除草剂、杀虫剂等成为环境微生物技术的热点之一;再如超级细菌就在石油烃污染的环境修复中发挥了重要作用。微生物分解纤维素和木质素的基因如转入到中温细菌中,使发酵能在较高温度下进行,提高转化速度,用于发酵某些废弃物产生天然气。基因重组技术对污染物的治理、预报、修复都作出了重大贡献。

第2章 环境样品核酸的提取

2.1 环境样品 DNA 的提取

2.1.1 概　述

环境分子生物学是通过分析环境样品中 DNA 分子的种类、数量等基因组信息来反映微生物种群结构等信息的。对于传统的微生物培养和纯种分离技术，由于环境的复杂性和培养条件的限制，一般认为能用现有技术培养的微生物仅占微生物总种类数的 1% 左右，而不能培养的微生物才是环境微生物多样性的主体，它们所包含的大量遗传信息是一笔无法估量的财富。因此，传统的培养技术难以正确地反映环境中微生物的实际存在状况，包括微生物种别、种群大小、种群动态变化情况等重要参数，从而难以符合对环境微生物研究快速、准确的要求。在过去 20 年中，研究环境样品的微生物多样性、群落结构、变化规律、系统发育分析及生态学问题已越来越多地依赖于 DNA 的提取，因为这可以避免只靠传统培养微生物方法的局限性。因此对环境样品中的细菌基因组 DNA 组成状况进行分析评价，必须建立高效、可靠的 DNA 提取方法。由于环境样品中微生物的种类组成复杂且常常混杂有大量有毒物质，如何使所有细胞裂解、充分释放 DNA 并有效去除杂质，得到可以进行分子生物学操作的高纯度 DNA，是研究环境样品中微生物种群结构与功能关系的关键所在。因此，应用分子生物学技术分析复杂的基因组，首先必须制备高纯度的 DNA。环境样品的微生物总 DNA 的提取和纯化方法主要由两部分组成：①温和裂解细胞及溶解 DNA 的技术，包括通过物理、化学或酶解作用裂解细胞，使 DNA 释放出来。常用的物理方法包括煮沸、冻融、微波、超声、研磨等；化学方法包括高盐、表面活性剂 SDS、热酚等；酶解法包括裂解酶、溶菌酶、蛋白酶 K 等。②在环境样品 DNA 得到充分释放后，通常采用几种化学和酶学方法中的任一种来去除杂蛋白、RNA 及其他的大分子。

DNA 主要存在于细胞核内，核内 DNA 占整个细胞 DNA 量的 90% 以上，核外 DNA 主要有线粒体 DNA（或植物叶绿体 DNA）和质粒 DNA。在核酸大分子中，由于磷酸基的酸性比嘌呤、嘧啶基的碱性强，故其水溶液呈酸性。另外 DNA 都能溶于水，而不溶于乙醇等有机溶剂并且在细胞中常与蛋白质结合存在。这种蛋白质-核酸复合物是细胞结构的组成之一。因此，细胞破碎后提取分离核酸，首先遇到的问题是如何把核蛋白与其他蛋白质分开，然后再进一步把核酸和蛋白质分离。故最早提取分离核酸的方法是裂解组织细胞并使基因组 DNA 从与蛋白质的结合中游离出来，再用适当的方法提取纯化。一般传统的 DNA 制备方法是依赖上述方法裂解细胞，某些情况需要用酶来消化蛋白质或降解一些细胞组分，然后细胞材料用溶剂抽提，通常为酚/氯仿。分离成两相后，核酸存留在水相中。

核酸进一步纯化可用乙醇沉淀法,再重新溶解在适宜的缓冲液中。用这些技术得到的DNA是高纯度的,并适用于大部分分子生物学操作。近年来,色谱技术在DNA提取中的应用动摇了传统方法的统治地位,这些新的方法主要有螯合树脂/纯化柱法、玻璃粉吸附法、磁珠吸附法、免疫亲和法等。

实际上,分子生物学的所有方法从某种程度上都需要进行核酸的分级分离(表2.1)。色谱技术对于某些应用是合适的,比如分离双链核酸和单链核酸、分离质粒与基因组DNA以及从细胞裂解物碎片中分离基因组DNA。然而,凝胶电泳法比其他方法具有更高的分辨率,因而成为一般情况下首选的分离方法。凝胶电泳分离法既可以是分析型的,也可以是制备型的,分离片段的分子质量范围在 $10^3 \sim 10^8$ μg 之间。

表 2.1　几种核酸提取方法的比较

	DNA 提取	适用范围	方法评价
传统法	酚/氯仿等有机溶剂抽提	大多数标本 DNA 提取、纯化	获得的 DNA 纯度高,含量多,但比较费时,步骤烦琐,而且使用有机溶剂,有损操作者健康。
螯合树脂法	Chelex 100 树脂	培养及各种临床标本	简单、快速且成本不高,可用于培养标本和各种临床标本细菌及部分病毒核酸提取。
玻璃粉法	玻璃粉吸附	土壤标本	提取方法简便,可用于土壤中细菌芽孢 DNA 的提取,不能彻底除去 PCR 抑制剂。
磁珠法	磁珠吸附、磁场分离	冰冻、陈旧组织	简单、快速,整个过程仅需不到 2 h,利用磁场分离可以得到较纯的 DNA,但产量比传统方法获得的少。
免疫亲和法	抗原抗体反应、磁场分离	冰冻、陈旧组织,样本含量很少的标本	获得 DNA 纯度高、含量多,尤其适合样本含量很少的标本。抗 DNA 单克隆抗体制备是关键的一步。

2.1.2　处理焦化废水的活性污泥中微生物总 DNA 的提取

由于污泥样品中存在许多干扰物质,如腐殖酸、类腐殖酸化合物、重金属等,它们会严重干扰 DNA 的提取率以及 DNA 的纯度。从活性污泥中提取微生物总 DNA,一般包括裂解细胞、抽提核酸和纯化核酸三个阶段。首先,采用物理的(剧烈振荡)、化学的(SDS)以及生物的(溶菌酶)方法,使微生物细胞破碎,释放胞内的 DNA。然后,采用乙酸钾对DNA 进行沉淀,得到核酸粗提液。由于核酸粗提液中含有较多的腐殖酸等杂质,需要进一步采取氯化铯密度梯度离心、凝胶电泳等方法纯化 DNA,以得到纯度较高的 DNA 样品。各种方法的目的就是尽可能地释放环境中微生物的 DNA、保持 DNA 的完整性和获取纯度较高的 DNA 样品。

2.1.2.1　材料

(1)主要实验仪器:核酸电泳系统,凝胶成像分析系统,离心机,移液器,水浴锅,涡旋振荡器,核酸定量仪。

（2）主要试剂:玻璃珠(直径2~3 mm),TENP 缓冲液(50 mmol/L Tris-HCl,20 mmol/L EDTA,100 mmol/L NaCl,0.01 g/mL 聚乙烯吡咯烷酮,pH 10),液氮,溶菌酶(0.15 mol/L NaCl,0.1 mol/L Na$_2$EDTA,15 mg/mL 溶菌酶,pH 8),10% SDS 溶液(0.1 mol/L NaCl,0.5 mol/L Tris-HCl,10% SDS,pH 8),Tris-饱和酚,酚-氯仿,氯仿,3 mol/L 乙酸铵,无水乙醇,70% 乙醇,10 mg/mL RNase,DNA 分子量标准,1.0% 琼脂糖,核酸上样缓冲液。

2.1.2.2　操作步骤

（1）取 5~10 mL 活性污泥于 10 mL 的灭菌离心管中,8 000 r/min,4 ℃离心 5 min。

（2）弃上清液,将沉淀(约 100 mg)悬浮于 5 mL 无菌水中。

（3）向管内加入 3 g 灭菌玻璃珠(直径 2~3 mm),将离心管管盖拧紧后置于旋涡混合器击打 15 min,8 000 r/min,4 ℃离心 8 min,弃上清液。

（4）向沉淀中加入 0.5 mL 灭菌的 TENP 缓冲液,悬浮后将菌液在液氮中冷冻 3 min,沸水煮 2 min,重复 3 次。

（5）12 000 r/min,4 ℃离心 10 min,上清液快速置于冰上留用,沉淀用于下一步裂解。

（6）将沉淀悬浮在 1.5 mL 的溶菌酶溶液中,37 ℃温浴 1 h。

（7）向菌液中加入 1.5 mL 10% SDS 溶液,上下摇匀,待菌液变清后,12 000 r/min,4 ℃离心 10 min,取上清液置于冰上留用。

（8）收集两步的 DNA 上清液(3~3.5 mL),用等体积的 Tris-饱和酚抽提 2 次、酚-氯仿和氯仿各抽提 1 次。

（9）用 40 μL 的 3 mol/L 乙酸铵和 3 mL 无水乙醇沉淀 DNA,-20 ℃放置 30 min,14 000 r/min,4 ℃离心 20 min。

（10）用 1 mL 70% 乙醇洗涤沉淀,10 000 r/min,4 ℃离心 10 min。

（11）DNA 沉淀真空干燥后,溶于 100 μL 高纯水中,加 RNase 3 μL(10 mg/mL),37 ℃温浴 15~20 min 消化 RNA,样品在-20 ℃保存备用。

（12）DNA 浓度测定用 DNA 定量仪检测,在 1.0% 琼脂糖凝胶上进行电泳,检测 DNA 提取效果,通过凝胶成像系统记录结果。

（13）测定 DNA 样品在 260 nm 和 280 nm 的吸光值,计算 $OD_{260 nm}/OD_{280 nm}$ 的比值,确定样品纯度。

2.1.3　处理生活污水的活性污泥中微生物总 DNA 的提取

2.1.3.1　材料

（1）主要实验仪器:核酸电泳系统,凝胶成像分析系统,离心机,移液器,水浴锅,涡旋振荡器。

（2）主要试剂:0.1 mol/L 磷酸钠缓冲液(pH 8.0),细微玻璃珠,溶菌酶,20% SDS,70% 乙醇,TE 缓冲液(pH 8.0),氯化铯(CsCl),异丙醇,8 mol/L KAc 溶液,DNA 分子量标准,1.0% 琼脂糖,核酸上样缓冲液。

2.1.3.2　操作步骤

（1）取 5 g 活性污泥,加 5 mL 0.1 mol/L pH 8.0 磷酸钠缓冲液,加细微玻璃珠于室温下剧烈振荡 10 min。

（2）加溶菌酶 25 mg,使终质量浓度为 2.5 mg/mL,振荡 5 min,37 ℃水浴 30 min。

（3）加 600 μL 20% SDS 轻柔振荡 15 min,6 000 r/min 离心 10 min。

（4）取上清液分装,每个 1.5 mL Eppendorf 管（EP 管）装 1.0 mL,然后加 0.2 倍体积冰冷的 8 mol/L 乙酸钾,颠倒混匀 1 min,12 000 r/min 离心 10 min。

（5）吸取上清液移到新的 EP 管中,加 0.6 倍体积预冷的异丙醇,颠倒混匀 1 min,室温放置 10 min,12 000 r/min 离心 10 min。

（6）弃上清液,加 1 mL 70% 乙醇洗涤 DNA 沉淀,12 000 r/min 离心 2 min,去乙醇后于 37 ℃干燥 10 min。

（7）每管加 200 μL TE 缓冲液重悬浮样品,并将它们合并为一管（总体积约 1 mL）,加 CsCl（终质量浓度为 1 g/L）,混匀,室温静置 2 h,14 000 r/min 离心 20 min。

（8）取上清液,加 4.0 mL 去离子水和 0.6 倍体积冰冷的异丙醇,颠倒混匀,室温静置 10 min,12 000 r/min 离心 10 min。

（9）弃上清液,将沉淀定容于 1 000 μL 的 TE 缓冲液中,加入 0.2 倍体积 8 mol/L 乙酸钾溶液,混匀,室温放置 5 min,12 000 r/min 离心 10 min。

（10）吸取上清液移到新的 EP 管中,加 0.6 倍体积冰冷的异丙醇,颠倒混匀,室温下放置 10 min,12 000 r/min 离心 10 min。

（11）弃上清液,用 1.0 mL 70% 乙醇清洗 DNA 沉淀,12 000 r/min 离心 10 min,干燥,溶于 200 μL TE 缓冲液中。

（12）吸取 5 μL DNA 溶液,在 1.0% 琼脂糖凝胶上进行电泳,检测 DNA 提取效果。DNA 电泳时,加上 DNA 分子量标记作为判断 DNA 大小的标准。

2.1.4　土壤样品中微生物总 DNA 的提取

2.1.4.1　方案一:改进试剂盒法

1. 材料

（1）主要实验仪器:核酸电泳系统,凝胶成像分析系统,离心机,移液器,水浴锅,涡旋振荡器。

（2）主要试剂:0.1 mol/L 磷酸钠缓冲液（pH 8.0）,细微玻璃珠,溶菌酶,20% SDS,70% 乙醇,TE 缓冲液（pH 8.0）,8 mol/L 乙酸钾溶液,DNA 分子量标准,1.0% 琼脂糖,核酸上样缓冲液,3 mol/L 乙酸钠溶液（将 408 g $CH_3COONa \cdot 3H_2O$ 溶于水,用 3 mol/L 乙酸调校至 pH 5.2,补水至 1 L）。

2. 操作步骤

①取 1 g 土壤样品,加入 1 mL 0.1 mol/L 磷酸缓冲液（pH 8.0）,再加入直径分别为 0.1 mm、0.5 mm 玻璃珠各 0.5 g,振荡 5 min。

②加入溶菌酶 5 mg,终质量浓度为 2.5 mg/mL,室温下振荡 15 min。

③加 125 μL 20% SDS 振荡处理 15 min,15 000 r/min 离心 5 min。

④取上清液分装到两个 EP 管中,每 700 μL 上清液加入 125 μL 8.0 mol/L 乙酸钾溶液,倒置混匀约 1 min,15 000 r/min 离心 5 min。

⑤移上清液于一新的 EP 管,加 1 mL DNA 结合基质 Binding Matrix 液（1∶2,用 6 mol/L 异硫氰酸酯胍稀释）,翻转混合 2 min,15 000 r/min 离心 1 min。

⑥弃上清液,沉淀物用 500 μL 70% 乙醇缓冲液（含 100 mmol/L 的乙酸钠溶液）清洗,

15 000 r/min 离心 1 min。

⑦加 200 μL TE 缓冲液(pH 8.0)抽提,15 000 r/min 离心 1 min,上清液备用。

2.1.4.2　方案二:SDS-酚氯仿抽提法

1. 材料

(1)主要实验仪器:同方案一。

(2)主要试剂:氯仿-异戊醇,酚,异丙醇,CsCl,其余试剂同方案一。

2. 操作步骤

①取 1 g 土壤样品,加入 1 mL 0.1 mol/L pH 8.0 磷酸缓冲液、玻璃珠(同方案一),振荡 1 min。

②加入溶菌酶 5 mg,使终质量浓度为 2.5 mg/mL,室温下振荡 15 min,放置冰箱 30 min。

③加 125 μL 20% SDS 振荡处理 15 min,离心。分装 EP 管,加酚抽提一次,氯仿-异戊醇两次。

④加 0.6 体积异丙醇,室温放置 1 h,离心。70% 乙醇清洗,1 mL TE 溶解。

⑤取 1 mL DNA 粗提液,加 1 g CsCl,室温放置 3 h,离心,取上清液。

⑥加 4 mL 双蒸水与 3 mL 异丙醇,室温放置 15 min,离心。去上清液,TE 溶解沉淀。

⑦加 100 μL 8 mol/L KAc,放置 15 min,离心。

⑧取上清液,加 0.6 体积异丙醇,放置 15 min,离心。

⑨70% 乙醇清洗,200 μL TE 溶解。

注:每次离心均为 15 000 r/min,5 min。

2.1.4.3　方案三:SDS-高盐缓冲液抽提法

1. 材料

(1)主要实验仪器:水浴摇床,核酸电泳系统,凝胶成像分析系统,离心机,移液枪,水浴锅,涡旋振荡器。

(2)主要试剂:DNA 提取液(100 mmol/L Tris-HCl,100 mmol/L EDTA,100 mmol/L 磷酸钠,1.5 mol/L NaCl,1% CTAB,pH 8.0),0.1 mg/mL 蛋白酶 K,液氮,其余同方案二。

2. 操作步骤

①称取 1 g 土壤样品,加 2.7 mL DNA 提取液。

②加入 20 μL(0.1 mg/mL)蛋白酶 K,放在摇床上,37 ℃ 250 r/min,振荡 30 min。

③加入 20% SDS 溶液 300 μL,65 ℃ 水浴 2 h,每隔 20 min 轻轻颠倒几次。

④液氮冷冻 10 min,65 ℃ 水浴 10 min,共 3 个循环。6 000 r/min 离心 10 min。

⑤取上清液,氯仿-异戊醇抽提一次,异丙醇沉淀 1 h,离心。

⑥70% 乙醇清洗,TE 溶解。

⑦纯化步骤按照方案二中步骤④~⑨进行。

⑧DNA 浓度用 DNA 定量仪测定。在 1.0% 琼脂糖凝胶上进行电泳,检测 DNA 提取效果,凝胶成像系统记录结果。

⑨测定 DNA 样品在 260 nm 和 280 nm 的吸光值,计算 $OD_{260 nm}/OD_{280 nm}$ 的比值,确定样品纯度。

2.2　环境样品 RNA 的提取

2.2.1　概述

完整 RNA 的提取和纯化是进行 RNA 方面的研究工作（如 Northern 杂交、mRNA 分离、RT-PCR、定量 PCR、cDNA 合成及体外翻译等）的前提。所有 RNA 的提取过程中都有 5 个关键点，即：①样品细胞或组织的有效破碎；②核蛋白复合体的有效变性；③对内源 RNA 酶的有效抑制；④将 RNA 从 DNA 和蛋白混合物中有效分离；⑤对于多糖含量高的样品还牵涉多糖杂质的有效去除。其中，最关键的是抑制 RNA 酶活性。目前，RNA 的提取主要可采用两种途径：①提取总核酸，再用氯化锂将 RNA 沉淀出来；②直接在酸性条件下抽提，酸性条件下 DNA 与蛋白质进入有机相，而 RNA 留在水相。第一种提取方法将导致小分子量 RNA 的丢失，目前该方法的使用频率已很低。

具体来说环境样品中的 RNA 提取程序包括四步：细胞消解、核酸酶的灭活、环境样品的 RNA 抽提、RNA 样品的纯化。最关键的步骤是完全消解微生物细胞使胞内 RNA 释放出来，这也是 RNA 抽提策略中最容易变化的步骤。以土壤样品为例，RNA 抽提中使用最广泛的消解方法为：玻璃珠或锆珠振荡破坏细胞，洗涤剂溶解细胞膜，煮沸或酶解与多次冷冻解冻循环相结合降解细胞壁和细胞膜。强度一般来说是根据土壤中腐殖酸和黏土的量的增加而增加。而随后的 RNA 提取步骤，不同样品之间基本相同，首先通过 RNA 酶的灭活来阻止 RNA 的损失，然后抽提和纯化提取物，去除和核酸一起抽提出来的有机污染物。RNA 提取的每一步骤都可能会降低 RNA 的产率，如处理的时间、温度、消解变性溶剂的种类，需要通过优化这些参数来得到最高的细胞消解效率，减小 RNA 的剪切，获得最佳的 RNA 产量以及抽提效率。

由于 RNA 提取的要求较高，所以具体在实验中要注意的问题也很多，但 RNA 制备中最关键的因素是尽量减少 RNA 酶的污染。RNA 酶的特点为：①存在非常广泛，尘土、实验器皿、试剂、汗液和唾液当中均有 RNA 酶（RNase）存在；②活性稳定，耐热、耐酸碱，用水煮沸都不能使其失活；③其发挥活性不需辅助因子，二价离子螯合剂不能抑制其活性。避免 RNA 酶的污染需要创造无 RNase 的环境，需要注意以下事项：

1. 去除外源 RNase 的污染

①避免手、唾液的污染：戴口罩、手套并经常更换。

②玻璃器皿的处理：用水清洗，200 ℃干烤 4 h。

③塑料用品的处理：尽量使用一次性塑料制品，并用 0.05% ~ 0.1% 焦碳酸二乙酯（DEPC）浸泡吸头及 EP 管过夜或者 37 ℃ 2 h，120 ℃下高压灭菌 30 min 以去除残留的 DEPC。

④溶液的配制：先配 0.1% DEPC，过夜；然后 120 ℃下高压灭菌 30 min 以去除残留的 DEPC，用此水配液，然后用 0.22 μm 的滤膜过滤灭菌。最好使用未曾开封的试剂配制。

⑤RNA 电泳槽的处理：需用去污剂洗涤，用水冲洗，乙醇干燥，再浸泡于冰 H_2O_2 溶液中放置 10 min 后，用 0.1% DEPC 处理过的水彻底冲洗。

⑥降低 RNase 活性:尽量在冰浴中操作。

2. 去除内源 RNase 的污染

在细胞破碎的同时,RNase 也被释放出来。原则上应尽可能早地去除细胞内蛋白并加入 RNase 抑制剂。

(1)去除蛋白质的试剂:由于 RNase 为一种蛋白质,故去除蛋白质的试剂可非特异性地抑制 RNase 的活性。

①酚、氯仿:其作用是使蛋白质与核酸解离。另外,可作为蛋白质变性剂抑制 RNase 的活性,并且酚与氯仿联合可增强对 RNase 的抑制。

②蛋白酶 K:与 1% ~2% 的 SDS 合用效果更佳。

③阴离子去污剂:常用 SDS、十二烷基肌氨酸钠、脱氧胆氨酸等。去污剂可以解聚核酸与蛋白质的结合,并且与蛋白质带正电荷的侧链结合,在高盐存在下形成 SDS-蛋白质复合物而沉淀。

④解偶剂(胍类):盐酸胍、异硫氰酸胍。目前认为异硫氰酸胍是 RNA 酶的一种最有效的抑制剂。制备 RNA 时,如果缓冲液中含有异硫氰酸胍,则可在破碎细胞的同时也使 RNA 酶失活。

(2)低特异性 RNase 抑制剂:DEPC 是很强的核酸酶抑制剂,与蛋白质中组氨酸的咪唑环结合,使蛋白质变性。因此,凡是不能用高温烘烤的材料皆可用 DEPC 处理(0.1% 溶液,浸泡过夜),然后再用蒸馏水冲净。试剂亦可用 DEPC 处理(0.1%),再煮沸 15 min 或高压以除去残存的 DEPC。否则,如不除尽,它能使嘌呤羟甲基化从而破坏 mRNA 的活性。另外,注意配制含有三羟甲基氨基甲烷(Tris)的试剂不能用 DEPC 处理,因为 DEPC 在 Tris 中迅速分解。DEPC 可能是致癌物,应小心操作。

2.2.2　从活性污泥中提取微生物 RNA

1985 年,Pace 等人第一次通过核酸测序技术,以 rRNA 确定环境样品中的微生物,使人们对大量不可培养微生物群体有了全新的认识,从技术上克服了正确认识微生物生态系统的严重阻碍。目前,利用 rRNA 基因序列高度的保守性及多样性,可以根据其序列的相似程度反映出它们的系统发育关系。以 rRNA 基因分析方法为代表的核酸技术将微生物多样性及微生物生态学研究带入了新的时代,极大地推动了微生物多样性的研究。

在微生物系统分析中,16S rRNA 与 DNA 的比例是检测复杂的微生物种群特定成员代谢活动的有效参数。在稳定的条件下,某种微生物的 RNA 与 DNA 比例与其生长率正相关。16S rRNA 的丰度虽然不能直接用于表示某类微生物细胞数的多少,但可以代表特定种群的相对生理活性,这对研究生态系统功能多样性有重要的意义。活性污泥是环境工程中最常见和基本的样品,对于它的研究有着重要意义。

2.2.2.1　方案一

(1)材料

仪器和试剂:核酸电泳系统,凝胶成像分析系统,离心机,移液枪,水浴锅,离心管,涡旋振荡器,吸头,EP 管,试剂瓶,1 个 125 mL 的白色试剂瓶(用于存放无水乙醇),量筒,容量瓶,紫外分光光度计,DEPC 水,75% 乙醇,4 mol/L 异硫氰酸胍,25 mmol/L 柠檬酸钠

（pH 7.0），1% SDS，1% β-巯基乙醇，乙酸钠，异丙醇，TE 缓冲液，DNA 酶，DEPC。

（2）操作步骤

①混合液 4 ℃，10 000 r/min 离心 5 min，沉淀细胞悬浮于 5 mL 细胞消解溶液（4 mol/L 异硫氰酸胍，25 mmol/L 柠檬酸钠［pH 7.0］，1% SDS，1% β-巯基乙醇），70 ℃保温30 min。

②细胞悬液加入 1 mL 2 mol/L 乙酸钠（pH 4），然后加入 6 mL 酚-氯仿进行抽提。

③4 ℃，10 000 r/min 离心 5 min，收集水相，随后加入 6 mL 异丙醇，轻轻击打，4 ℃，5 000 r/min离心 10 min。

④核酸溶解于 10 mL 经 DEPC 处理的 TE 缓冲液，随后加入 5 mL 7.5 mol/L。乙酸铵和 30 mL 乙醇，−20 ℃放置 12 h。

⑤溶液 4 ℃，10 000 r/min 离心 10 min，沉淀物溶解于经 DEPC 处理过的含有 0.5% SDS 的 TE 缓冲液。

（3）注意事项

①塑料制品（包括枪头、EP 管）：先将 DEPC 水从容量瓶中倒入瓷缸中，将塑料制品逐个浸泡其中，其中小枪头需要吸管打入 DEPC 水，过夜，再烤干备用，实验前将枪头等放入吸头台。

②玻璃制品：泡酸过夜，冲洗干净，蒙锡纸烤干备用（DEPC 水泡）（洗净后先泡 1‰ DEPC 过夜，再烤干）。

③DEPC 水：吸出 1 mL 放在 1 000 mL 双蒸水中配成 1‰DEPC 水，放在 1 000 mL 容量瓶中，静置 4 h，备用。

④75% 乙醇：用无水乙醇加 DEPC 水配制，−20 ℃保存。

2.2.2.2　方案二

（1）材料

仪器与试剂：核酸电泳系统，凝胶成像分析系统，离心机，移液枪，离心管，水浴锅，涡旋振荡器，吸头，EP 管，试剂瓶，1 个 125 mL 的白色试剂瓶（用于存放无水乙醇），量筒，容量瓶，紫外分光光度计，聚乙烯聚吡咯烷酮，酚-氯仿溶液（4：1），50 mmol/L 乙酸钠，10 mmol/L EDTA 缓冲液，乙酸铵，DEPC。

（2）操作步骤

①在 50 mL 含有 10 g 污泥的离心管中加入 8 mL 消解溶液，2 g 酸洗过的聚乙烯聚吡咯烷酮。

②在旋涡振荡器上以最大速度剧烈振荡 5 min，用等体积的酚-氯仿抽提两次（按 4：1 比例配制的酚-氯仿，用 50 mmol/L 乙酸钠饱和，pH 5.1，10 mmol/L EDTA 缓冲液）。

③4 ℃，13 360 r/min 离心 10 min，收集水相，加入 0.5 倍体积 7.5 mol/L 乙酸铵，2 倍体积的乙醇沉淀。

④有 4 种不同的消解溶液可供选择：a. 20% SDS，0.1 mol/L β-巯基乙醇；b. 6.29 mol/L 异硫氰酸胍，0.1 mol/L β-巯基乙醇；c. 10 mol/L 尿素；d. 平衡酚（pH 5.1），50 mmol/L 乙酸钠（pH 5.1），10 mmol/L EDTA。

⑤抽提 rRNA 质量用聚丙烯酰胺凝胶电泳（加 EB）检测，与标准样品比较。

2.2.2.3 方案三

（1）材料

核酸电泳系统,凝胶成像分析系统,离心机,移液枪,水浴锅,涡旋振荡器,吸头,EP管,试剂瓶,1 个 125 mL 的白色试剂瓶(用于存放无水乙醇),量筒,容量瓶,紫外分光光度计,消解缓冲液,玻璃珠,离心管,酚-氯仿溶液,20 mmol/L Tris(pH 7.4),20 mmol/L EDTA,DEPC。

（2）操作步骤

①5 g 污泥(湿)逐渐加入 50 mL 离心管并混合,离心管中包含 25 mL 消解缓冲液(6.29 mol/L 异硫氰酸胍),25 mmol/L 柠檬酸钠(pH 7.0),0.5% 十二烷基肌氨酸钠,0.1 mol/L β-疏基乙醇和 1 g 酸洗过的聚乙烯聚吡咯烷酮,环境样品缓冲液 pH 值在 6.1~6.4。

②加入 5 g 烘烤过的玻璃珠,剧烈振荡 5 min,分装两个离心管,4 ℃,13 000 r/min 离心 10 min。弃去上清液,分装到 4 个 30 mL 离心管。

③加入等体积的酚-氯仿(4:1)抽提两次,最终的水相加入 $MgCl_2$ 至终浓度 2 mmol/L,0.5 倍体积 7.5 mol/L 乙酸铵,2 倍体积的无水乙醇使核酸沉淀。

④-20 ℃过夜,4 ℃,13 000 r/min 离心 45 min,使 RNA 吸附至球珠上,弃上清液,真空干燥,重悬于 400 μL TE 缓冲液(20 mmol/L Tris(pH 7.4),20 mmol/L EDTA),再次沉淀。

⑤-20 ℃过夜,4 ℃,10 000 r/min 离心 30 min,弃上清液,重悬于 100 μL 去离子水中。

⑥再次沉淀,用 80% 乙醇溶液漂洗,真空干燥,重悬于 50 μL 去离子水中。

⑦质量分析同上,剩余抽提样品 -80 ℃保存。

2.2.3 从土壤样品中提取微生物 RNA

微生物群落有丰富的多样性,同时也非常复杂。为了动态监测这些微生物的某些基因的表达和活性,从环境样品中提取一定数量和纯度的 RNA 就非常必要和关键,为后续的操作和分析打下基础,如 RT-PCR 等。其中的困难不仅在于土壤的异质性,而且由于腐殖质、有机物以及黏土颗粒的存在使得核酸黏附在其上,从而干扰了抽提的效果。另外,mRNA 的半衰期很短,很容易被土壤中存在的 RNA 酶所降解。提取的一般步骤如图 2.1 所示。

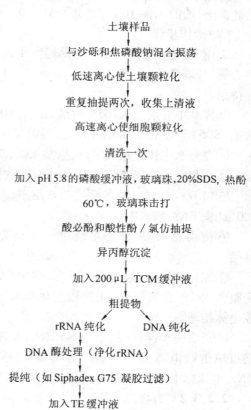

图 2.1 土壤中 RNA 提取的一般步骤

　　值得注意的是,土壤中细胞的提取方法有两种:第一种是基于土壤中细菌的分级分离,然后进行细胞裂解和核酸提取;第二种是将土壤基质中的细菌进行原位裂解,然后再提取从细胞中释放的 DNA。

　　土壤中细胞的提取:第一步是土壤或沉积物的均质化,以便打碎聚集体和分散真菌和细菌细胞。为了使一个样品均质化,通常将 10 g 土壤置入一种含有聚乙烯吡咯烷酮(PVPP)的缓冲液中,PVPP 能同腐殖酸化合,从而有助于去除腐殖质;腐殖质会影响 DNA的分析,所以这一步反应非常重要。土壤颗粒以及真菌细胞都可以通过低速离心去除,接着高速离心获得细菌细胞,这一过程称为差速离心。

　　原位裂解:目标微生物必须在土壤内裂解,其 RNA 在从样品中提取之前就释放出来,裂解通常采用物理方法与化学方法相结合。对细菌而言,物理处理包括冻融循环、超声波破碎、珠子研磨;化学处理通常使用去污剂,如 SDS 或者溶菌酶和蛋白酶,优点是省力、快速,并且回收率较高,所以这里采用化学处理方法。

2.2.3.1　方案一

(1)材料

仪器与试剂:核酸电泳系统,凝胶成像分析系统,离心机,移液枪,水浴锅,涡旋振荡器,吸头,EP 管,试剂瓶,1 个 125 mL 的白色试剂瓶(用于存放无水乙醇),量筒,容量瓶,紫外分光光度计,消解缓冲液,玻璃珠,离心管,33.3 μL 20% 十二烷基磺酸钠(SDS),3%的硅藻土,酚的 Tris-HCl 平衡液(pH 8.0),DEPC。

(2)操作步骤

①用于 RNA 提取的土壤样品经高压灭菌锅处理后与 1:1 的消毒蒸馏水混合于无菌离心管中,取 0.5 mL 悬浊液于 2.0 mL 微量离心管,液氮中快速冷冻后于 −75 ℃ 干冰中保存待用。

②样品中分别加入:酸洗过的玻璃珠(0.5 g,直径 106 μm)、33.3 μL 20% 十二烷基磺酸钠(SDS)、167 μL 3% 的硅藻土、酚的 Tris-HCl 平衡液(pH 8.0)583 μL。

③在热水中快速加热溶解,振荡 45 s,冷却后 14 000 r/min 离心 15 min。

④水相转入新离心管,加 3 mol/L 乙酸钠(pH 5.2)、95% 乙醇,于 −20 ℃ 使核酸沉淀。

⑤14 000 r/min 离心后用 70% 乙醇溶液漂洗,悬浮于 100 μL 去 RNA 酶水中。

⑥使用总 RNA 分离系统进一步纯化和 DNA 酶处理样品。

⑦纯化的 RNA 溶解于 100 μL 去 RNA 酶水中,RNA 的完整性用 1% 含有甲醛(质量浓度 0.66%)的琼脂糖变性凝胶电泳检验。

⑧最后一步纯化(提取 16S rRNA,可选择):用 1.2% 低熔点琼脂糖电泳分离,Agar-ACE 琼脂糖降解酶回收(总RNA 电泳标本如图 2.2 所示)。

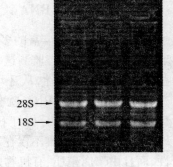

图 2.2　总 RNA 电泳图

2.2.3.2　方案二

(1)材料

仪器与试剂:核酸电泳系统,凝胶成像分析系统,离心机,移液枪,水浴锅,涡旋振荡器,吸头,EP 管,试剂瓶,1 个 125 mL 的白色试剂瓶(用于存放无水乙醇),量筒,容量瓶,紫外分光光度计,消解缓冲液,玻璃珠,离心管,质量浓度为 0.1% 的无菌 NaPP(焦磷酸钠),沙砾(直径 2~4 mm),120 mmol/L 磷酸钠,20% SDS,酸性酚(pH 5.0),酸性酚-氯仿-异戊醇(25∶24∶1),0.3 mol/L 乙酸钠(pH 5.5),TCM 缓冲液,DEPC。

(2)操作步骤

①取 4 g 土壤样品加入到 15 mL 质量浓度为 0.1% 的包含 2 g 沙砾(直径 2~4 mm)的 NaPP 中,振荡 10 min(250 r/min)。

②离心(3 min,121 r/min,室温),然后加 5 mL 质量浓度为 0.1% 的无菌 NaPP,离心(3 min,121 r/min),收集上清液(大约 25 mL)。

③把上清液离心(20 min,21 000 r/min),重新悬浮于 10 mL 质量浓度为 0.1% 的无菌 NaPP 中,然后再次高速离心。

④得到的细胞重新悬于 4 mL 120 mmol/L 磷酸钠缓冲溶液中(pH 5.8),加入 3 g 直径 0.1 mm 的玻璃珠,500 μL 20% SDS,3.5 mL 酸性酚(pH 5.0)。

⑤在涡旋振荡器上用玻璃珠击打两次(60 ℃)。

⑥细胞机械破碎后,离心(5 min,5 900 r/min,室温),然后上层的水相用酸性酚(pH 5.0)抽提一次,酸性酚-氯仿-异戊醇(25∶24∶1)(pH 5.0)抽提三次。

⑦加入酸性(pH 5.5)乙酸钠(终浓度 0.3 mol/L),随后加入 0.6 倍体积的异丙醇,沉淀。

⑧70% 的乙醇溶液清洗,重新悬于 200 μL TCM 缓冲液中(10 mmol/L Tris-HCl pH 7.5,0.1 mmol/L CsCl,5 mmol/L MgCl$_2$)。

⑨粗提物既包含 rRNA,也包含有 DNA。

2.2.3.3 方案三

(1)材料

仪器与试剂:核酸电泳系统,凝胶成像分析系统,离心机,移液枪,水浴锅,涡旋振荡器,吸头,EP 管,试剂瓶,1 个 125 mL 的白色试剂瓶(用于存放无水乙醇),量筒,容量瓶,紫外分光光度计,消解缓冲液,玻璃珠,离心管,抽提缓冲液(见下),2% 的 β-巯基乙醇,氯仿,10 mol/L LiCl,100 μL SSTE,DEPC。

(2)操作步骤

①土壤的预处理:保藏于 -20 ℃ 的 0.24 g 土壤样品贮存于 1 mL 抽提缓冲液(2% CATB,2% PVP K30,100 mmol/L Tris-HCl,pH 8.0,25 mmol/L EDTA,pH 8.0,0.5 g/L 亚精胺),另外加入 2% 的 β-巯基乙醇。

②在液氮中冷冻,在振荡器上融化,然后加入 0.3 g 玻璃珠(直径 0.1 mm),混合器上击打三次。

③样品用氯仿抽提两次,随后在水相中加入 0.25 倍体积的 10 mol/L LiCl。

④4 ℃ 沉淀过夜,4 ℃ 离心(9 500 r/min),然后重悬于 100 μL SSTE(1mol/L NaCl,0.5% SDS,10 mmol/L Tris-HCl,pH 8.0,1 mmol/L EDTA,pH 8.0)。

⑤氯仿抽提,RNA 用两倍体积的乙醇沉淀 30 min,-70 ℃。

⑥10 000 r/min 离心 20 min 得到球珠,随后用 70% 乙醇清洗,干燥,悬浮于 45 μL 去RNA 酶水中,DNA 污染物用 DNA 酶消化去除。

⑦纯化方法同方案一步骤⑧。

2.2.3.4　方案四

（1）材料

核酸电泳系统,凝胶成像分析系统,离心机,移液枪,水浴锅,涡旋振荡器,吸头,EP管,试剂瓶,1 个 125 mL 的白色试剂瓶(用于存放无水乙醇),量筒,容量瓶,紫外分光光度计,消解缓冲液,玻璃珠,离心管,抽提缓冲液,氯仿,异丙醇,DNA 酶,DEPC。

（2）操作步骤

①2.7 g 土壤样品和 4 g 玻璃珠(直径 0.1 mm)加入到 20 mL H_2O 中,在玻璃珠击打仪上击打三次,每次 15 s。

②抽提缓冲液(100 mmol/L Tris-HCl,pH 8.0,1.4 mol/L NaCl,20 mmol/L EDTA 和 1%SDS),酚和氯仿加热到 60 ℃,分别在每个样品中添加 5 mL。

③样品在 60 ℃保持 5 min,机械振荡 5 min。

④4 ℃,13 000 r/min 离心 15 min,用等体积的氯仿抽提。

⑤加入 0.7 倍体积的异丙醇使 RNA 在-20 ℃下沉淀,过夜。

⑥4 ℃13 000 r/min 离心 15 min,球珠用 70%乙醇清洗,空气中干燥,溶解于 500 μL DEPC 处理过的水中。

⑦用 DNA 酶处理 RNA,酚氯仿抽提,随后用氯仿再抽提一次,最后用乙醇沉淀。

⑧溶解于 200~400 μL 水中,待进一步纯化。

2.2.4　从水体样品中提取微生物 RNA

尽管收集水样相对容易,但微生物分析的前处理过程会比较复杂,由于水样中的微生物数量比土样中的要少,所以有时用于检测微生物的水样的体积可能很大。对较大的微生物,包括细菌和原生动物,可以通过过滤样品来得到浓缩生物体,细菌通常要用孔径 0.45 μm 的滤膜来过滤,但因为病毒粒子太小而不能用物理方法捕集,它们的收集依赖于静电和疏水作用。虽然可以直接提取 RNA,但是一般应该先进行浓缩处理。

（1）材料

仪核酸电泳系统,凝胶成像分析系统,离心机,移液枪,水浴锅,涡旋振荡器,吸头,EP管,试剂瓶,1 个 125 mL 的白色试剂瓶(用于存放无水乙醇),量筒,容量瓶,紫外分光光度计,消解缓冲液,玻璃珠,离心管,抽提缓冲液,20%SDS,平衡酚-氯仿-异戊醇(100∶24∶1,体积比),氯仿,DEPC。

（2）操作步骤

①将细胞沉淀(保存于有螺旋盖的 2 mL 离心管中)用抽提缓冲液(50 mmol/L,NaAc,10 mmol/L EDTA,pH 5.1)重悬,加入适量细菌细胞破碎专用玻璃珠(Sigma)、500 μL 缓冲液平衡酚以及 50 μL 20%SDS,在涡旋振荡器上以最大速度剧烈振荡 2 min。

②接着在 60 ℃的干燥器上温育 10 min,然后再用旋涡混合器剧烈振荡 2 min(机械破碎法能确保从各种类型的微生物细胞中均等地提取核酸,酚和 SDS 的加入可以将提取过程中核酸降解的可能性降至最低)。

③水相用平衡酚抽提两次,接着用平衡酚-氯仿-异戊醇(100∶24∶1,体积比)抽提两次,最后用氯仿抽提数次直至水相和有机相间看不到其他物质为止。

④核酸用 0.5 倍体积的 7.5 mol/L NH_4Ac 及 2~3 倍体积的乙醇于 -20 ℃沉淀过夜。

⑤经低温(4 ℃)高速离心收集、乙醇(70%)漂洗并晾干后重悬于无 RNA 酶的 ddH_2O（DEPC 处理）中。

⑥回收到的核酸(主要是 RNA)用分光光度计测定其浓度,估计 1 个单位的 A_{260} 约等于 40 μg/μL RNA。

2.2.5 试剂盒法

现在也有很多试剂公司开发了相应试剂,使得实验者实验前准备的工作量减少,更为有意义的是提取步骤更加简洁,而质量更有保证。像提取总 RNA 的试剂最常用的是 Invitrogen 的 TRIzol,一瓶 TRIzol 既含有裂解液的成分,又含有变性液的成分,对 RNA 酶的抑制作用最强。现简要介绍如下(具体见图 2.3)。

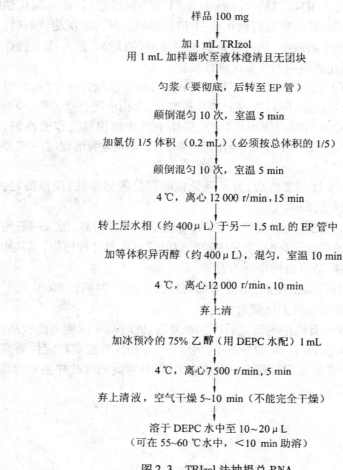

样品 100 mg

加 1 mL TRIzol
用 1 mL 加样器吹至液体澄清且无团块

匀浆（要彻底,后转至 EP 管）

颠倒混匀 10 次,室温 5 min

加氯仿 1/5 体积 （0.2 mL）（必须按总体积的 1/5）

颠倒混匀 10 次,室温 5 min

4 ℃,离心 12 000 r/min,15 min

转上层水相（约 400 μL）于另一 1.5 mL 的 EP 管中

加等体积异丙醇（约 400 μL）,混匀,室温 10 min

4 ℃,离心 12 000 r/min,10 min

弃上清

加冰预冷的 75% 乙醇（用 DEPC 水配）1 mL

4 ℃,离心 7 500 r/min,5 min

弃上清液,空气干燥 5~10 min（不能完全干燥）

溶于 DEPC 水中至 10~20 μL
（可在 55~60 ℃水中,<10 min 助溶）

图 2.3 TRIzol 法抽提总 RNA

2.2.6 提取方法总结

上面介绍了一些 RNA 的提取方法,在进行具体实验时,应根据研究对象的性质、实验室的条件、提取核酸的用途而对上述方法在操作步骤和试剂使用量上进行一定的修改。

以下一些原则和建议对核酸提取的操作可能会有一定的裨益。

（1）在确保没有核酸水解酶存在的前提下，酶反应时间越长越好。

（2）有时在使用蛋白酶时，为了抑制核酸水解酶的降解作用，可在蛋白酶缓冲液中用终浓度 5 mmol/L 的 EDTA 代替 NaCl，并且可将反应温度提高到 50 ~ 60 ℃，将反应时间缩短到 15 ~ 25 min，但酶用量必须提高 10 ~ 20 倍。溶菌酶使用时缓冲液中需加 EDTA，因为游离金属离子对酶有抑制作用。

（3）许多生物材料在提取核酸时，会遇到多糖的污染问题，具体表现为有机溶剂沉淀时，沉淀很多，但复溶时，大量沉淀不溶，电泳观察时核酸含量很低。克服多糖污染可采用以下几种办法：

①CTAB 多次抽提；

②在有机溶剂沉淀时先稀释样品浓度（可到 10 倍左右），对低浓度样品再进行沉淀；

③在有机溶剂沉淀时选用异丙醇和 5 mol/L NaCl 作为沉淀溶剂，此时氯化钠的用量可用到 1/5 ~ 1/2 倍的体积，异丙醇可用到 0.6 ~ 1 倍的体积。异丙醇沉淀核酸时，高浓度盐存在将使大量多糖存在于溶液中，从而可达到去除多糖的目的。但高浓度盐存在会影响核酸的进一步操作，因此必须用乙醇多次洗涤脱盐。

（4）在核酸提取时，酚与氯仿均起到变性的作用。酚的变性能力强于氯仿，但酚与水有一定的互溶性，因此酚抽提后，除可能损失部分核酸外，水相中还会残留酚，而酚的存在将对核酸的酶反应产生较强的抑制作用，因此在操作中可单独用氯仿作变性剂，也可用酚-氯仿混合变性，或用单一酚作变性剂，但用单一酚后在有机溶剂沉淀时一定要用氯仿重抽提。

（5）在操作中当加入变性剂氯仿后，为了保证核酸样品的完整性，操作要轻，尤其在提取 DNA 时，更要避免剧烈操作。

（6）在沉淀核酸时可用乙醇与异丙醇，乙醇的极性要强于异丙醇，所以一般用 2 倍体积乙醇沉淀，但在多糖、蛋白含量高时，用异丙醇沉淀可部分克服这种污染，尤其用异丙醇在室温下沉淀对摆脱多糖、杂蛋白污染更为有效。

（7）在提取核酸时，如样品浓度低，则应增加有机溶剂沉淀时间，-70 ℃大于 30 min 或-20 ℃过夜将有助于增加核酸的沉淀量。

（8）在核酸提取过程中有机溶剂沉淀后可加水复溶，此时离子浓度可能较高，而到高度纯化后低温保存时最好复溶于 TE 缓冲液中，因溶于 TE 的核酸贮藏稳定性要高于水溶液中的核酸。另外，核酸样品保存时要求以高浓度保存，低浓度的核酸样品要比高浓度的更易降解。

第二篇 环境组学

第3章 环境微生物基因组学

地球生物圈中的微生物在气候形成、地理变化、生物进化过程中扮演着重要的角色，它们的总数大约是在 $4 \times 10^{30} \sim 6 \times 10^{30}$ 之间，它们构成了生命的最大储存库，是地球上仅次于昆虫的第二大类群的生物。微生物可培养性极低，到目前为止能通过纯培养得到的微生物低于通过显微镜观察到的微生物的1%，如土壤微生物的可培养率为0.3%、淡水微生物的可培养率为0.25%、海水微生物的可培养率为0.001%～0.1%、活性污泥中微生物的可培养率为1%～15%。传统生物科学研究均以经典"还原论"为研究哲学基础，对单个基因、蛋白质或代谢途径进行了逐个击破的详尽研究，充分认识了各种基因表达、调控及代谢途径的分子机理。20世纪80年代以前，大多数微生物多样性和微生物活性研究都是通过纯培养后进行生理、生化性质的确定来实现的。然而，孤立的基因表达、调控及代谢途径是不存在的。显而易见，要认识生物体系的整体就需要从研究整体出发，于是，研究哲学发生了由"还原论"向"整体论"的过渡和变化。其实，"还原论"和"整体论"并不是矛盾和对立的，而是前者是后者的一部分。这种研究哲学的转变引发了近两百种所谓"组"和"组学"思想和概念的出现。这些组和组学可归纳为基因组和基因组学、转录组和转录组学、蛋白质组和蛋白质组学、代谢组和代谢组学，其相互关系如图3.1所示。

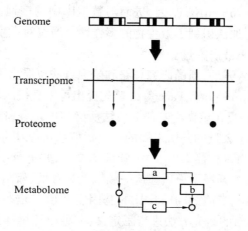

图3.1 不同组学之间的关系

　　伴随着 21 世纪的来临,对生物体系的认识需要从整体(或系统)水平进行,随之诞生了系统生物学的思想。2003 年 4 月 14 日,人类基因组计划(Human Genome Project,HGP)宣告顺利完成,HGP 成功地绘制出了遗传图谱、物理图谱、序列图谱和转录图谱 4 张图谱,这标志着人类基因组计划的所有目标全部实现。至此,HGP 的研究发生了翻天覆地的变化,已从结构基因组学研究时代进入了功能基因组(后基因组)时代。广义地讲,功能基因组学是指结合基因组来定量分析不同时空表达的 mRNA 组、蛋白质组及代谢产物组,所有高通量研究基因组功能都归于功能基因组学研究范畴,即后基因组时代要研究的是 DNA、mRNA、蛋白质、代谢产物等生物信息在所有水平上复杂的相互作用。

　　到目前为止,各实验室通过纯培养方法已经获得了数千种细菌、病毒和近 10 万种真菌,但自然界中绝大多数微生物由于不能被培养而没有得到基本的认识。功能基因组学的应用必将极大地促进对微生物遗传多样性、群落结构和微生物生态功能的了解,拓展对未知世界的认识,并提高人类利用微生物改造世界的能力。

3.1　宏基因组学定义

　　基因组(Genome)是指生物体的细胞中一套完整的遗传信息,通常以核内单倍数染色体包含的所有基因为一个基因组,与细胞、组织和器官的种类无关。随着人类基因组计划的实施和推进,促使了基因组功能性研究计划的开展,因此,也从结构基因组学研究时代进入了后基因组时代。

　　微生物在生物圈中占有统治地位,在地球物质循环以及环境污染物降解等方面中发挥着重要作用,对这些微生物的研究有助于了解生命的起源及进化。在自然条件下,微生物通过其群落而非单一个体来执行这些重要功能,传统的微生物学研究是建立在分离得到纯培养物基础上,而它们仅占自然界微生物的一小部分。对微生物群落作为整体的功能的认识远远落后于对其个体的认识。随着现代分子生物学技术的发展,特别是 PCR 技术和 16S rRNA 基因等特定锚定序列分析被用于微生物鉴定等,使人们可以从环境中通过 PCR 扩增出微生物的 16S rRNA 基因,进而与数据库中的序列比对而鉴定出微生物的种类,这种分析使人们更加认识到了微生物的多样性。通过对微生物多样性的研究,环境中绝大多数的微生物还未被研究过。

　　随着基因组学的深入开展,新的研究思路和研究方法也层出不穷,基因组学已从单一微生物扩展到复杂生境。1985 年,Pace 等人首先提出可以直接从环境样品中提取微生物群体基因组 DNA,从而绕过传统微生物研究方法所必需的培养阶段对其进行研究。并利用这一方法成功地获得了大量的前所未知的微生物信息。1991 年,Schadit 等人进一步利用这一方法构建了来自海水样品 DNA 的 λ 噬菌体文库,并进行了 16S rRNA 基因的筛选分析。1996 年,Lenog 等人开展了一项在这一领域里具有里程碑意义的工作:他们克隆了一段来自一种未知海洋古细菌的 40 kb 长的基因组片段并进行了测序分析。1998 年,Handelsman 等人对这一新的研究方法进行了定义:一种以环境样品中的微生物群体基因组为研究对象,以功能基因筛选和测序分析为研究手段,以微生物多样性、种群结构、进化关系、功能活性、相互协作关系及与环境之间的关系为研究目的的新的微生物研究方法，并第一次使用了 Metagenomics 这个名词，中文文献中将其译为宏基因组学。虽然在有的文献中使用环境 DNA 文库(Environmental DNA Libraries)、土壤 DNA 文库(Soil DNA libraries)、微生物环境基因组学(Microbial Environmental Genomics)、生态基因组学(Ecogenomics)等，但在大部分的工作中都以"宏基因组学"作为其正式名称。在随后的几年里，宏基因组学经历了飞跃式的发展。

2007 年 3 月，美国国家科学院联合会(The National Academies，包括 National Academy of Sciences，National Academy of Engineering，Institute of Medicine，National Research Council)以"宏基因组学新科学——揭示微生物世界的奥秘"(The New Science of Metagenomics：Revealing the Secrets of Our Microbial Planet)为题发表咨询报告，认为宏基因组学科学的出现为我们探索微生物世界的奥秘提供了新的方法，这可能是继发明显微镜以来研究微生物方法的最重要进展，将带来对微生物世界认识的革命性突破。报告呼吁建立全球宏基因组学研究计划(Global Metagenomics Initiative)，建议大批量启动中小型宏基因组学研究项目，对自然环境微生物群落(如海水或土壤)、寄生微生物群落(如人体肠胃或口腔)、人为控制环境微生物群落(如污水处理厂或水产养殖场)等展开研究；启动少量大型综合性项目，对宏基因组学研究方法、技术路线、理论框架和更为复杂的动态微生物系统进行研究。

3.2 宏基因组学的研究策略

宏基因组学的研究策略基本上可以分为 3 个步骤：环境 DNA 提取、宏基因组文库的构建、筛选目标基因。其基本流程如图 3.2 所示。

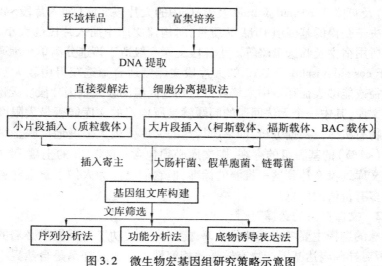

图 3.2 微生物宏基因组研究策略示意图

3.2.1　从环境样品中提取并纯化微生物群体基因组

通过构建宏基因组文库来如实地反映环境中微生物的种类,首先要得到环境中全部微生物的基因组,这就要求建立从环境样品中提取基因组 DNA 的有效方法。到目前为止,已经发展建立了多种从不同环境中提取微小生物基因组的方法。这些方法大致可以分为两类:

一种是细胞抽提法,即先从环境中分离目的类群的微生物细胞,再提取其中的基因组 DNA。Venter 等人在构建 Sargasso Sea 基因组文库时,采用特定孔径的滤膜去除了真核细胞,从而提高了宏基因组文库中原核微生物基因所占的比率。此外,还可以通过培养基富集特定类群的微生物,如在培养基中添加纤维素可以有效地得到与纤维素降解相关的微生物基因组。因为这一方法破碎条件温和,所以得到的基因组 DNA 分子量较大,且纯度较高,适合较大片段文库的构建。但此方法获得的基因组 DNA 一般仅为原核生物且数量较少。

另一种方法是不经过微生物的分离,直接从样品中提取微生物的基因组。与第一种方法相比,利用此方法能得到更有广泛代表性的 DNA 样品,所以其应用比较广泛,但因为该方法破碎细胞条件较剧烈,容易引起基因组的断裂,且得到的 DNA 样品容易含有一些抑制 PCR 及酶切反应的物质如腐殖酸等,因此需要进一步纯化来满足文库构建要求。由于环境样品中的不同微生物有机体对各种细胞裂解方法具有不同的敏感性,所以获得的基因组 DNA 能否最大限度地反应样品中微生物的多样性,在一定程度上受到基因组 DNA 提取方法的影响,这也需要将来对各种提取方法进行系统的比较研究。

3.2.2　宏基因组文库的构建

3.2.2.1　载体的选择及所建文库的大小

根据研究目的,宏基因组文库可以被分成两类:克隆于质粒载体中小片段文库(插入片段<15 kb)及克隆于 cosmid、fosmid 及 BAC 中的大片段文库(插入片段>40 kb)。对载体的选择取决于获得的基因组 DNA 的质量,所构建文库中插入片段的大小,载体拷贝数的要求以及所用宿主及筛选策略等。小片段文库一般适于筛选分离单个编码基因或小操纵子,而基于 cosmid、fosmid 及 BAC 的大片段文库则适合筛选获得由较大基因簇编码的复杂代谢途径或能够表征环境中未培养微生物基因组的较大基因片段。无论构建上述何种宏基因组文库,其中一个无法回避的问题就是所构建的文库能否最大限度地涵盖样品的所有微生物有机体。根据分析,如果所构建的文库要最大限度地反映土壤样品中分布稀少微生物(<1%)的基因组的存在,则文库必须包含 1 000 Gb 的土壤 DNA。虽然许多已经报道的文库远没有达到这一推测的标准,但它们已经为人们了解某些特定的生态环境提供了许多有价值的信息。

3.2.2.2　文库宿主的选择

宿主菌株的选择主要考虑其转化效率,能否为相关功能基因提供必需的转录表达体系,以及是否对异源表达基因产物有较强的相容性等。大肠杆菌是自然界中人们最为熟识的原核生物,并且其遗传操作简单,能在廉价的培养基中快速生长,因此,大多已经报道的宏基因组文库都以大肠杆菌作为宿主。但是,自然界中并非所有的基因都可以在大肠杆菌中表达,比如有些 GC 含量高的基因启动子无法被识别而影响转录,或是宿主缺少合成某种物质(如抗生素)的中间体;有的基因的表达产物对宿主的生长有抑制或毒害作用,或是表达产物无法分泌到细胞外,这些问题的存在限制了通过宏基因组学手段发现新的功能产物,也使得发展、建立新的替代宿主系统成为必要。已经有研究报道构建了可以在大肠杆菌和链霉菌或假单孢菌间接合转移的 Cosmid 和 BAC 载体,从而可以把在大肠杆菌中构建的基因组文库转移到链霉菌或假单孢菌中,以实现对某些特定功能基因的筛选。Martinez 等人以大肠杆菌为宿主,构建了宏基因组文库,通过穿梭质粒(BAC)的接合作用,继而构建了以 Streptomyces Lividans 和 Pseudomonas Putida 为宿主的表达文库。

3.2.3　目标基因的筛选

基因组文库的构建是揭示新基因的前提,接下来则是如何有效地利用文库中丰富的资源,挖掘新的生物分子。由于环境基因组的高度复杂性,需要通过高通量和高灵敏度的方法来筛选和鉴定文库中的有用基因。筛选技术大致可以分为 4 类:第一类基于核酸序列差异分析序列驱动;第二类基于克隆子的特殊代谢活性(功能驱动);第三类基于底物诱导基因的表达;第四类基于包括稳定性同位素和荧光原位杂交在内的其他技术。

3.2.3.1　序列分析法

DNA 序列分析技术是现代生命科学研究的核心技术之一,是发现和认识基因多态性的前提,基于序列分析的宏基因组技术能够得到微生物群落潜在生态功能信息。PCR 是序列分析中最常用的技术,对目标序列特异的探针杂交技术也已被用于土壤基因文库的筛选。

目前,应用于宏基因组学研究的主流 DNA 序列分析技术有三种:①DNA(cDNA)微阵列和 DNA 芯片技术;②差异显示反转录 PCR(DDRT-PCR)技术;③基因表达序列(SAGE)分析。

微阵列技术(Microarray)采用集约化和平面处理原理,通过光导化学合成、照相平版印刷以及固相表面化学合成等技术,在固相表面合成成千上万个寡核苷酸"探针"、cDNA、EST(Expressed Sequence Tag)或基因特异的寡核苷酸,并与用放射性同位素或荧光物标记的来自不同来源的 DNA 或 mRNA 反转录生成的第一链 cDNA 进行杂交,然后用特殊的检测系统对每个杂交点进行定量分析,从而形成 DNA 微矩阵,又称基因芯片。自1995 年由 Schena 创立以来,已逐渐发展成为功能基因组学研究的最有力的工具之一。

与基于核酸的方法相比,微阵列技术有许多优越之处:

①高产量和平行分析:无孔基质的交联表面允许数千乃至数十万的序列和探针均一地保存在很小的表面区域。因此,可以在基因组水平对基因表达进行监测,并且使用同一微阵列可以同时分析一个微生物群落的各个组分。这对于在基因组水平来研究基因表达是十分重要的,因为一次微阵列的实验得到的大量表达数据就可以使研究人员开始对一个细胞系统进行全面整体的认识。

②高灵敏度:探针和靶的杂交有很高的灵敏度,因为微阵列的杂交使用很少量的探针,并且靶核酸被限制在很小的区域。这些特点使样本的高浓度和杂交的快速进行变成可能。

③不同的阵列:不同的目标样品可以用不同的荧光标记,平行地在同样的微阵列上进

行杂交,这样就可以在同一块阵列上同时分析两个或者更多的生物样品。多种色彩的杂交检测可以减小由于不连贯的实验条件而带来的误差,也可以直接和定量比较不同生物样品目标序列的丰度。

④低背景干扰:非特异性地连接到无孔表面的概率是非常低的,因此在制造和使用过程中附着的有机和荧光化合物可以被迅速地去除。相比于传统的有孔膜,它可以大大降低背景的干扰。

⑤实时数据分析:一旦微阵列制作好了,杂交和检测就相对容易和迅速了,保证了在现场范围内的不同环境下数据的实时分析。

⑥自动化:微阵列技术可以实现自动化,因此相比于传统的检测方法有很高的回报率。

虽然微阵列技术已被成功用于分析纯培养全基因的表达,但是由于特异性、灵敏度和定量等问题,它在环境微生物群落研究中仍存在挑战。根据探针的类型可将环境研究中的微阵列分为3类:功能基因微阵列(Functional Gene Arrays,FGAs)、群落基因组微阵列(Community Genome Arrays,CGAs)和系统发育寡核苷酸微阵列(Phylogenetic Oligonucleotide Arrays,POAs)。其中,功能基因微阵列以代谢途径中关键基因作为探针,研究微生物群落中的功能菌群在环境中的功能活性及其代谢途径。为了构建含有大片段DNA的FGAs,需要通过PCR方法从环境样品的克隆中扩增制备探针,因此,对于得到不同环境样品的克隆仍具有挑战性。

Rhee等人发展了一个50个碱基的寡核苷酸微阵列技术,用来自2 402个已知的生物降解和重金属抑制有关基因中的1 657个探针研究了环境群落生物降解潜力和功能活性。结果证实50个碱基的寡核苷酸微阵列的开发为微生物群落功能研究提供了新的快速、强大、高通量分析的工具,可用于监测生物修复潜力及功能活性。微阵列技术已广泛应用于研究废水处理系统以及环境污染物中微生物参与的反应及调节过程和机制、营养物循环和富营养作用的微生物多样性、微生物生态学原理以及生物学过程中与环境胁迫反应相关的基因功能和调节控制研究,并建立了基因表达谱,特别是寡核苷酸微阵列是当前环境微生物群落功能研究中的一种有效手段。Wagner等人应用DNA微阵列技术对活性污泥中微生物的群落结构进行了研究,获得了大量新的信息。但是,利用该技术进行基因检测的灵敏度为PCR法的1/100 000~1/100。这种差异将会阻碍土壤中低丰度微生物的序列分析。因此,提高灵敏性和专一性是应用微阵列技术研究复杂土壤中DNA和RNA信息所面临的重要挑战。

3.2.3.2　DDRT-PCR在宏基因组学中的应用

差异显示反转录PCR(DDRT-PCR)是一种新的显示mRNA差异表达的技术,1992年由梁鹏和Pardee等人建立。它是以PCR和聚丙烯酰胺凝胶电泳为基础经过5′端和3′端引物的合理设计组合,通过对不同细胞或组织的总RNA反转录生成的cDNA进行PCR扩增,将不同细胞或组织中表达的基因片段在DNA测序胶上电泳分离,从而筛选出不同细胞或组织中表达有差异的cDNA片断。该方法灵敏度高,且简单易行,主要用于分析DNA突变及多态性,检测同一组织细胞在不同状态下或在同一状态下多种组织细胞基因表达水平的差异,发现新的致病基因、疾病相关基因、抗性基因以及污染物降解性基因。

由于差异显示反转录PCR技术不断完善,在环境科学研究各个领域中都得到了广泛应用。1994 年,梁鹏等人就利用 DDRT-PCR 技术对正常的乳腺细胞与乳腺癌细胞进行了比较,电泳检测发现 S1 和 S2 基因仅在正常乳腺细胞中才表达,而 M 基因只在乳腺癌细胞中表达。R. J. Van Beneden 等人将 DDRT-PCR 技术应用于对环境内分泌干扰物四氯二苯并-p-二噁英(TCDD)诱导缅因州软壳蛤性腺肿瘤的病理学研究。通过分析比较染毒前后基因表达的改变,共筛选出 4 个差异显示的 cDNA 片断。进一步分析了其中 3 条 cDNA 片断,并在基因库里找到了其同源基因,分别为人硫酸乙酰肝素蛋白聚糖、人 E6 结合蛋白以及人 P68 蛋白的基因。E. Corsinia 应用该方法进行了 SDS 和二硝基氯苯皮肤试验,从中筛选出两个选择性调控基因,它们分别是 ADRP(一种编码 53ku 细胞膜结合蛋白的基因)和 KIAA0368。试验表明 DDRT-PCR 技术是筛选和检测新的致病及疾病相关基因强有力的工具。

2000 年,David M、Chen 等人运用差异显示反转录 PCR 技术筛选桉树小颈膜(Eucalyptus Microcorys)在适应高盐胁迫环境下的抑制高盐刺激反应的调控基因。在实验过程中发现 690 bp 和900 bp两个特异性条带仅在盐敏感性培养基中表达强烈,其中,900 bp 的 cDNA 片断与编码 Arabidopsis Thaliana 微管蛋白的基因有 84% 的同源性,而690 bp的 cDNA 片断在基因库中没有相关的同源基因,可能是一种新型的抑盐胁迫调控基因,由此可见,DDRT-PCR 是一种检测不同环境胁迫下基因表达水平的差异、分离筛选差异基因的有效方法。

3.2.3.3　SAGE 技术在宏基因组学中的应用

基因表达序列分析是一个非常有效的分析基因表达的方法,通过比较分析来自 cDNA 3′端特定位置的一段 9～11 bp 长的基因表达序列标签(SAGE tag)来区分基因组中差异表达的基因。它能够同时在两个或多个细胞或组织间对所有的差异表达的基因进行分析。通过制备 cDNA SAGE 标签并给这些标记序列做上一定的标记(Marker),将其随机连接、扩增、克隆,选择一定数量的克隆产物进行测序分析,不仅可以显示各 SAGE 所代表的特定基因在不同细胞或组织中是否表达,而且还可以根据各 SAGE 标签的出现频率来衡量该基因的表达强度。

SAGE 方法在环境科学的应用主要集中在各种环境污染作用下机体的毒理学研究以及生物对逆境胁迫抗性的功能基因研究。通过对不同环境、不同生理病理状态下表达图谱的构造,对不同状态下基因表达水平进行定量或定性比较,探究基因表达与机体各种癌变、免疫以及抗逆性之间的关系。1997 年,Zhang 等人利用 SAGE 方法对人类正常细胞与结肠癌以及胰腺癌细胞间基因表达的差异进行了研究。通过对从正常人、结肠癌患者和胰腺癌患者的结肠上皮细胞中采集的表达序列标签(Expressed Sequence Tags,ESTs)进行分析,结果表明大量的基因表达处于低水平,少数基因表达水平显著升高。比较正常胰脏组织和胰腺癌细胞 SAGE 资料发现有 136 个基因可能与癌组织的形成有关。实验表明,SAGE 技术有助于识别并研究机体的各种癌变机理和过程。

Cushman M. A 等人将 SAGE 技术应用于研究在盐胁迫和正常环境下松叶菊叶片细胞间基因表达的差异。通过对两者表达图谱差异的分析显示,与正常环境下相比,发现有 15% 新的未知基因在盐胁迫下表达,仅有 13% 的非冗余 ESTs 在盐胁迫和无胁迫下都表达。这表明在松叶菊叶片中可能存在有许多与胁迫抗性相关的功能基因。实验结果证明,运用 SAGE 技术可以确定和筛选植物胁迫抗性及耐受性相关的基因位点和胁迫相关基因并利用基因组改良技术,培育能从土壤和矿物中提取金属植物的新品种。

2001 年,Shires J 等人运用 SAGE 技术分析了小鼠肠上皮淋巴细胞(IELs)在弓浆虫(Toxoplasma Gondii)感染下的标记序列,共鉴别出了 15 574 个独特的转录标签。通过对这些特异性的标签的分析,成功地识别出了一种有活性但还处于休眠状态的 Th1-歪斜的溶菌免疫调控的表型。该实验也进一步证实了通过继承性转移,IELs 是小鼠预防弓浆虫获得性感染的主要的免疫屏障。由此可知,SAGE 技术是研究寄生虫免疫学的强有力的工具。

序列分析法需要根据已知的基因和基因表达产物的保守序列设计引物和探针,因此,对鉴定新的基因成员有一定的局限性,但它已被有效地用于鉴定系统发育学中的标志基因(如 16S rRNA 基因)和带有高度保守域的酶基因(如聚酮化合物合成酶、葡萄糖酸还原酶和腈水合酶等)。PCR 方法往往只能获得部分基因的扩增,而要从复杂的土壤基因组文库中分离到全长基因则比较困难。Sokes 等人用整合子-基因盒系统巧妙地解决了这个问题。整合子由 1 个整合酶基因和 1 个含 59 bp 的重组位点组成,基因盒可从这个特异的重组位点插入并将这个位点分隔开与之比邻,被分隔开的这些位点常含有约 25 bp 的保守序列(反向重复序列),以这些保守位点序列作为 PCR 引物扩增即可获得基因盒中的全长基因。

对基因组文库的随机测序可以获得丰富的信息,但需要进行大量的测序和分析工作,测序技术的日益改进促进了该技术的发展。焦磷酸测序(Pyro Sequencing)技术比较适合于验证一些只有几十个碱基对的短序列 DNA 片段,很适合进行大样本的快速检测。最近新发展了一种利用皮升(Picolitre)级反应器进行测序的方法,这种方法是在焦磷酸盐测序法的基础上结合一种乳胶材料和皮升级反应孔,将基因组 DNA 进行随机切割,批量地进行整个测序反应。利用这个方法,能够在相同的时间内破译 6×10^6 组以上的基因组序列,比 Sanger 法要快 100 倍,提高了测序的效率。另外,鸟枪法测序(Shot Gun Sequencing)策略则为大规模测序提供了技术保障,该方法首先将一条完整的目标序列随机打断成小的片段,分别测序,然后利用计算机根据序列间的重叠关系进行排序和重新组装,并确定它们在基因组中的正确位置。应用这种方法研究宏基因组学为筛选新的天然产物提供了一种可选择的途径,并可产生大量的信息,从中挖掘上百万个新基因,揭示不可培养微生物的代谢途径。然而,鸟枪法的不足之处是耗费大,需大量人力和物力。同时,与个体微生物基因相比,宏基因组文库包含着巨大的序列片段,但对这些序列片段进行分析则极为困难。最近,研究人员报告了一种简化的叫 PhyloPythia 序列分类的新技术,可利用 340 个复杂基因组的信息对来自复杂生态环境的序列片段进行分类组装,这是以前的方法所做不到的。

3.2.4　功能性筛选法

功能性筛选法以活性测定为基础,通过建立和优化合适的方法从基因组文库中获得具有特殊功能的克隆。绝大部分新发现的生物催化剂或分子化合物是利用这种方式筛选得到的。

　　功能性筛选的方法有两种：一种是对具有特殊功能的克隆子进行直接检测，如利用其在选择性培养基上（如含有化学染料和不可溶的或发光的酶反应底物）的表型特征进行筛选。这种方法具有较高的灵敏度，使得较少的克隆子也能被检测到。例如，插入了土壤基因组片段的克隆子可以利用培养基中的多羟基化合物合成羰基化合物，由此可从土壤基因组文库中筛选到多羟基氧化还原酶基因；另一种方法是基于异源基因的宿主菌株与其突变体在选择性条件下功能互补生长的特性进行的。例如，从以缺陷型大肠杆菌为宿主建立的一个土壤基因组文库中，筛选出了与 Na^+/H^+ 反相转运通道有关的 2 个新基因。

　　通过功能性筛选的方法可以快速地从多个克隆子中鉴定出全长基因，并由此获得这些功能基因的产物，为工业、医药和农业提供一些具有潜在活性的天然产物或蛋白质。但是，这个方法最大的不足在于筛选方法必须依赖于功能基因或编码功能蛋白在外源宿主中的表达，这也往往会由于许多基因或基因产物在外源宿主中的不表达或表达后没有活性而降低了筛选效率。只有通过对筛选方法的优化和选择合适的底物及筛选条件，并建立合适的宿主载体系统，才能加快对新的生物催化剂的挖掘和利用。在许多研究中，大肠杆菌被成功地作为宿主进行基因表达和生物活性物质筛选，近来，其他细菌载体如链霉菌和假单孢菌也已用于筛选功能克隆子。为了便于聚酮类物质的异源表达，链霉菌也就自然被作为 DNA 文库筛选的替代宿主，并从重组克隆子中筛选到一系列 Terragine 抗生素。Martinez 等人选用 BAC 穿梭质粒作为载体分别转入到 3 种宿主，即大肠杆菌、变铅青链霉菌、恶臭假单孢菌。结果发现，这 3 种宿主在表达编码不同的化学小分子基因簇的能力上各不相同。将从环境样品中获得的复制基因（rep）转入链霉菌菌株，结果引起了大量次生代谢产物的剧增，同时也促使了孢子的形成，由此说明，内含 rep 基因的变铅青链霉菌菌株适合用作抗生素相关基因的异源表达宿主。土壤样品提取所得的 DNA 中有很大一部分为真核基因组 DNA，利用细菌宿主往往不利于筛选这部分基因，这也促使了开发真核表达宿主用于基因文库的功能筛选。

　　序列分析法和功能性筛选法在土壤微生物多样性研究以及新基因挖掘中发挥了重要的作用，而这两种方法各有不足之处，为了更全面地挖掘土壤微生物多样性的组成信息，往往需要把这两种方法结合起来使用。如 Rondon 等人用 BAC 载体构建了大片段 DNA 插入基因库，同时利用序列分析和活性测定的方法筛选基因库中新的生物活性物质。

3.2.5　底物诱导基因表达（SIGEX）法

　　序列分析法和功能性筛选法在宏基因组文库的新基因挖掘中起到了重要的作用，但它们存在的一个共同缺陷就是目标基因的克隆效率较低、操作费时费力。虽然已在改进方法上做了很多努力，如利用新的宿主或对含目标基因的微生物进行富集培养，但还是无法克服克隆效率低的问题。为此，一种新的底物诱导基因表达法（Substrate-Induced Gene-Expression Screening，SIGEX）被用于基因筛选。代谢相关基因或酶基因往往在有底物存在的条件下才表达，反之则不表达，SIGEX 即利用这个原理来筛选目的代谢基因。这个方法的基本过程主要有 4 步：第一步是以 p18GFP 为载体构建宏基因组文库；第二步是在无底物情况下以异丙基-β-D 硫代半乳糖苷（IPTG）为诱导物去除阴性克隆和绿色荧光蛋白基因（gfp 表达的克隆子）；第三步是在培养基中添加底物诱导代谢相关基因的表达；

第四步是根据 gfp 基因的表达从基因克隆库中筛选出表达代谢基因的克隆子,利用荧光激活细胞分离仪(FACS)从琼脂培养平板上将 GFP 表达的克隆子分离出来。这个方法的优点在于它为高通量筛选提供了保障,而且不需要对底物进行修饰。其不足之处就是 SIGEX 法对目标基因的结构性和适应性很敏感,同时,无法利用不能进入细胞质的底物,而且 FACS 对进样设备的要求也比较高。然而,只要对这些不足之处进行优化,选择合适的条件,SIGEX 法仍然是一种筛选抗体基因和生物化合物的有效方法,尤其适合在工业上使用。

3.2.6　其他技术

3.2.6.1　稳定性同位素联合宏基因组技术

要从由环境复杂群落构建的宏基因组文库中获得特定的目标基因,需要筛选和测序成千上万的克隆,工作量极大,并需要大量实验经费投入。尽管通过宏基因组学的方法筛选到了一些功能基因,但随机性太大。随着稳定性同位素标记技术(Stable Isotope Probing,SIP)的发展,并与分子生物学技术相结合,形成了崭新的稳定性同位素探测技术。稳定性同位素联合宏基因组技术(SIP-Enabled Metagenomics)可大大减少克隆的数量,不需要常规培养就能将环境中的微生物与其功能结合起来,加深对不同环境中微生物功能及其参与的特定生物地球化学过程的认识,其基本过程如图 3.3 所示。

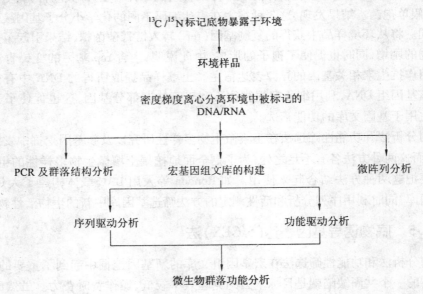

图 3.3　稳定性同位素联合宏基因组的技术路线示意图

通过稳定性同位素(SIP)实验使参与特定代谢过程(例如甲烷氧化)的生物基因组得到富集,克隆从 SIP 实验中获得的 ^{13}C 标记的核酸,从而构建出在某一特定的环境过程中执行特定代谢功能(如可吸收或转化、代谢特定的标记基质)的环境微生物的功能宏基因组文库,就可以重建一个较小、针对性强的目标微生物功能群基因组,从而极大地减少需要筛选的基因克隆数量。并且可直接利用分离出的 ^{13}C-核酸构建宏基因组克隆文库,例如 Dumont 等人在一个验证性实验中,利用从 $^{13}CH_4$ 标记的森林土壤样品中用密度梯度离心提取的 ^{13}C-DNA,纯化后用限制性酶切割连接到细菌人工染色体(BAC)载体,再转入宿主,构建了一个中型的包括 2 300 个克隆的宏基因组文库,插入片段为 10~30 kb。通过与 pmoA 基因(编码甲烷单氧化酶 A 亚基)杂交对文库进行筛选,对其中一个可与探针杂交的 BAC 克隆的测序分析表明,其序列大小为 15.2 kb,包含一个完整的 pMMO 基因操纵子和几个侧翼基因(编码一些在单碳化合物上生长所必需的酶的基因)。这就表明通过 SIP 实验直接克隆 ^{13}C-DNA,以及在一个较小的宏基因组克隆文库中获取目的基因是非常可行的。稳定性同位素联合宏基因组技术可用于环境甲基营养菌(甲烷营养菌和甲醇营养菌)、有机污染物降解菌、根际微生物生态(植物-微生物-微动物相互作用)、厌氧环境中互营微生物等群落结构和特定代谢过程功能分析,在微生物的种类鉴定和功能鉴定间建立了直接的联系。

3.2.6.2 荧光原位杂交技术

荧光原位杂交技术(Fluorescent In Situ Hybridization,FISH)是核苷酸探针技术的一个重要发展,其以已知微生物不同分类级别上种群特异的 DNA 序列或特异的功能基因序列为基础,合成荧光标记的寡聚核苷酸片段作为探针,与环境基因组中的靶 DNA 分子或 RNA 分子杂交,通过在荧光显微镜或共聚焦激光扫描仪(Confocal Laser Scanning Microscope,CLSM)下观察荧光信号,以检测特异微生物种群的存在与丰度,或者是结合了荧光探针的 DNA 或 RNA 分子在染色体或其他细胞器中的定位。Giovannoni 等人在 1988 年首次将荧光原位杂交引入细菌学的研究,当时使用的是放射性标记 rRNA 寡核苷酸探针来检测微生物。随着荧光标记的发展,放射性标记被非同位素染料代替。1989 年,Delong 首次使用荧光标记寡核苷酸探针检测单个微生物细胞。荧光标记寡核苷酸探针比放射性探针更安全并具有更好的分辨力,并且不需要额外的检测步骤,其基本步骤包括:①样品固定;②样品制备和预处理;③预杂交;④探针和样品变性;⑤用不同的探针杂交以检测不同的靶序列;⑥漂洗去除未结合的探针;⑦检测杂交信号,进行结果分析。由于荧光原位杂交可在细胞水平上分析微生物的群落结构,因此被广泛用于微生物群落结构分析。

由于 rRNA 在微生物体内的拷贝数较高、分布广泛、功能稳定,而且在系统发育上具有适当的保守性,因此通常使用 rRNA 作为探针,但以 rRNA 作为探针的 FISH 只能分析群落的遗传结构,不能明确揭示群落结构与功能的关系。Annelie Pernthaler 等人将 rRNA 和 mRNAF 同时使用 ISH 来研究环境细菌结构和某一代谢活性之间的关系,作为一个例证研究,同时检测环境微生物 mRNA 和 rRNA,他们研究了 pmoA(编码甲烷单氧化酶 A 亚基)基因在环境中的表达,很好地与群落功能活性联系起来。可见,将环境 rRNA 和 mRNA 同时使用 FISH 来研究微生物群落功能是可行的。

FISH 技术可确定细胞和组织中特异性转录物定位及其表达的相对水平,它是用一标记生物素或地高辛的非同位素探针与所制备样本中的 RNA 进行杂交。地高辛内标记的反义多聚核苷酸探针,在反转录过程中杂交到细菌细胞中,这一技术将是研究复杂群落环境中原位基因表达较为有利的手段。另外,结合报告基因分析的 FSH 技术对于复杂微生物群落的结构与功能分析也是十分便利的。在微生物群落研究中利用 FISH 技术将原位杂交与功能研究结合是必然的发展趋势,可以进行基因表达和代谢水平的研究。

3.3　宏基因组学与相关学科的联系

3.3.1　宏基因组学与环境蛋白组学

虽然目前可以利用 cDNA 微阵列、SAGE 分析以及 DDRT-PCR 等功能基因组技术检测基因的表达产物 mRNA,可以在一定程度上反应其产物蛋白质的活动,但 mRNA 自身存在贮存、转运、降解、翻译调控,同时蛋白质也存在修饰加工、转运定位、结构形成、蛋白质与蛋白质相互作用、蛋白质与核酸相互作用等活动,而这些均无法在基因组水平上获知,所以单纯通过检测 mRNA 难以准确地反映基因的最终产物蛋白质的情况,由此产生了研究细胞内蛋白质的组成及其活动规律的新兴学科蛋白质组学(Proteomics)。蛋白质组学能从整体的蛋白质水平上,在一个更深层上来探讨和发现生命活动的根本规律及研究人类发病机制等,所以宏基因组学研究为环境蛋白组学的研究提供了必要的基础,其研究领域和趋势必然会向环境蛋白组学研究发展,环境蛋白组学是环境基因组的延伸与扩展。

3.3.2　宏基因组学与生物信息学

随着环境功能基因组研究的逐渐深入,cDNA 微阵列、DNA 芯片和 SAGE 分析等都将产生高通量、大规模的基因组信息,而且这些基因组信息正在以天文数字的计算量,规模化地积累数据和信息,分析如此庞大的信息非人力所能胜任,因此迫切需要一种技术对海量生物信息进行分析处理。生物信息学技术正好能满足环境基因组研究的这种需求,它以庞大的数据库作为支持,如核酸数据库、蛋白质数据库、结构数据库、二维凝胶电泳数据库、代谢数据库等资源对大规模的生物信息数据进行收集、整理与服务,并从中分析挖掘基因组序列中代表蛋白质和 RNA 基因的编码区,归纳机理与基因组遗传信息表达及其调控相关的转录谱和蛋白质谱数据。生物信息学为功能基因组学提供了强有力的研究手段和直接推动力,发挥着日益重要的作用。基因组(包括蛋白质组和环境基因组)和生物信息学一体化的生物信息采集、分析和开发平台已成为 21 世纪最耀眼的新兴学科和产业发展方向之一。

3.4　宏基因组学的应用及研究现状

随着近年来研究的深入,宏基因组学研究已渗透到各个研究领域,包括海洋、土壤、热泉、人体口腔及胃肠道,并在医药、替代能源、环境修复、生物技术、农业、生物防御及伦理学各方面显示了重要的价值。由于研究涉及领域较多,这里仅就水体和土壤宏基因组学进行介绍。

3.4.1　水体宏基因组学

水体宏基因组学目前主要以海洋和极端环境为主,而海洋宏基因组学则是研究的热点之一。海洋宏基因组学是功能基因组学的一个重要分支,主要研究海洋生物群落的组成多样性、生理生化及生态功能。运用基因组学的手段研究海洋生态系统。不仅可以获得有关海洋生物生理多样性和生物功能的详细信息。还有助于我们了解生物体是如何响应环境胁迫的。

Venter 等人对位于大西洋百慕大附近的受营养限制的 Sargasso 海微生物环境基因组进行了研究,通过 2 000 000 次的随机测序得到了由 16 亿个碱基对组成的原始序列,其中包含了 1 000 000 kb 以上的非重复序列和 1 200 000 个新基因。结果显示这些 DNA 片段至少来自 1 800 类不同的基因组,包括 148 个以前未知的细菌系统发育类型。他们的研究也确定了细菌物种丰富度的空间变化和不同取样点的相对丰度。研究发现,794 061 个基因属于功能未被明确的蛋白基因,69 718 个基因参与能量传递,其中 782 个基因编码视紫红质蛋白。这一发现比现有研究发现的视紫红质蛋白基因提高了近 10 倍,表明在 Sargasso 海该类型的光合氧化作用很重要。该研究进一步提高了对海洋生态系统的生物地球化学循环的了解,首先传统的观念认为海洋的硝化作用是被细菌所介导,而作者发现大量古细菌中具有铵单氧合酶(Ammonium Monooxygenase),暗示古细菌也能参与硝化反硝化作用;其次 Sargasso 海环境基因组还包括一些其他的基因,这些基因与受磷酸盐限制的极端生态系统中存在的能利用多聚磷酸盐和焦磷酸盐的基因相类似,表明 Sargasso 海中的微生物也能充分利用多聚磷酸盐、焦磷酸盐甚至无机磷酸盐、碳磷酸盐化合物,因此在磷缺乏的环境中由于具有以上功能的基因大大提高了它们的生存机会。由于与 C、N、O、H、S 循环相比,人们对磷怎样进入生物系统并改变氧化状态等方面了解很少,因此该海环境基因组的研究有利于了解磷循环,研究磷吸收和磷转换的机制,甚至通过环境基因组及功能物种的研究提高了人们对营养循环的理解,研究结果暗示来自环境微生物群落的 DNA 重新构建完整的基因组文库并利用鸟枪法测序是未来研究微生物生态的极好方法。

Feder 和 Mitchell-Olds 建立了一个海洋微生物基因文库,应用 DNA 微阵列技术分析鉴定了微生物的基因表达谱,所获得的基因组学数据与生态学及发育生物学的研究结合起来。从基因组整体水平上全面认识这些被遗忘的大多数的生理生化及生态功能,得到了大量新的数据。

近几十年来,海洋生态环境受到了很大的破坏,极大地影响了海洋生物的生存。利用基因组学对海洋环境进行抢救性研究是环境学家所面临的巨大机遇和挑战,成为环境学研究的新热点。通过海洋生物全基因组功能分析信息,可以深入了解有关生物响应海洋环境的调控机制并将其应用于海洋病害防治中,如通过功能基因组途径筛选出爱德华氏细菌的致病基因,这对于研制防治这种细菌病的药物非常重要。

除海洋生境外,极端环境水体(如酸性矿水、深海)由于其苛刻的物理化学条件,如高度酸化、寡营养、缺乏氧气和光照,使得其中的微生物群落也较为独特,因此,也是目前的一个研究热点。利用宏基因组学对其开展微生物生物群落结构及生理代谢对环境变化响应的研究,将促进我们更好地理解这些极端环境生态系统并对其加以调控和利用。

Tyson 等人对加州 Richmond 矿排出的酸性废水微生物进行了基因组分析,Richmond 矿是一个富含 FeS_2 的矿山,矿山废水表面漂浮着粉红色微生物的生物膜,生物膜中微生物的氧化作用导致了大量硫酸的产生,使得矿山废水的 pH 值在 0~1 之间,通常矿山废水的 Fe、Zn、Cu、As 等含量较高,温度高达 42 ℃,废水排入江、河后导致了严重的环境问题。该研究团体直接从生物膜样品中提取 DNA,构建插入片段为 3.2 kb 的文库,采用鸟枪测序法对 DNA 进行随机测序,一共测定了 76.2 Mbp 的 DNA 序列。拼成了 5 个不同的基因组,其中有 2 个分别与钩端螺旋体属 II 型(*Leptospiiillum group E*)和 *Fenoplasma* II 型的全基因组非常接近,另 3 个与已知的微生物基因组仅部分重叠。通过基因功能的分析,研究者还发现了这些微生物间的分工并成功构建了这个微生物群落的代谢网络,找到了各种具有特殊功能的基因:钩端螺旋体属第 2 组的细菌可固定碳原子、产生生物膜以保护微生物菌群,并使之漂浮在水面;钩端螺旋体属第 3 组的细菌既能够固定碳,也能固定氮;所有的细菌可能都参与了铁的释放,这一发现成为 2004 年最重要的十大科学突破之一。研究者们希望借助这样的方法来探索生态系统中的微生物群落结构,并且了解它们在极端环境中的生存机制。广西大学的许跃强等人构建了造纸厂废水纸浆沉淀物的宏基因组文库,从中筛选到多个表达内/外切葡聚糖酶活性和 P 葡萄糖苷酶活性的克隆,并鉴定出 3 个新的纤维素酶基因(*umceSL*、*umceSM* 和 *umbgSD*)。

David 等人利用从南极圈内 500 m 深处水下采集的单细胞微藻构建成了宏基因组文库,用比较基因组学分析的方法对其中的泉古菌的 16S 和 23S rDNA 片段进行分析,并对一个含有 33.3 kb 插入片段的克隆子 DeepAnt-EC39 进行了全序列测定及基因组比对。发现 DeepAnt-EC39 代表了深海海水一个单独的进化分支,且分布广泛。与包含核糖体 RNA(rm)操纵子(74A4、4B7 和 *Cenaichaeum symbiosum A*、*B*)的海洋泉古菌基因组比较分析后发现,序列中存在与基因重组、基因插入缺失有关的一个高度可变的结构域。研究还发现,rm 启动子和邻近的 1 - 谷氨酸半醛转氨酶(Glutamate - 1 - Senialdehyde Aminotransferase)基因周围是基因重组的高发区。对预测的氨基酸序列进行聚类分析后发现,在古菌的两个结构域和原核的两个结构域之间可能出现水平基因转移,转移频率最高的片段包含与甲烷八叠球菌相近的嗜温产甲烷广古生菌,因此,推测从嗜温细菌和广古生菌获得转移基因是 Group I 泉古菌得以在极低温的环境中生存的机制。

国家海洋局的张金伟和曾润颖从南极普利兹湾深海 900 m 深的沉积物中获得宏基因组 DNA 并构建克隆文库,从中获得低温脂肪酶(*lip3*)开放阅读框的完整序列,对其进行重组表达后得到了具有活性的低温酶。

此外,环境微生物基因组学在研究各种水体中污染物降解微生物的作用和调控、营养物循环和富营养作用的微生物生态等方面同样具有广阔的应用前景。Taroncher - Oldenburg 等人成功地将 DNA 微阵列技术应用于水生生态系统中氮循环功能基因多样性的研究。该实验使用了两种 DNA 微阵列,第一个微阵列上固定有多种目标功能基因如 *amo*A(单加氧酶基因)、*nif*H(固氮酶基因)、*nirIC*(含铜亚硝酸还原酶基因)以及 *nir*S(含细色素亚硝酸还原酶基因)。另一微阵列上固定有从河口沉积物中提取的亚硝酸还原酶基因。不同的环境样品杂交图谱的差异表明,样品间微生物群落的组成存在很大的差异,产生这种差异可能是由于生境的不同(如:盐度、无机氮和溶解性有机碳的含量)。Wagner 等人应用 DNA 微阵列技术对活性污泥中微生物的群落结构进行了研究,微阵列分析结果显示,活性污泥中存在多种菌胶团微生物、硝化细菌、反硝化细菌和聚磷菌,且该污水处理系统中反硝化作用非常活跃,该实验再次证实了利用基因组学技术研究环境样品微生物群落多态性具有巨大潜力。

3.4.2 土壤宏基因组学

土壤是比水生生态环境更为复杂的生境,土壤微生物栖息在土壤的表面和土壤颗粒形成的微孔中,就微生物的分布和生长条件来说,土壤环境极度不均一,使得土壤微生物的多样性大大超过其他生境的微生物多样性。据估计:每克土壤中包含了100亿个左右的微生物细胞,这些细胞可能属于几千甚至上百万个物种,据估计土壤环境基因组可能包括20~2 000 Gbp 的 DNA 序列,但只有0.1%~1%能被培养,如果不考虑稀有的和没发现的微生物基因组,土壤微生物群落的大小可能是大肠杆菌基因组的6 000~10 000 倍左右。如果重新构建的 DNA 文库要能够真正代表整个土壤样品的基因组,则需要 10^6 个插入片段大小为 100 kb 的 BAC 克隆,表现了极大的遗传、系统发育和代谢多样性。到目前为止,土壤宏基因组学技术已在新基因发现、生物活性物质的发现以及土壤生态等几个方面得到了广泛的应用。

从土壤宏基因组文库中获得新编码基因是该技术的主要功能所在,已发现的新基因主要有生物催化剂基因、抗生素抗性基因以及编码转运蛋白基因。Courtois 等人采用了大肠杆菌钱青紫链霉菌穿梭质粒载体将从土壤中分离的微生物 DNA 片段构建成鸟枪环境 DNA 文库,其中包括5 000 个克隆子。分析结果表明,DNA 文库中微生物系统发育变化多样,其中大部分微生物尚未被报道过。从文库中扩增出 I 型聚酮合成酶基因并使其表达,对这些基因的表达产物的分析结果表明,至少有 8 个克隆中含有新的聚酮合成酶基因。随着方法和技术的改进,除从大量的克隆子中可获得感兴趣的基因外,通过构建较少量克隆子也能得到新基因,如 Voget 等人利用培养和直接筛选相结合的方法快速地分析和鉴定出 4 个克隆子中含有 12 个可能编码琼脂水解酶的基因。同时利用 DNA 序列分析法鉴定到另一些编码生物催化剂的基因,包括 1 个立体选择性酰胺酶基因(*amia*)、2 个纤维素酶基因(*gnuB* 和 *uvs*119)、1 个 a 酰胺酶基因(*amyA*)、1 个 1,4-α-葡聚糖分支酶基因(*amyB*)和 2 个香蕉果胶裂解酶基因(*pelA* 和 *uvs*119)。这些结果充分表明土壤微生物是各种基因的天然资源库,其蕴藏的基因多样性远远超出了人们过去的认知程度。

土壤宏基因组学技术最引人注目的贡献是新生物催化剂的发现,包括腈水解酶和淀粉酶、蛋白酶、氧化还原酶、脂肪酶、醋酶等,并且在此基础上获得新酶的许多特征信息。Yun 等人选用 pUC19 为克隆载体构建大肠杆菌基因组文库。对其表达出的酶蛋白进行了特征分析,发现该酶具有独特的转糖基作用,同时还具有 α-淀粉酶、葡聚糖转移酶和新普鲁兰酶的共同特征。在文库的筛选中,抗菌活性物质往往和新酶物质一起被鉴定出。利用未培养的方法挖掘新的抗生素已经成为一种行之有效的方法。加拿大 Terra Gen Discovery 公司首次以链霉菌为宿主构建法基因文库并筛选到具有抗菌活性的 Terragine 系列小分子物质。Gillespie 等人从包含 24 545 个克隆子的土壤基因文库中发现 3 个克隆的菌落呈黑棕色。对这些有色产物的成分分析结果表明,它们分别为 Turbomycin A 和 Turbomycin B,具有广谱抗生素活性。对革兰氏阳性和阴性细菌均具有抗性,这些结果表明,一旦从宏基因组文库中获得功能基因,就能通过基因工程强化表达产物,并通过增加 BAC 克隆表达强度,高效率筛选感兴趣的宏基因组片段及其产物。可见,宏基因组学技术在开发新的活性物质方面具有巨大的潜力。

  土壤宏基因组学技术除用于新基因和生物活性物质的筛选和挖掘外，也为研究土壤微生物复杂群落结构提供了重要工具。通过对基因组文库中的 16S rRNA 基因序列的系统化研究，使环境微生物的多样性分析趋于完整客观。Rondon 等人利用可插入大片段 DNA 的 BAC 载体，构建了 27.0 kbp、44.5 kbp 和 98.0 kbp 等大小不同的土壤宏基因组文库得到了包括 12 000 个重组子，大小为 1Gbp 的 DNA 序列，进一步对 16S rRNA 基因进行系统发育分析，发现该地土壤微生物来自不同的微生物门，主要属于低 G+C 含量、G+ 的 *Acidobecterium*，*Cytophagla* 和 *Proteobacteria* 等不同的分类类群，并且在构建的文库中发现包含了多种功能的克隆子，结果进一步证实了土壤微生物的物种和功能多样性。Treusch 等人从沙地生态系统和森林土壤中提取 DNA 并构建了 3 个大片段福斯（Fosmid）质粒基因组文库。对古细菌多样性进行了研究，发现存在着更丰富的微生物资源；同时，在该研究中还发现对古细菌多样性的研究可以利用除 16S rRNA 基因以外的功能基因进行。

  此外，宏基因组学技术也为微生物纯培养技术提供了可供选择的培养基资源，如用 4-羟基丁酸作唯一的碳源和能源筛选到了 5 个能够稳定利用 4-羟基丁酸的克隆子，经分析，这些克隆子具有 4-硅基丁酸脱氢酶活性。据此可以利用该基因编码的活性物质开展实验室纯培养。这个方法主要是基于活性筛选技术的特殊条件——选择性培养基，它为实验室培养编码新基因的微生物提供了一条新途径。中科院微生物研究所董志扬研究小组成功构建了云南腾冲热泉土壤的微生物基因组文库，进一步分析显示，所研究的土壤样品中微生物多样性较高，且发现许多未报道过的新序列。

3.4.3　其　他

  除上述应用外，宏基因组学还可用于病原微生物基因组的研究。人体同样存在无数种不同的微生物，虽然人们对其中相当部分基因建立了培养的方法，但仍有不少是难以培养、功能不详的。这一新的研究思路的引进，有可能帮助人们更加全面地认识微生物与人类的关系，认识病原体的致病机制，寻找预防和治疗的方法。Gill 等人对 2 名健康成年人粪便标本的 DNA 进行测序后发现，仅有 1% ~ 5% 的 DNA 不是来自细菌。他们又将已知的细菌基因组与人类基因组进行比较后发现，消化道细菌的基因数量达 60 000 多种，要比在人类基因组中发现的多出一倍。研究人员称，人类是一个超生物体（Superorganism），即由细菌和人体细胞组成的混合体，该研究结果对许多人类疾病的临床诊断和治疗研究具有深远的意义。

3.5　宏基因组学面临的挑战与发展前景

  基因组时代的到来，给环境科学的研究提供了新的思路和研究方法。在宏基因组学发展的短短几年时间已对环境科学的理论、环境污染物毒性评价的方法和模式、发现与界定降解污染物的功能基因及其菌株以及鉴定废水处理工艺中微生物群落等方面的研究产生了巨大的影响。可以预见，宏基因组学研究的兴起和发展将在揭示环境污染毒性识别与检测、致毒性机理、环境疾病的诊断、治疗以及污染生物修复与环境预警等方面发挥重要作用。

目前宏基因组技术在微生物多样性研究中的应用已经朝着以下几个方向发展：

①由于插入载体的 DNA 片段越大越容易使人们了解环境样品中非培养微生物基因组的结构和功能，因此研究者不断寻找能使插入片段越来越长的方法和载体，使得基因的异源表达、文库的构建、载体的设计以及筛选等技术将迅速地发展。

②随着研究范围不断扩大，从陆地到海洋，由简单生境到复杂生境，许多环境微生物群落基因组文库和序列信息将得到研究。

③数据库中的 DNA 序列在不断增加，从而发展了比较宏基因组学，宏基因组技术将进一步应用于单个基因代谢途径、微生物个体群落组成等各个层次的多样性研究。虽然利用宏基因组技术评估微生物的系统发育多样性仍然低于环境样品的多样性，但与其他基于单基因的非培养研究技术相比，宏基因组的大规模测序已经使得微生物多样性研究得到了迅速的发展，并对自然界中微生物种群的进化研究给出了前所未有的机会。该技术在微生物生态学中的广泛运用同时也促进了生物技术产业的发展，可以集中筛选一批在工业、农业、医药等方面具有发展前景的生物产品，包括一些新的抗生素和酶的发现等。因此，宏基因组技术既有利于生物的基础研究又有利于生物技术的应用研究，这一技术将随着测序技术的自动化、高通量化、低成本化变得更普遍。

第4章 环境微生物蛋白质组学

随着人类基因组计划的提前完成,后基因组学时代已经来临。Proteome 源于蛋白质(PROTEin)与基因组(genOME)两个词的结合,由澳大利亚 Macquarie 大学的 Wilkins 和 Willhams 于 1994 年提出,根据 Wilkins 等人的定义,蛋白质组指的是一个基因组所表达的全部蛋白。自从蛋白质组的概念被提出以后,蛋白质组学的研究就如火如荼地开展起来了,但其研究主要集中在医学、药物开发和一些模式生物等领域。近年来,人们已经意识到微生物在自然界中的重要作用,它们是生态系统中各种元素循环不可或缺的环节,而且它们大多具有独特的生物功能,如有些微生物对各种复杂有机化合物有降解作用,有些微生物可以在一些极端环境下生存等,而使微生物具有这些独特功能的是一些特殊的酶。众所周知,大多数酶的化学本质是蛋白质,因此对不同自然生态环境中所有的蛋白质的研究就显得特别重要,宏蛋白质组学就是在这种背景下诞生的。1998 年,Handelsman 等人提出了宏基因组(Metagenome)的概念,其最初含义是土壤微生物区系中全部遗传物质的总和,目前一般指特定生境中细菌和真菌的基因组总和,Rodriguez-Valera 根据宏基因组学的概念提出了宏蛋白质组(Metaproteome,或称元蛋白质组学),指环境混合微生物群落中所有生物的蛋白质组总和。早期环境微生物研究主要依赖于纯培养技术,在过去的 25 年中,依靠纯培养技术所进行的研究揭示了一些有关环境微生物的组成及其多样性的信息,但是,环境微生物仅有一小部分可培养,其余大多数为未培养微生物,宏基因组学的出现部分弥补了传统研究方法所存在的局限性。宏基因组学研究主要指直接提取环境样品中的总 DNA,并对其进行各种研究分析。通过使用各种宏基因组学研究技术,研究人员在微生物种群结构和自然生存环境的研究中取得了很大的成功,但是其弊端也显现出来。由于重复基因的存在、基因表达的时空特异性和蛋白质修饰作用等原因,复杂环境条件下环境微生物基因特异性表达及其功能并不能通过宏基因组学的研究得到揭示,而这种信息往往是生态环境中最重要的部分,宏蛋白质组学的出现弥补了这个弊端。

4.1 宏蛋白质组的研究策略

目前宏蛋白质组学的研究策略主要有两条:一条是以双向电泳加生物质谱的方法鉴定群落中各种蛋白的表达谱以及各蛋白表达程度的相对变化;另一条路线就是多维色谱与生物质谱相结合的称之为鸟枪法的技术路线。图 4.1 概括了宏蛋白质组学分析的两种策略,分别基于 2D-PAGE 和液相色谱。其研究过程一般包括环境总蛋白质提取纯化、蛋白质分离及鉴定、数据对比处理 3 个步骤:环境总蛋白质提取纯化一般是以经典的生物化学、细胞生物学和分子生物学技术为基础;蛋白质分离一般采取凝胶(如 2D 电泳)或非凝胶(液相色谱)方法,蛋白质鉴定一般采取质谱分析方法;蛋白质数据对比则是以生物信息学为基础,获取和分析全面的蛋白质系统发育起源和功能信息。

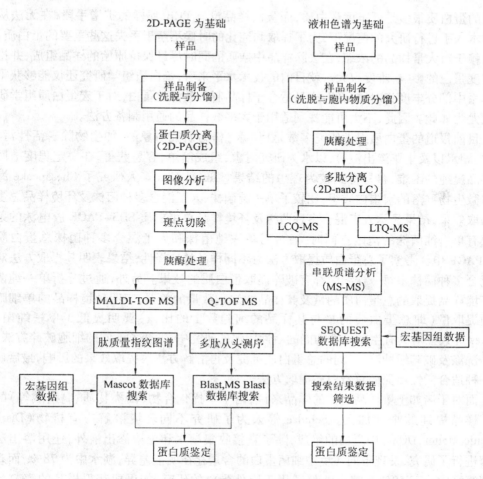

图 4.1　宏蛋白质组学研究策略

注:MALDI-TOF-MS—基质辅助激光解吸电离飞行时间质谱;Q-TOF-MS—四极杆飞行时间质谱;
　　LCQ-MS—多级离子阱液质联用仪;LTQ-MS—多级二维线性离子阱液质联用仪

4.1.1　环境总蛋白质的提取纯化

众所周知,蛋白质组学研究中,第一步样品制备的优劣往往决定了后续研究的优劣甚至成败,而正是由于宏蛋白质组学研究对象的复杂性,使第一步样品制备变得非常困难,这也是宏蛋白质组学研究的瓶颈之一。在蛋白质制备中主要包括细胞组织的破碎裂解;蛋白质增溶溶解以破坏蛋白质与蛋白质分子之间、蛋白质与非蛋白质之间的共价与非共价相互作用;变性及还原;去除非蛋白质组分,如核酸、脂类等。样品的制备没有一种通用方法,不同来源的样品需要不同的提取和裂解技术。但在蛋白质抽提过程中,有几条共同的原则需要遵循:一是尽可能采用简单方法进行样品处理,以避免蛋白丢失;二是尽可能溶解全部蛋白质,打断蛋白质之间的非共价键结合,使样品中的蛋白质以分离的多肽链形式存在;三是避免蛋白质的修饰作用和蛋白质的降解作用;四是避免脂类、核酸、盐等物质的干扰作用。

一般来说,环境样品需要更为剧烈的细胞破碎方法。由于生态环境中一些具有重要功能的蛋白质很多是低丰度蛋白质,而蛋白样品没有 PCR 那样的扩增手段,在无法从小量样本入手进行研究的情况下,为了提取和纯化的时候不至于丢失这些重要的蛋白质,只能依赖于对大量样品的浓缩,在去除样品中杂质的同时尽量保持原始的样品组成,并排除高丰度蛋白的影响,难度很大。就目前的技术水平来看,蛋白质组学研究还仅能够获得研究体系中部分丰度相对较高的,或是适合于样品制备条件的蛋白,对于宏蛋白质组学研究来说尤为如此。因此,不太可能找到适用于大多数样品的通用制备方法。

目前报道的蛋白质组学研究多数是以"水"作为研究对象的,如生物除磷活性污泥、海水、湖水以及土壤渗出液等,以水为研究对象,组成简单,容易获得,在一定程度上回避了样品提纯的困难,容易得到较为理想的结果。Jinjun Kan 等人研究了 Chesapeake 海湾海水微生物群落的宏蛋白质组,比较了单一纯菌株、人工混合多种菌株及环境样品总蛋白质提取效果,结果显示人工混合多种菌株及环境样品总蛋白质 SDS-PAGE 胶电泳的条带都没有单一纯菌株的清晰。同时,通过对单一纯菌株和人工混合多种菌株总蛋白质的2D-PAGE 电泳考察了总蛋白质提取方法对不同样品的选择性,结果表明其提取方法对人工混合多种菌株中每一株细菌都有破碎提取蛋白质的效果。另外,通过分析单一纯菌株和环境样品提取的总蛋白质的量及其样品的细胞数量的关系,表明环境样品的单细胞蛋白质提取量(即总蛋白质的量与其样品的细胞数量的比值)要明显低于单一纯菌株。Wimes 等人在对具有生物除磷功能的活性污泥的研究中,考察了不同的细胞破碎方法、不同的洗涤及破碎缓冲液、不同的总蛋白质沉淀及再溶解方法对提取效果的影响,最后确定了一种适合活性污泥的总蛋白质提取方法。

而对于诸如土壤样品这样的样品来说,由于干扰化合物(酚类物质、腐殖酸等)的存在使样品提纯的难度加大。Schulze 等人为了研究不同环境溶解态有机物(Dissolve Organic Matter,DOM)中蛋白的组成,除了直接收集湖水和土壤渗出液外,还用溶出法对土壤进行了研究,发现不同环境中细菌蛋白的含量存在明显差异,湖水中为 78%,而森林土壤溶液中小于 50%。溶出法仅适用于胞外蛋白的研究,如果要获得样品的完整蛋白(细胞蛋白+胞外蛋白),可以考虑直接对样品进行原位裂解,然后再进行纯化、定量、分析,在活性污泥、水、土壤、生物膜等研究中都应用了这一策略。虽然原位裂解能提供样品中细菌、真菌、原生动物等所产生的全部蛋白混合物,但这种混合也会造成分类学上的困难,另外,由于干扰物的存在,直接裂解应用到天然环境蛋白提取中仍存在很大的技术困难。2007 年,Benndord 等人报道了一种从土壤中进行蛋白分离的方法,先通过 0.1 mol/L NaOH 从土壤样品中提取蛋白质、微生物、腐殖酸等,然后再经过酚抽提,将蛋白和腐殖酸分开,然后进行蛋白质组学研究。

4.1.2　环境总蛋白质分离

4.1.2.1　环境总蛋白质的 2D 电泳分离

1975 年 O Farrell 和 Klose 等人首先建立了二维聚丙烯酰胺凝胶电泳技术(Two-dimensional Polyacrylamide Gel Electrophoresis,2D 电泳),也称双向凝胶电泳。2D 电泳第一向电泳根据蛋白质的不同等电点分离各种蛋白质,即等电聚焦法(Isoelectric Focusing,IEF)。第二向电泳根据蛋白的不同分子量进一步分离等电点相同的蛋白质,即 SDS-聚丙烯酰胺凝胶电泳(SDS-Polyacrylamide Gel Electrophoresis,SDS-PAGE)。

　　电泳完成后的染色常用的方法有考马斯亮蓝染色法、荧光染色法、银染法、负染法等。因为各种染色方法灵敏度的不同且不同类型的蛋白质对不同的染色方法有特异性,所以各种染色方法都有其优缺点。考马斯亮蓝是聚丙烯酰胺凝胶中检测蛋白质点最常用的染料之一,所能染色的蛋白质范围最广,灵敏度仅为银染的1/100,但由于价格相对便宜,操作简单,与质谱鉴定相兼容等特点,目前仍是实验室最常用的染色方法。荧光染色法有很好的特性,在一些大规模操作的实验室里很受欢迎,它是一种终点染色法,可不使核酸显色,具有背景低、灵敏度高和方便使用的特点。负染法的检测限是每个点15 ng蛋白,与质谱兼容性很好,但定量不准确。银染法是一种非常灵敏的染色方法,但操作比较复杂,对试剂纯度要求非常高,且很多银染方法与质谱不兼容。如果要进行严格的检测分析,同样的凝胶必须通过两种或更多种方法进行染色。

　　通过2D电泳得到的蛋白质分离图谱,需要经过摄像或扫描转换为以像素为基础的、具有不同灰度强弱和一定边界方向的斑点电脑信号。主要步骤为数据获取、降低背景、消除条纹、点检测并定量、与参照图形匹配、构建数据库及数据分析。现在已经有很多商业化的软件,比较常用的有 PDQuest(Bio. Rad)、ImageMaster 2D Elite(GEHealth)、Melanie(Genebio)等。

　　用于宏蛋白质组的2D电泳和经典的蛋白质组研究所用的2D电泳大致相同。在2D电泳中,一张凝胶上可以得到大约1 000个蛋白质点。将不同环境下的样品分别进行2D电泳,再将它们的2D电泳图谱进行比较,可以获得在相应环境下发生改变的蛋白质的信息,我们可以称之为“比较宏蛋白质组学”。2D电泳后凝胶上的蛋白质点可以切割纯化,以便进行后续的研究。2D电泳可以清晰直观地呈现样品整个宏蛋白质组中特定蛋白质变化的信息,比较适合快速寻找一些特定环境下的生物标志物、分析受胁迫环境下宏蛋白质组的变化等研究。

4.1.2.2　环境总蛋白质的色谱分离

　　在对环境总蛋白质提取纯化后,另一个对总蛋白质进行分离的常用方法是色谱法。色谱法又称层析法,其原理是溶于流动相(Mobile Phase)中的各组分经过固定相(Stationary Phase)时,与固定相发生相互作用(吸附、分配、离子吸引、排阻、亲和等),由于作用的大小、强弱等不同,各组分在固定相中滞留的时间不同,由此从固定相中流出的先后顺序也不同,并最终使流动相中不同组分得以分离。常用于蛋白质组学研究的是液相色谱,这种方法同样适合于宏蛋白质组学的研究。一般进样前,蛋白都需要经过蛋白酶消化成短肽。

　　双向高效液相色谱法(2D-HPLC)是一种很好的蛋白质分离纯化方法。第一向根据分子大小分离蛋白质,第二向是反相层析。双向HPLC分离蛋白质的容量比双向电泳大,速度比双向电泳快。最近发展起来的HPLC与毛细管等电聚焦相结合的蛋白质分离方法也比双向电泳快速、分辨率高。蛋白质经双向电泳分离及图像分析后,将蛋白质斑点胶块切下,用蛋白酶(通常用胰蛋白酶)对蛋白质样品进行胶内酶解,获得肽片段。利用质谱分析肽片段,得到肽指纹图谱。利用生物信息学将质谱分析结果与蛋白质数据库中的氨基酸序列进行比较,如果数据库中有被研究蛋白质的氨基酸序列,则可进一步结合已有资料进行分析,如果蛋白质数据库中没有被研究蛋白质的氨基酸序列,或者其序列不全,则用Edman降解法测定其全部氨基酸序列,并将氨基酸序列输入蛋白质数据库。

　　质谱(Mass Spectrometry,MS)技术是蛋白质组学研究的核心技术,20 世纪 90 年代以后,质谱技术得到了迅速发展,该技术的基本原理是将样品分子离子化后,根据离子间质荷比(m/s)的差异来分离并确定分子量。目前使用基质辅助激光解吸离子化-飞行时间质谱技术,可以得到酶解肽段的分子量,获得蛋白质的肽质量指纹图(Peptide Mass Fingerprint,PMF),然后通过相应的数据库搜索来鉴定蛋白质。采用串联质谱(Tendam-MS)的方法,可以进行肽的测序,得出肽段的氨基酸序列。此外,近几年迅速发展的一种新的质谱技术——表面增强激光解吸离子化-飞行时间质谱技术可以直接在固相的吸附了蛋白质的芯片表面,使用脉冲氮激光能量,使被捕获的靶蛋白从芯片表面电离出来,根据靶蛋白在离子装置中的飞行时间,测量出其分子量。根据定位于固体表面物质的性质不同,可将芯片分为化学型(Chemical)和生物型(Biological)两种类型:①化学型芯片的构想来源于经典色谱,具有疏水性表面、亲水性表面、阳离子交换表面、阴离子交换表面和固相金属亲和层析表面,以及混合性表面等几种表型,通过疏水力、静电力、共价键等结合样品中的蛋白质;②生物型芯片则是把生物活性分子(如抗体、受体、酶、DNA 等)结合到芯片表面,利用抗原-抗体、受体-配体、酶-底物,以及蛋白质-DNA 之间的相互作用来捕获样品中的靶蛋白。

　　进行蛋白鉴定,如 2D-HPLC-MS(双向高效液相色谱质谱联用)。与 2D 电泳相比,虽然色谱不直观,其分辨率也不太高,但分离效果要优于 2D 电泳,可以得到十分精确详细的蛋白质信息。但是,在对生态环境中低丰度蛋白质的分离鉴定上,色谱分离法相比电泳分离有很大的优势,在需要对所有表达蛋白进行分离鉴定时优势明显。另外毛细管电泳、反相毛细管电泳等技术的发展能够为复杂蛋白混合物提供更为高通量的蛋白分离分析手段,未来有望在宏蛋白质组学研究中获得更广泛的应用。

　　2D 电泳和色谱两种环境总蛋白质分离策略各有优劣:①2D 电泳分离直观方便,能分离千余种蛋白质,但其技术复杂,操作费时;②色谱法操作方便迅速,但是不直观,很难对有差异表达的蛋白质进行确定,其分辨率也不太高。但是,在对生态环境中低丰度蛋白质的分离鉴定上,色谱分离法相比电泳分离有很大的优势,如何克服环境总蛋白质分离中的各种弊端也是宏蛋白质组学面临的挑战。现在已经有研究将凝胶和色谱分离串联使用,取得了一些成效,但是还是没有完全克服它们的缺点,如何精确地分离出单一蛋白质并获得其表达数量的信息是以后宏蛋白质学研究方法需要解决的重点难题之一。

4.1.3　环境总蛋白质鉴定及数据处理

　　对蛋白质组的解读依赖于蛋白质的精确鉴定,这是蛋白质组学研究的核心内容,也是目前宏蛋白质组学研究所面临的最大挑战。质谱技术在蛋白质大分子鉴定中的应用是蛋白质组学研究的基础,而质谱技术的进步也很大程度上推动着蛋白质组学研究的发展。目前在蛋白质组学中常用的质谱技术主要有电喷雾离子技术(ESI)和基质辅助激光解吸附电离技术(MALDI),以及表面增强激光解吸附电离(SELDI)蛋白指纹质谱技术。电喷雾离子技术(ESI)是蛋白和多肽的离子化技术之一,很容易与以液相色谱为基础的蛋白分离方法联合,组成液质联用系统(LC-MS),是分析复杂样品的首选技术,可用于低丰度蛋白的鉴定。而 ESI 和反相毛细管电泳技术所构建的反相毛细管 LC-ESI-MS 是目前蛋白质组学研究最有力的工具之一,可显著改善分离效率、检测灵敏度以及检测通量。如果将3个四级杆检测器串联起来,可组成自动化的 ESI-MS/MS,从而实现蛋白鉴定。样品通过第一个检测器选择目标肽段,然后在第二个检测器中进行片段化,在第三个检测器中进行分析,然后通过特定的算法可以获得氨基酸序列信息。除了 ESI-MS/MS 外,还有其他种类的串联设备用于蛋白鉴定。基质辅助激光解吸附电离技术(MALDI)的基础是基质吸收短波长的激光后使弥散于基质中的分子产生离子化,通过高压加速后,在飞行管道中飞行,通过记录飞行时间来确定分子的大小。MALDI-TOF 结合肽指纹图谱技术是应用最为广泛的质谱鉴定技术之一,如果基因组背景清楚,通过数据库比对,理论上可鉴定出所有蛋白,而在宏蛋白质组学研究中的实际应用中往往会遇到很大的困难,因为数据库是根据已有蛋白或者根据已有的基因预测而来的,显然从自然环境中得到的蛋白很难获得准确鉴定。而各种蛋白的翻译后修饰也大大限制了 MALDI-TOF 的应用。相比较而言,MALDI-TOF/TOF-MS/MS 在未知蛋白的鉴定方面则更为有效。

在 MALDI 的基础上,表面增强激光解吸附电离飞行时间质谱技术(SELDI-TOF-MS),创造性地增加了特异蛋白芯片阅读系统,将传统基质改为以色谱原理设计的蛋白质芯片,可将多种性质不同的待测蛋白质被捕捉到相应芯片的芯池中,芯池中的被测蛋白质通过激光解吸等过程,经过质谱检测系统检测,软件系统分析,最后绘制成蛋白指纹质谱图,从而实现大规模的样品分析,将疾病组与对照组的谱图进行比较,能发现和捕获疾病特异性相关蛋白质。这一分析技术目前可实现对多种样品的直接分析,如血清、尿样、组织液等。现在 SELDI-TOFMS 已经在医学各个研究领域中使用,在识别特定蛋白质的表达物、进行蛋白质水平的药物筛选、揭示蛋白质激酶的作用、蛋白质的翻译后修饰、蛋白质间的相互作用、测定血清中的小分子物质含量等方面均证实准确迅速。

近年来,越来越多的质谱技术应用于蛋白质组学研究,如线性多级离子阱傅里叶回旋共振质谱(LTQ-FT-ICR-MS),电场轨道阱回旋共振组合质谱(LTQ-Orbitrap MS)等,都具有极高的分辨率和强大的分析能力,充分显示出蛋白质组学对于技术进步的依赖性,相信这些新的有效的蛋白鉴定手段能够在宏蛋白质组学研究中发挥重要的作用。

在宏蛋白质组学的研究中,确定一个目标蛋白质的系统发育地位及功能是最有意义的一项工作。在对蛋白质进行质谱鉴定后,我们得到的仅仅是肽段序列或者分子量这样的信息,通过特定的数据库进行搜索比对,可以确定所获得的蛋白质的确切信息。目前可以供我们进行搜索对比的数据库很多,可以根据具体研究的对象挑选合适的数据库进行搜索。数据库中蛋白质来源和待搜索的蛋白质来源相似性越高,其得到确切结果的几率也越大。例如,Banfield 等人研究黄铁矿渗漏出的酸性水表面的生物膜宏蛋白质组时,先对同一研究对象的宏基因组进行研究,得出大量该生物膜的核酸序列数据,并以此建立宏蛋白质数据库,通过对比实验得到的肽段,最后鉴定了 2 033 种蛋白质。许多研究已经表明,在蛋白质组学的研究中,蛋白质的鉴定是最关键重要的一步。现在已有的蛋白质数据库中的蛋白质大多来源于已培养的微生物,数据库中包含的未培养微生物蛋白质的信息非常少,这是现在宏蛋白质组学研究面临的一个重大问题,因此,丰富宏蛋白质组数据库是目前急需解决的问题。现在,宏蛋白质组的研究才刚刚起步,经过世界各地研究机构的努力,宏蛋白质组数据库将能够像宏基因组数据库一样,随着研究的深入得到极大的丰富。

4.2 宏蛋白质组学的应用

4.2.1 宏蛋白质组学在废水生物处理中的应用

现在,越来越多的生物全基因组序列和各种生态环境中宏基因组序列被测定并公开,各种蛋白质序列及其数据库也逐渐丰富,这都为宏蛋白质组学的研究提供了基础。1999年,南非的 Ehlers 等人直接提取活性污泥处理系统中的总蛋白质,并运用 SDS-PAGE 技术对其 34 周的运行状况进行了监测。通过对电泳条带的相似性分析,他们发现在处理系统中的总蛋白质变化很小,预示了在实验过程中活性污泥微生物结构的稳定。Wilmes 等人首次以具有生物除磷功能的活性污泥为研究对象,研究了一个完整的废水除磷处理过程中活性污泥蛋白质组的变化。生物除磷在废水处理中已经得到了广泛的运用,但是很多有关其中微生物及生物化学变化的信息是未知的。该研究设计整个处理过程是以 SBR (厌氧 2 h,好氧 3.5 h,静止 0.5 h)形式运行,分别研究厌氧初期(20 min)、厌氧末期(120 min)、好氧初期(160 min)和好氧末期(330 min)活性污泥宏蛋白质组表达情况。通过对比实验结果,发现除磷效果好的反应器相比于除磷效果差的反应器,其厌氧和好氧段的污泥表达的蛋白质相差不大,预示着聚磷菌在厌氧好氧交替的条件下相对稳定的蛋白质表达有利于生物除磷的进行。利用各种质谱技术对一些短肽片断测序,再结合越来越丰富的宏基因组数据库,可以大大方便宏蛋白质组学的研究。据估计,利用 Mascot 算法,通过对比多肽质量指纹和 DNA 序列,在所有通过 2D 电泳得到的蛋白质中,大约其中30% 可以鉴定其来源和功能。通过这种方法,许多以前被认为与生物降解磷有关的蛋白质得到鉴定,其中包括潜在的磷酸盐选择性细胞膜孔蛋白、与 PHA 合成有关的蛋白质等。Wilmes 等人首次展现了宏蛋白质组学技术在探索环境微生物的特殊功能方面的巨大作用。相对于宏基因组,宏蛋白质组的研究可以更直观地得到有关废水处理中微生物生物功能及其变化的信息。如果结合宏基因组研究,发挥它们各自的优点,可以更好地揭示生态环境中微生态的奥秘。

4.2.2 宏蛋白质组学在环境微生物生态功能中的应用

JinjunKan 等人以 Chesapeake 海湾海水微生物群落为研究对象,比较了该海湾不同流域(上、中、下游)海水中微生物群落宏蛋白质组表达上的差异。该研究是在 Chesapeake 海湾的上、中、下游水域分别取样(在上游两次取样),对这 4 个样品提取其总蛋白质,通过 2D 电泳发现在该海湾不同水域的宏蛋白质组有较大的差异,其中差异最大的(上游和中游)竟然达到了 71.8%,而在上游取的两次样品之间宏蛋白质组差异为 8.3%。通过研究其中有表达差异的 7 种蛋白质的质谱分析,并与已知数据库比对,发现其中有 4 种蛋白质没有任何匹配的记录,说明该研究方法在发现未知蛋白质方面具有巨大作用。用 DGGE 技术对所采集样品的微生态结构进行研究并对比宏蛋白质组的实验结果,发现宏蛋白质组的差异很有可能是由于样品间微生态结构不同所造成的。Jinjun Kan 等人将宏蛋白质组学和宏基因组学初步结合,探求了环境微生物的种群结构和其功能的关系,结果显示这种两个"组学"结合研究具有优越性。

Schulze 等人研究了分离于森林湖泊及土壤中溶解态有机物（Dissolved Organic Matter，DOM）的各种蛋白质，希望找到与生态碳循环有关的细胞外蛋白质。他们的研究发现，分离于森林湖泊的蛋白质有78%来源于细菌，而分离于森林土壤的只有50%。在落叶林中，随着取样的土壤深度增加和土壤有机碳含量的降低，在数据库中有匹配记录的蛋白质从75种减少到28种。在冬天，有匹配记录的蛋白质数量比在夏天多大约50%。在云杉林的研究中，环带切除树皮并以此阻止碳元素运输到根际的云杉根际土壤比正常的根际土壤蛋白质减少了50%。从森林土壤中还分离到了纤维素酶和漆酶，说明土壤有机物的分解发生在土壤颗粒表面的生物膜上。该研究表明了可以通过对胁迫环境下宏蛋白质组的研究，获得其相应的蛋白质指纹，值得注意的是，该研究是以胞外的分离于溶解态有机物的蛋白质为研究对象，没有涉及湖泊和土壤中微生物胞内的蛋白质。Schulze 等人的工作是首次将宏蛋白质组学运用于生态元素的循环研究上，得到了很多有趣的结果，显示了宏蛋白质组学研究在揭示生态环境功能上的作用。

我国山东大学的于仁涛博士首次提出并建立了天然生境纤维素酶宏蛋白质组学的分析方法。在该研究中，以青贮为实验对象，建立了复杂生境宏蛋白质组提取—纯化—双向电泳—活性染色/质谱鉴定的不依赖培养的纤维素酶分析方法。虽然此方法有待完善，但将天然生境作为一个有机的整体，考察其中所有存在的蛋白质，对于纤维素天然降解机制会有一个更加全面系统的了解。不依赖培养的蛋白纯化方法摆脱了传统分离方法对微生物可培养性的要求，可以更加真实地反映纤维素酶实际分布情况。图4.2为活性染色和考马斯亮蓝染色图谱的对比。

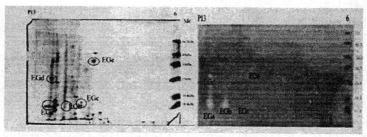

(a) 考巴马斯亮蓝染色图谱   (b) 刚果红活性染色图谱

图4.2   天然生境纤维素酶2D电泳图谱

4.2.3   宏蛋白质组学在极端环境微生物中的应用

各种各样的极端环境微生物是宝贵的生物资源，可以通过对它们的研究开发一些特殊功能的酶类，并揭示一些特殊的代谢途径。美国加州大学伯利克分校的 Banfield 等人成功地将宏蛋白质组学和宏基因组学的研究结合起来对极端环境微生物进行了研究，他们以生长在硫铁矿极端环境中（pH 值为0.8、温度为42℃、高浓度重金属）的生物膜为研究对象，利用"鸟枪"法和质谱技术，对生物膜中的蛋白质进行了分析。群落分析显示，该生物膜主要由 Leptospirillum Group Ⅱ 组成，另外还包含 Leptospirillum Group Ⅲ，Sulfobacillus 和与 Ferroplasma Acidarmanus 及与 G-plasma 有关的古细菌。利用先前已经得到的该生物膜的宏基因组数据,研究人员建立了一个包含 12 148 种蛋白质的数据库,研究人员通过对比实验获得的蛋白质的质谱信息,把蛋白质进行归类,通过严格的筛选,最后鉴定出了 2 033 种蛋白质,其中 48% 来自于在生物膜中占主导地位的 Leptospirillum Group Ⅱ 在所有被鉴定的蛋白质中,含有很多与适应极端环境有关的蛋白质,比如细胞色素 579(Cyt579),其对于金属离子氧化及酸性环境的形成都极其重要。在所有的胞外蛋白质中,表达量最大的 3 种均由功能不明的基因编码并表达。Banfield 等人成功地利用其研究成果构建了在这种极端环境下能量和物质的代谢循环模式图,充分显示了宏基因组学和宏蛋白质组学结合研究的强大力量,尤其是其先建立了该生物膜较完整的宏基因组数据库,然后基于该数据库进行宏蛋白质组学的研究,使得到鉴定的蛋白数量大大增加。以上各种有关宏蛋白质组的研究虽然研究对象不同,方法各异(表 4.1),但都显示出宏蛋白质组研究在了解生态系统功能上的重要作用。

表 4.1　目前报道的各种宏蛋白质组研究对比

生态系统 Ecosystem	研究方法 Study Methods	得到蛋白质的数量 Number of Obtained Proteins
具有除磷效果的活性污泥 Activated sludge	2D- PAGE +MALD I-ToF MS, Q-ToF MS + Protein identificatioin	About 700
Chespeake 海湾 Cheseake Bay	2D – PAGE +MALD I – ToF MS, LCMSMS + protem identification	About 200
森林、湖泊及土壤 Soil, lake & forest	SDS−PAGE+LC−MS/MS+protein identification	About70
黄铁矿渗漏出的酸性水 AMD biofim	LC−MS/MS + protein identification	2033

4.3　宏蛋白质组学研究展望

　　正如前面所述,在环境微生物的研究中可以使用宏蛋白质组学研究技术对微生态的结构和功能进行研究。在基因组、转录组、蛋白质组、代谢组这 4 个研究层次中,蛋白质组学是最直接的对特定环境和时刻中生物功能本质的研究,这种研究具有巨大的生物学意义。如果能够有效地监控某一体系所有蛋白质的组成、丰度、新陈代谢以及相互作用等信息,可以预见,对于这一体系运作的具体细节、发生发展的演变过程、外加干预的效果以及生物学本质等会有深刻的理解,这也正是宏蛋白质组学研究所期望最终能够达到的境界。尽管现在只开展了少数的宏蛋白质组学研究,但是其在环境微生物研究中的巨大作用已经显现出来了。虽然在现在看来,完全阐述环境样品中包含的所有蛋白质的功能是很难达到的,但是宏蛋白质组学已经提供了一种对环境样品中总蛋白质进行研究的有效方法。在得到一些我们感兴趣的蛋白质后,如何阐述其在生态环境中的功能及其作用方式,将是今后研究的热点之一。

4.3.1　环境微生物功能研究

宏蛋白质组研究可以探索并揭示环境中许多未知但具有重要作用的蛋白质,微生物在自然界元素循环及一些极端环境的形成中有着重要的作用,而自然界中有很多微生物是未培养微生物,要单独对其进行研究很困难,宏蛋白质组学以整个微生物群落为研究对象,克服了未培养微生物对研究造成的障碍。利用宏蛋白质组研究技术,可以对具有特殊功能的微生物群落的功能进行直接研究,探索其特殊功能的生物学本质。现在宏基因组学研究中得到的许多序列包含了大量的未知功能的基因,这些功能基因在一些未知的功能系统中或许有很大的作用,宏蛋白质组学在这些领域可以显示其价值。比如在环境污染的治理中,微生物起着举足轻重的作用,如何保证特效微生物在治理过程中稳定高效地发挥作用是目前困扰环境工作者的一个难题。通过对相应的环境系统进行宏蛋白质组学方面的研究,观察微生物在治理过程中总蛋白质的变化情况,从这些变化中一方面可以获得对微生物处理系统的工作状态的标志物,另一方面可以获得某些污染物的特效酶,对这些酶进行结构学方面的研究,获得其催化活性中心,通过对酶结构的改造,增强其催化活力,可生产新的具有超强降解能力的酶制剂。在废水生物处理过程中,活性污泥在废水处理中起着重要的作用。环境的变化(比如温度和溶解氧等)和处理废水水质的变化都会对活性污泥造成冲击和处理系统的不稳定。通过对该系统进行宏蛋白质组学的研究,找出其中抗冲击的关键酶和恢复稳定的关键酶,通过对这些酶的研究,可以生产提高微生物抗冲击能力和加速冲击后恢复速度的助剂,从而帮助污泥处理系统稳定地发挥作用。通过探索和污染物降解相关的蛋白质酶类并以此为基础,可以研究开发一批利于污染物降解的新工艺、新技术和新产品。极端环境微生物也将是宏蛋白质组学的重要研究领域之一,微生物在极端环境中的生存及功能发挥都涉及一些特殊的酶,传统的纯培养技术在极端环境微生物的研究中有很大的缺陷,利用宏蛋白质组学技术对极端环境中总蛋白质进行研究,有利于发现一些有特殊功能的蛋白质,揭示极端环境的形成及其特殊的代谢途径。

4.3.2　环境标志物的开发

宏蛋白质组学研究可以用于开发环境中一些特殊的生物分子。随着生态环境的变化,处于其中的生物体也会相应作出反应,产生并释放一些生物分子,这些生物分子被称为对这些环境变化相应的生物标志物(Biomarker)。这些生物标志物在环境监测上有着巨大的应用价值,宏蛋白质组学就是开发新的环境标志物的一种有力方法。宏蛋白质组学的研究可以很快地发现一些环境中高表达的蛋白质,其中很多蛋白质具有重要的生物学功能,并且具有工业应用的价值。另外,结合一些芯片及杂交技术,利用宏蛋白质组学发现的一些特殊蛋白质,可以制成一些蛋白质芯片来检测环境中微生物群落的活性或者实现犹如污水处理这样的过程快速自动控制。在环境受到污染的时候,其环境中微生物群落所表达的蛋白质可能有很大的变化,选取其中变化较大且稳定的蛋白质分子,以此作为生物标志物,可以在以后的研究中以此为标志物表征环境是否受污染。另外,宏基因组研究目前已经成为开发新药物,获得新基因的一个重要方法,同样,宏蛋白质组研究在新活性物质及重要蛋白质产品的开发中有着极高的潜在价值。

4.3.3　环境微生物相互作用研究

宏蛋白质组学可以作为一种研究工具，在微生物相互作用的研究中发挥作用，结合如稳定同位素技术等已有的一些微生物相互作用研究方法，微生物的相互作用关系可以得到更加完整的阐述。例如，在微生物病害防治、污染环境微生物相互作用、病原微生物相互作用的研究中，一般生物效应的作用点都是蛋白质，利用宏蛋白质组技术可以发现这些效应蛋白质分子并加以研究，这样，对环境中未培养微生物相互作用机理的研究将会得到极大的推进。在废水生物强化技术的运用中，外加微生物和本土微生物的相互作用关系一直是科学家们探索的热点和难点之一，运用宏蛋白质组学技术可以研究它们相互作用的机制，将会大大提高生物强化技术的使用效能。

4.3.4　宏蛋白质组学的其他潜在应用展望

宏蛋白质组学和另外几个"组学"的研究将会越来越紧密。宏基因组学提供环境中总 DNA 的信息，宏转录组学则提供实时的环境基因表达信息，宏蛋白质组学可以提供实时状况下环境功能的信息，宏代谢组学提供最后的环境代谢产物的总体信息。各种"组学"在不同水平上对环境微生物的组成、结构和功能等进行阐述，然后将其和数学动力学模型及某些控制模型相结合，就可以对某些环境的动态变化进行更精确的预测与指导。比如，废水处理系统是一个时刻在变化的动态过程，对一个给定的处理系统，如果将以上的几个组学的研究与某些数学动力学模型和控制模型（比如模糊控制、神经网络等）相结合，就可以实现对废水处理系统的运行状况的精确预测和对处理系统参数进行指导。目前，各种"组学"的研究还比较独立，如何把这些"组学"联系起来，形成一个研究的体系，也是今后研究中面临的一个挑战。从基因到代谢产物，形成一个研究链，将极大丰富人类对自然界的认识。宏蛋白质组学作为一种新兴的研究概念和技术，必将在环境微生态功能的研究中发挥越来越大的作用。

第5章　环境微生物转录组学

5.1　转录组与转录组学

基因组表达的最初产物是转录组,因而,在我们继续概述基因组表达之前,理解转录组的成分是非常有必要的。

一个典型的细菌细胞含有 $0.05 \sim 0.10$ pg 的 RNA,约占其总质量的 6%。一个哺乳动物细胞,比细菌大得多,含有更多的 RNA,共有约 $20 \sim 30$ pg,但是只占其细胞总质量的 1%。值得注意的是,并非所有这些 RNA 都构成转录组(Transcriptome)。转录组仅仅是指编码 RNA(Coding RNA)——即那些从编码蛋白质的基因转录过来,能够被翻译为蛋白质的 RNA 分子。大多数的细胞 RNA 不属于此类,因为它们是非编码的(图 5.1)。

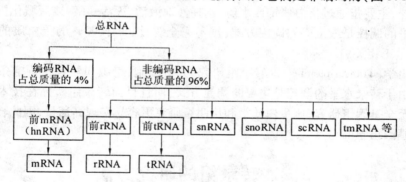

图 5.1　细胞的 RNA 组成

最初级的划分是编码和非编码 RNA。编码 RNA 构成转录组,仅由一类分子组成,即信使 RNA(messanger RNA,mRNA),它是编码蛋白的基因的转录产物,因而在基因组表达的较晚阶段被翻译为蛋白质。信使 RNA 很少,占总 RNA 的 4% 以下,并且寿命很短,合成后不久就被降解。细菌 mRNA 半衰期不到几分钟,真核生物中大部分 mRNA 合成后数小时即被降解。这种快速的周转意味着转录组并不是固定的,而是可以通过改变个别 mRNA 的合成速率而重建的。

96% 的 RNA 是非编码 RNA。这一类 RNA 比编码 RNA 更多样化,构成有不同功能的转录物,这些功能由 RNA 分子本身来完成。

在原核生物和真核生物中,非编码 RNA 都主要有两种类型:

(1)核糖体 RNA(ribosomal RNA,rRNA)

核糖体 RNA 是细胞中最丰富的 RNA,在活跃分裂的细菌细胞中占 80% 以上。这些分子是核糖体的组分,蛋白质合成就发生在核糖体上。

（2）转运 RNA(transfer RNA,tRNA)

转运 RNA 是参与蛋白质合成过程的小分子,携带氨基酸至核糖体,并确保它们按照被转录的 mRNA 的核苷酸序列规定的顺序连接。

rRNA 和 tRNA 在所有类型的细胞中都存在,而其他的非编码 RNA 的分布则更局限。例如,真核生物有多种短的非编码 RNA,常被分为以下三类,其名称表明了它们在细胞中的主要位置。

图 5.1 显示了所有生物(真核生物、细菌和古细菌)中的 RNA 类型和仅在真核、细菌细胞中发现的类型。古细菌的非编码 RNA 还没有完全确定。

核小 RNA(small nuclear RNA,snRNA；又叫 U-RNA,因为这些分子富含尿嘧啶),发现于真核细胞核中。它们涉及剪接(splicing)(一个将蛋白质编码基因的原始转录物加工为 mRNA)过程中的关键步骤。

核仁小 RNA(small nucleolar RNA,snoRNA),在 rRNA 分子加工中起核心作用。

胞质内小 RNA(small cytoplasmic RNA,scRNA),一个多样化的群体,包括功能不同的分子,其中有些功能已知而有些未知。

基因表达的调控发生在不同层次:①转录水平的调控,即何时何地基因转录 mRNA；②转录后调控,即转录产物被剪切和加工成不同的剪切体、RNA 的转运及细胞质定位、RNA 的稳定性及降解等；③翻译水平的调节,mRNA 被选择翻译成蛋白的效率；④翻译后水平的调控,主要指通过蛋白修饰或水解,选择性地激活、灭活、降解或区域化蛋白质。其中转录水平的调控是最主要的调控方式,据不完全统计,大于 90% 的蛋白质的表达水平与 mRNA 呈正相关。

转录组学(Transcriptomics)即转录组研究,分析细胞、组织和器官在特定条件下的基因表达。由于转录水平的调控是主要的调控方式,而且目前转录组研究在技术上能做到高通量甚至全基因组研究,比蛋白质组和代谢组研究更容易实现高通量,因此转录组学是目前功能基因组学的重点。

5.2　转录组的研究方法

转录组的组成是高度复杂的,包含成百上千种不同的 mRNA,每一个转录组都是基因组整体转录信息的一个不同部分。要描述一个转录组就有必要确认该转录组中所包含的 mRNA,最理想的是能够确认这些 mRNA 的相对丰度。转录组学常用的手段有基因表达系列分析(Serial Analysis of Gene Expression,SAGE)、基因微阵列技术(基因芯片)等。

5.2.1　序列分析法

研究转录组的最直接方法是将其中的 mRNA 转变为 cDNA,然后将所获得的 cDNA 文库中的所有克隆测序。通过对比 cDNA 的序列和基因组的序列能够揭示哪些基因的 mRNA 存在于转录组中。该方法的确可行,但却艰巨,因为一个接近完整的转录组的构成图呈现出来之前需要获得许多不同的 cDNA 序列。如果正在进行比较的是两个或更多的转录组,那么完成项目所需的时间就会增加。是否有什么捷径可以用来更快地获得关键序列的信息呢?

　　1997 年,由 Veleuleseu 等人首次创建的表达基因系列分析方法也是在全细胞基因组水平上研究基因表达的有效方法,该法能检测到表达水平很低的基因。与 cDNA 微阵列分析不同,它通过一系列 10 bp(现在已改进为 12 bp)的基因独特表达序列标签组成串联体,经过 PCR 放大后,通过测序来确定基因的表达量。每个独特标签的测定次数与它的转录丰度正相关,因此它可以测定细胞内 mRNA 的绝对表达水平。SAGE 分析工作量较大,而且必须满足所测定的序列数达到饱和才能真实地反应基因的实际表达量。它的优点是可以检测到包括未加注释的所有 mRNA。许多未加注释的 ORF 都是通过 SAGE 分析而获得的。通过检测酵母基因组随时间变化的转录变化动力学可以在事先基因详情不明的前提下获得细胞响应的多方面信息。比如,可以根据已知基因的功能来预测与其表达模式相似的、未知功能基因的功能,通过在 ORF 附件寻找可能参与调节基因表达的保守序列模块来推断基因表达的调节机制。随着 SAGE 分析技术的日渐成熟,它将会越来越广泛地应用于各种条件下的基因表达变化的分析当中。

　　图 5.2 中显示了用于制备 12 bp 标签的流程:首先,通过 mRNA 3′端的多聚 A 尾与偶联在纤维素微粒上的寡聚(dT)臂退火,使得 mRNA 固定在层析柱上。接着 mRNA 被转变为双链 cDNA 并用一种识别 4 bp 靶点的限制性内切核酸酶处理,由此各 cDNA 会被频繁地切割。各 cDNA 的末端酶切片段仍然结合在纤维素微粒上,所有其他片段可以被洗脱去除。随后,一个短的寡聚核苷酸连接到各 cDNA 的游离末端,该寡聚核苷酸含有一个 BsmFI 的识别序列。这是一种不常见的限制性内切核酸酶,它不在其识别序列内部,而是在识别位点下游的 10～14 核苷酸处切割。所以用 BsmFI 处理会从 cDNA 的末端切去平均长度 12 bp 的片段。切下来的片段被收集起来,头、尾相连以产生一个串联体,进行测序分析。串联体中的各个标签序列信息被读取并与基因组中的基因序列比对。

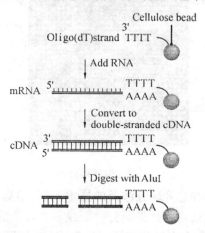

图 5.2　SAGE 方法示意图

　　在这个实验中,第一个被使用的限制性内切核酸酶是 AluI,它识别 4 bp 的 5′-AGCT-3′靶点。连接到 cDNA 上的寡聚核苷酸含有一个 BmFI 的识别序列,该酶在识别位点下游10～14 核苷酸处切割,由此从 cDNA 末端切下一个片段。来自不同 cDNA 的片段被连接在一起形成串联体并被测序。使用这种方法,所形成的串联体的一部分序列来自 BmFI寡聚核苷酸。为了避免这种情况,使得到的串联体完全由 cDNA 组成,可以把寡聚核苷酸连接到 cDNA 的那一端设计成可被第三个限制性内切核酸酶切割。用这个酶处理将寡聚核苷酸从 cDNA 片段上切除。

5.2.2　微阵列或芯片分析法

DNA 芯片和微阵列也能够被用于转录组研究。这两者之间的差异在于芯片携带有在一薄层玻璃或在硅上原位合成并固化的一系列寡聚核苷酸，而微阵列则包含了已经被点样到玻片或尼龙膜上的 DNA 分子(通常是 PCR 产物或 cDNA)。芯片和微阵列的使用方法是一样的(图 5.3)，构成转录组的 mRNA 总体被转变成一个 cDNA 的混合物，然后被标记(通常用荧光标记)并被用于微阵列或芯片的检测，发生杂交的位置将被检测到。与SAGE 技术相比较，这种技术的优势在于可以通过将不同的 cDNA 样品杂交到同样的微阵列上比较它们的杂交信号谱，从而对两个或多个转录组之间的差异作出快速评估。如果将正在研究的细胞系中结合到核糖体上的 mRNA 部分而不是细胞内全部的 mRNA 制备成 cDNA，用于芯片杂交，就能够获得更有价值的结果。因为，结合到核糖体上的 mRNA才是那些动态指导蛋白质合成的转录组部分，从而显示基因组活性略有不同的模式。

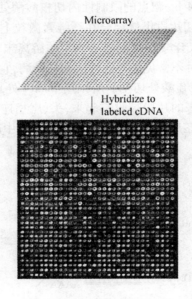

Microarray

Hybridize to labeled cDNA

图 5.3　微阵列分析

首先我们将考虑微阵列和芯片研究涉及的技术问题，然后我们再考虑这种分析手段的一些应用。使用一个微阵列或芯片来研究一个或多个转录组。当分析一个转录组的时候，确认哪些基因的 mRNA 包含在转录组中，并确定这些不同的 mRNA 的相对数量是两个关键的目标。其中第一项目标即要求在微阵列中至少有一个探针分子能够代表每一个相应的基因，这一点对于微阵列而言，是通过使用来自于感兴趣基因的 PCR 一个 cDNA样品经过荧光标记后杂交到微阵列上的产物或 cDNA；对于 DNA 芯片而言，就是通过在每一个杂交点合成一个可能包含多达 20 种不同的寡聚核苷酸链的混合物(它们的序列分别与相应基因的不同部位匹配)(图 5.4)。第二项要求(即确定不同 mRNA 在转录组中的相应数量)是可以满足的，因为微阵列或芯片上包含成千上万拷贝数的探针分子，这比使用阵列检测的一个小量转录组中任何一个 mRNA 预期的拷贝数都高,也就是说任意一个杂交点都不会被饱和(饱和即杂交反应多到使每一个探针分子都被靶基因分子碱基互补配对结合了)。杂交反应的数量是不同的,每一个杂交点的信号强度依赖于转录组中每一个特定 mRNA 的数量(图 5.5)。

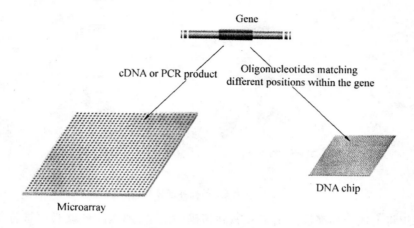

图 5.4 微阵列和 DNA 芯片

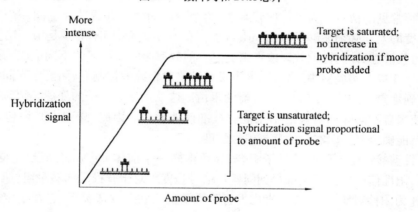

图 5.5 杂交的信号强度与探针数量的关系

通过上面的阅读,微阵列和芯片分析看来似乎是简便的过程。但在实践中,一系列新的难题出现了。首先,对于几乎是最简单的转录组而言,杂交分析并不能产生充分的特异性来区分细胞内存在的所有 mRNA。这是因为,两个不同的 mRNA 可能具有相似的序列并可能交叉杂交到阵列中另一个特定的探针上。当两个或多个同源基因在同一个组织中都有表达时这种情况会经常发生。某一个转录组中可能包含一簇相关的 mRNA,其中的每一个 mRNA 都可能会一定程度的杂交到该基因家族的不同成员。如此,要辨别每一个微阵列中的每一个点都包含来自感兴趣基因的 cDNA 或 PCR 产物,而 DNA 芯片上的每一个点包含了与相应基因不同区段匹配的寡聚核苷酸链的混合物 mRNA 的相对数量,甚至确认哪一个 mRNA 存在与否都将是困难的。当两个或多个不同 mRNA 来自同一个基因时,一个类似的问题出现了。这种情况在脊椎动物中相对多见,其原因是选择性剪接(Alternative Splicing)来自同一个前体 mRNA 的外显子以不同的组合形式加工成一系列相关但又不同的成熟 mRNA(图 5.6)。

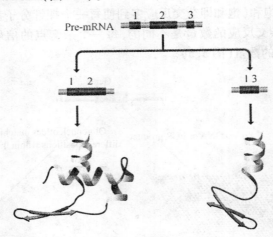

图 5.6　选择性剪接

　　如果想将上述变异都检测出来并做到精确的定量,那么阵列就必须被仔细地设计。如果研究的目的是为了比较两个或多个转录组时,下面将讲述的新难题就进一步凸显了,而且这是很常见的情景。为了使比较有效,两个不同的微阵列或芯片上同一个基因之间的杂交强度的差异必须能够反映出 mRNA 数量的真实差异,而不应该是由于诸如阵列上靶 DNA 的数量、探针的标记效率或者杂交过程的效率等实验因素的不同造成的杂交强度差异。即使在单个实验室中,这些因素也很难被绝对精确地控制好,而要在不同实验室之间达到准确地重复则或多或少是不可能的事情。这就意味着数据的处理必须包括标准化过程,以使来自不同阵列实验的结果能够被准确地比较。因此,阵列中必须包含阴性对照,这样就能确定每一次实验的背景信号强度。

　　选择性剪接产生不同的外显子组合,导致由同一个前体 mRNA 合成出不同蛋白质,与此同时,阳性信号应该每次都得到同样的信号强度。对于脊椎动物转录组,肌动蛋白基NN 常被作为阳性对照,因为在不考虑发育阶段及疾病状态的情况下,它在给定的组织中表达量相当的恒定。一个更加令人满意的选择是设计的实验使用同一芯片进行一次分析,从而使得两个转录组能够直接进行比较。这可以通过使用不同的荧光探针来标记cDNA 样品,然后在合适的波长范围来扫描阵列,以确定每个杂交点上两种荧光信号的相对强度,由此来确定两个转录组的 mRNA 组成之间的差异(图 5.7)。

　　假设两个或多个转录组之间能够进行准确的比较,那么就可以区分出不同基因表达模式中极其复杂的差异。那些表现出相似表达谱的基因很可能是具有相关功能的基因,因此需要一种严格的方法来确认这些基因群体。标准的方法,也叫做系统聚类法(Hierarchical Clustering),涉及比较所分析的各个转录组中每对基因的表达水平,并会给出一个代表这些表达水平之间相关程度的数值。这些数据能够以树状聚类图(Dendrogram)表示,其中具有相关表达谱式的基因将被聚集在一起(图 5.8)。树状聚类图清晰而直观地展示了一个基因间的功能联系。

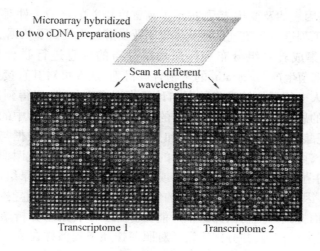

图 5.7　在单次实验中比较两个转录组

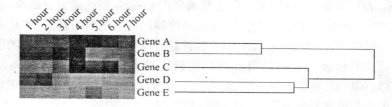

图 5.8　在 7 个转录组中比较 5 个基因的表达谱

5.3　转录组的应用

Gill 等人报告了一种平行的基因-特性作图法(Parallel Gene-Trait Mapping,PGTM)。该法基于 DNA 芯片技术,进行竞争性生长转化体的基因组尺度的监测,目的是识别基因的过量表达,这种表达赋有确切的细胞表型。该方法不同于通常所说的转录分布(Transcriptional Profiling),但二者起互补作用,预期在代谢工程、工业发酵及新药研发中将有重要应用。

Tummala 等人对几种相关的重组丙酮丁醇梭状芽孢杆菌细胞程序(Cellular Programs)中的产品-浓度引起的变化进行转录组分析。除了评价未知基因和构建描述细胞过程的理论之外,大规模转录分析可对评价不同代谢工程策略的影响和效率提供有价值的信息。

Bro 等人比较了厌氧条件下具有不同 NADPH 需要的两种酵母菌(野生菌及重组菌)的基因组尺度的转录分布,为识别氧化还原代谢中新的代谢工程目标提供了有用的信息。

Jurgen 等人对过量生产异源蛋白的重组枯草芽孢杆菌的蛋白质组及转录物组进行了分析,以综合理解细胞对不溶性异源蛋白过量生产的响应。Yoon 等人通过结合转录物组及蛋白质组的分析,以理解大肠杆菌在高密度流加发酵过程中的代谢和生理变化。他们详细考察了流加发酵过程中能量代谢、小分子和大分子的生物合成、细胞过程、磷限制及静止期所涉及的基因表达及变化情况,揭示了高密度培养的环境条件对上述问题影响的实质,从而为代谢工程进一步改进菌种及优化工业发酵过程提供了依据。

Askenazi 等人集成转录组分布和代谢物组分布的信息进行联合分析(Association Analysis),揭示出霉菌生产 Lovastatin 的生物合成机理,从而可对其直接进行合理的代谢工程。Akesson 等人介绍了将转录组数据与计量代谢模型集成,以得到改进代谢通量预测的框架,其关键的思路是探索表达数据中的调控信息,以便对模型中的代谢通量给出附加的限制。通过把酿酒酵母进行恒化培养和分批发酵的转录物组数据与最近构建的基因组尺度模型相结合,可以定量预测代谢通量的交换,定性估计胞内代谢通量的变化。

通过比较不同菌株、样品在不同时间点或不同培养条件下的转录组,可以鉴定出基因操作的潜在靶标。因而转录组分析所得到的信息也同样可以用来指导构建具有新的代谢途径的工程菌,从而提高微生物菌株的生产能力。如基于转录组分析结果,构建了 L-缬氨酸生产菌株工程大肠杆菌,并分别比较了对照菌株和工程菌株在分批发酵时的转录组侧型,转录分析结果表明 lrp 和 ygaZH 基因分别编码通用调节子 Lrp 和 L-缬氨的运输,分别扩增 lrp、ygaZH、和 lrp-ygaZH 基因的工程菌生产 L-缬氨酸的能力分别增加了 21.6%、47.1% 和 113%。同样通过转录组分析,过量表达编码转甲基酶的基因 NCgl0855 或编码铵吸收系统的操纵子 amtA-ocd-soxA 的工程谷氨酸棒杆菌生产 L-赖氨酸的能力提高了40%。Choi 等人分析重组大肠杆菌在高细胞密度培养条件下生产人胰岛素类生长因子 I 熔合蛋白(IGF-If)时的转录组侧型,在约 200 个下调的基因中选择其中的一些氨基酸或核苷酸生物合成途径的基因作为操作的靶标,扩增其中的两个基因 prsA 和 glpF(分别编码磷酸核糖基焦磷酸合酶和甘油转运的基因),基因扩增后的重组菌株生产 IGF-If 的量从 1.8 g/L 增加至 4.3 g/L。

5.4　展　望

转录组学技术在研究微生物与环境相互作用中展示了其应用优势,极大地推动了相关研究的发展。通过转录组研究可以在基因水平描绘细菌如何适应环境,以及为适应环境所作出的基因改变,揭示细菌与环境相互作用的代谢途径,从而为进一步控制微生物在环境中的行为奠定理论基础。

第6章　环境微生物代谢组学

6.1　代谢组概述

代谢是生命活动中所有(生物)化学变化的总称,代谢活动是生命活动的本质特征和物质基础。因此,对代谢物的分析向来是研究生命活动分子基础的一个重要突破口。随着基因组学研究的深入,全基因组测序技术大规模的进行,生命科学领域的研究也随之翻开了崭新的一页。庞大的基因组数据信息源源不断地从一系列新技术中产生,而且未来还会进一步成指数增长。功能基因组开始研究基因组、转录组以及蛋白组的数据与表型之间的关系。然而到目前为止,30%~40%典型开放阅读框的功能我们还不能解释,即使我们掌握了某一个生物体的基因、蛋白等信息,我们也不能完全阐释其表型特征。功能基因组学中的一个重要任务是鉴定测序基因组中的某些未知基因的功能,代谢物作为生物信息传递的终端层次,在基因功能阐释等方面表现出了巨大的潜力,正日益受到科学家们的重视,从而满足了研究全部代谢物的要求,代谢组的概念由此诞生。所谓代谢组是指生物体内源性代谢物质的动态整体。然而,传统的代谢概念既包括生物合成也包括生物分解,因此理论上代谢物包括核酸、蛋白质、脂类以及其他小分子代谢物质。但为了有别于基因组、转录组和蛋白质组,代谢组目前只涉及相对分子质量约小于1 000的小分子代谢物质。代谢组学以定性和定量限定条件下的特定生物样品中所有代谢组分为目标,以系统生物学的观点集中阐释了生物体代谢反映的全部信息,为发现生物标志物、进一步阐明机理提供了新的方法和思路。

从语源学角度看,生理意义上的代谢(Metabolism)一词最早出现于1878年,源于原意为"变化或改变"(Change)的希腊文"Metabole",对应的形容词Metabolic却源于德文的"metabolisch"一词,早在1845年就开始出现,取意为"有关变化的"(Involving Change)。不难看出,代谢一词的含义是经过相当长的一段时间后才得到了统一。

代谢组学的概念也有类似情况,英语中有两套代谢组和代谢组学的名词,Metabonome/Metabolome 与 Metabonomics/Metabolomics。

代谢组学的概念最早来源于代谢谱分析(Metabolic Profiling),它由Devaux等人于20世纪70年代提出。1986年,Journal of Chromatography 出版了一期关于Metabolic profiling的专辑。代谢物组(Metabolome)是1998年由Tweeddale等人在研究大肠杆菌的代谢时首次提出的,其简略定义为"代谢物整体"(Total Metabolite Pool),他们还指出,代谢物组成分析能够提供有关细胞代谢和调控的重要信息。到20世纪90年代后期,随着基因组学的提出和迅速发展,2000年Oliver Fiehn等人以及2001年Raamsdonk等人在公开发表的文献中先后使用了"Metabolomics"这个单词,强调了把代谢物组分析技术用于研究植物和细胞基因的功能等方面的重要性。1999 年 Jeremy K. Nicholson 等人提出"Metabonomics"的概念,并将其定义为:对生物系统因病理生理或基因改变等刺激所致动态多参数代谢应答的定量测定(the quantitative measurement of the dynamic multiparametric metabolic responses of living systems to pathophysiological stimuli or genetic modification)。从定义本身不难看出,代谢组学是将生物体作为一个动态的整体,研究其内因或外因导致的代谢变化,这个定义的关键在于整体性和动态性。Nicholson 研究组以代谢组学思想为基础,在疾病诊断、药物筛选等方面做了大量的卓有成效的工作,使得代谢组学得到了极大的充实。一般认为 metabolomics 是通过考察生物体系受刺激或扰动后(如将某个特定的基因变异或环境变化后)代谢产物的变化或其随时间的变化,来研究生物体系的代谢途径的一种技术。而 metabonomics 是生物体对病理生理刺激或基因修饰产生的代谢物质的质和量的动态变化的研究。前者一般以细胞为研究对象,后者则更注重动物的体液和组织。

目前,metabolomics 至少有 7 个定义,但其本质是:给定细胞在给定时间和条件下所有小分子代谢物的定量分析(the quantitative measurement of all low molecular weight metabolites in an organism's cells at a specified time under specific environmental conditions)。所以单纯从定义来看,metabolomics 指的是静态生物体系代谢物组成分析,因此可以认为是 metabonomics 的一部分。事实上,近年来也有"动态代谢物组学"(dynamic metabolomics)等提法出现,说明 metabolomics 的含义正在朝 metabonomics 靠近。目前,文献中 metabolomics 一词的含义在使用中较为混乱,时常有和 metabonomics 混淆使用的现象。基于两个名词的含义,Tang 和 Wang 认为在中文的表述中,metabolomics 可以译作"代谢物组学"而 metabonomics 可以译作"代谢组学",但也认为,随着学科的进一步发展和不断深入的讨论,代谢物组学和代谢组学有可能最终出现融合。关于 metabonomics 和 metabolomics 概念的区分,Nicholson 和 Lindon 认为不应依据技术方法,而应根据其哲学意义:metabonomics 的关键在于其整体性和动态性,主要探索复杂多细胞系统的系统变化或响应;而 metabolomics 是对复杂生物样品的分析描述,定性和定量分析样品的所有小分子物质。随着研究的深入,现在对这两个名词的区分已越来越少,基本等同使用。

事实上,目前两个概念的定义均有明显不足之处,因此更为准确的代谢组学的定义应当是:Metabonomics is the branch of science concerned with the quantitative understandings of the metabolite complement of integrated living systems and its dynamic responses to the changes of both endogenous factors(such as physiology and development)and exogenous factors(such as environment and xenobiotics)。中文可以简练地描述为:代谢组学是关于生物体内源性代谢物质的整体及其变化规律的科学。不过,上述有关代谢组学的各种概念仍在发展和完善中,代谢组学会(Metabolomics Society)也将代谢组学的定义视为亟待解决的重要问题。

代谢组学这门新兴学科发展迅速且应用广泛,现已成为系统生物学研究的一个重要组成部分,在诊断及功能基因组研究中发挥出日益重要的作用。自 1999 年诞生以来,代谢组学的研究论文数一直以指数的方式增长:高影响因子学术刊物上发表的论文数量较多,仅 Nature 系列刊物论文就达 20 余篇,核心论文引用率高,其中引用 50 次以上的有 50 多篇,100 次以上的有 11 篇,单篇最高引用次数达到 340 余次(来自 WOS,截至 2007 年 3 月 31 日)。

代谢组学的中心任务包括检测、量化和编录生物内源性代谢物质的整体及其变化规律,联系该变化规律与所发生的生物学事件或过程的本质。目前,根据对象和目的不同,代谢组学的研究可分为以下 4 个层次:①代谢物靶标分析(Metabolite Target Analysis),某个或某几个特定组分的分析;②代谢谱分析(Metabolic Profiling),少数预设的一些代谢产物的定量分析。如某一类结构、性质相关的化合物(氨基酸、有机酸、顺二醇类)或某一代谢途径的所有中间产物或多条代谢途径的标志性组分;③代谢组学(Metabolomics),限定条件下的特定生物样品中所有代谢组分的定性和定量;④代谢物指纹分析(Metabolic Fingerprinting),不分离鉴定具体单一组分,而是对样品进行快速分类(如表型的快速鉴定)。

代谢组学与其他组学的研究对象的最大区别是其研究的是代谢组的变化。代谢组的变化是生物对遗传变异、疾病以及环境影响的最终应答。代谢组学受进化的影响较小,在不同物种间其检测方法比其他组学方法更为通用。以果糖二磷酸化酶检测为例,基因组或蛋白组研究需要掌握不同物种内该酶的编码基因或蛋白序列,并根据该信息设计相应芯片或质谱检测技术。代谢组则不管在何种生物内,该酶的底物和产物(1,6-二磷酸果糖和 6-磷酸果糖)都是一致的,因而其检测方法可适用于所有物种。

与其他组学研究类似,代谢组学的突破在于将传统的代谢途径扩展为代谢网络的研究。通过非目标性识别全部代谢物,定量它们在生物体系内的动力学变化,从而揭示传统方法观测到的代谢网络中不同途径之间的关系。因而,代谢组学成为系统生物学研究的重要组成部分。与植物和动物代谢组学相比,由于微生物在生长培养基中浓度较低,低浓度代谢物难于检测以及胞内和胞外代谢物不易分离等特点,使微生物代谢组学的发展受到一定的限制。但是,与高等生物相比,微生物具有系统简单,基因组数据丰富等优势,以及研究人员对基因调节、代谢网络和生理特性了解全面,代谢组学研究在微生物生物技术领域意义显得更为重要。

6.2　微生物代谢组学研究流程

完整的代谢组学流程包括代谢组数据的采集、数据预处理、多变量数据分析、标记物识别和途径分析等步骤。样品(如细胞和培养液等)采集后首先进行生物反应灭活、预处理,然后运用核磁共振、质谱或色谱等检测其中代谢物的种类、含量、状态及其变化,得到代谢谱或代谢指纹,最后使用多变量数据分析方法对获得的多维复杂数据进行降维和信息挖掘,并研究相关代谢物变化涉及的代谢途径和变化规律,以阐述微生物对相应刺激的响应机制、发现生物标记物。微生物代谢组学的研究流程如图 6.1 所示,包括实验设计、样品处理、数据采集、数据预处理、数据分析、生物学解释和结论等。

微生物代谢组学力求分析生物体系中的所有代谢产物,所以整个过程中都强调尽可能地保留和反映总的代谢产物的信息。精确、灵敏、高通量的分析技术平台是代谢组学研究的基础;各种模式识别和信息发现的计算技术从大量分析信号中发现有用信息或特征模式,是代谢组学研究的数据分析平台。

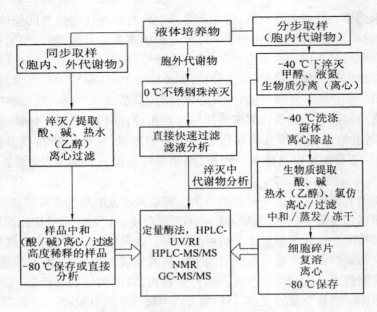

图 6.1　微生物代谢组学研究流程

6.2.1　实验设计

代谢组研究的对象可以是细胞、组织或者生物机体。由于研究对象十分复杂，影响因素较多，且数据挖掘需要使用多变量数据分析方法，因此代谢组学对实验设计要求格外严格。实验设计中对样品收集的时间、部位、种类、样本群体等应给予充分考虑。实验设计是代谢组学分析的重要步骤。为了改善信息的获取质量，一定要在系统统计分析后精确选择各研究参数。在确保实验技术可靠的前提下一定要进行最优化实验设计，这源于对实验要解决问题的准确界定。

与传统的微生物实验设计相比，代谢组学研究由于需要考察的参数众多，而且真正有意义的参数通常在进行具体实验前无法准确预知，所以一般要借助一定的统计学知识协助实验设计。数理统计中的具体实验设计方法很多，常用的有部分因子设计、正交设计、均匀设计、中心组合设计等。尽管各有特点，但主要目的还是通过少数有代表性的组合实验推断整体变化规律和筛选重要因素。目前也有一些商用软件可使该问题简单化，具体内容可参照相关专著。为有效利用统计学工具，一定要抛弃诸如"在正常参考值范围前提下寻找两者量的区别"这样的思维定式去确定定量实验结果所反映的真正问题，正如前面章节所提到的，某一变量在特定代谢组分析中的权重才是十分重要的，或者更为重要的可能是代谢物之间变化的协同性。

通常绝对量的变化十分显著的参数并不一定代表了对扰动应答具有特征意义的指标，细胞内由不同代谢物和各种调控机制组成的复杂代谢网络具有一定的刚性和韧性，某个代谢物量的微小波动都可能引起某关键酶的激活或抑制，进而影响到下游代谢物的水平，如别构调节，受该种机制调节的酶的活性变化往往只需很少量的调节因子存在。即便如此，该酶下游代谢物的水平可能还受多种因素的影响，若单从其量的波动来看，则可能忽视了具有调节作用的那个关键代谢物在细胞应答中的作用。

代谢工程领域内,在许多转录组与蛋白质组研究中,通常要对两种不同条件下的结果进行比较。通常表现幅度最大的成倍变化的分子被筛选出来,其相关基因或蛋白质被认为与特定的条件相关。在提高某组分产量时,随着产率提高而浓度大增的代谢物并不一定是问题所在。而浓度锐减的组分可能与产量相关,因为它可能是生物合成过程中某酶的抑制剂。仅靠比较两个代谢组学数据无法确定与某条件下最相关的代谢分子。量的变化很小,但却十分显著,则可能与提高产率最相关,因为它极有可能对关键酶施加正或负调控而与产量相关。所以这些组分量上的微小变化可能极大地影响产率。因此浓度变化的量或方向并不能说明该分子对某一表型的重要程度,而是特定代谢物变化与表型的相关性程度决定了该代谢物的地位。应通过多因素分析找到那种代谢物的变化与产量总是相关的。

所以设计实验时,应考虑到至少需要考察多少代谢物的数据和多少组样本才能在统计学上反映出实验数据的真实意义。依据通常的统计学实践,计量资料至少需要 20 例样本,计数资料至少需要 30 例样本才有统计学意义。除非极有价值的个案报道,多数情况下样本例数少于 5 的统计分析不利于提供特别准确的推断结果。

一旦确定了要比较的标本的数目,下一步就是如何准备标本。单从数学的角度出发,多因素分析最为经济和有效,但往往可行性受到限制。微生物学家多不愿意采用这种随机性很大的组合方式。例如,现今的微生物生产过程优化研究中最多一次只改变一个参数,但是改变哪个参数呢? 比较产生同一产物的不同株? 改变培养条件? 或在培养过程中间歇取样? 这是一个以时间为代价的尝试,在没有可借鉴经验的基础上,借助适当的数理统计分析是十分必要的,因为毕竟所要研究的参数众多。

微生物培养技术直接影响实验结果,由于生理条件的重复性远不如分析条件的重复性好(植物分析中分析重复性比生理重复性高 4 倍左右),所以必须比较多组数据才能真实反映所研究的生理过程。微生物代谢组学研究的前提是微生物生长状态的重复性,恒化器培养是最理想的,它能使微生物在尽可能恒定和精细控制的条件下生长,但工业发酵都采用分批补料培养。在这样复杂的培养体系内,底物间歇添加,使实验变数增加,特别是比较不同营养源的复杂培养基的结果时,往往容易使问题复杂化。即使是恒化培养,搅拌速率、菌体老化、质粒丢失等问题也往往会干扰微生物生长的重复性。对真核微生物来说,菌丝的形成也是不容易实现重复性的限制条件。实际研究往往需要在权衡各种利弊的基础上使微生物生长的重复性保持相对恒定。

6.2.2 样品处理

微生物代谢组学研究主要进行胞内代谢物的分析,由于细胞内的酶系活跃、代谢物转换迅速,因此取样和样品制备的方法会显著影响分析结果的准确性和重复性。

6.2.2.1 快速取样

由于一些代谢物在微生物体内的转换时间非常短暂,通常在 $1 \sim 2$ s,因此从反应器中快速收集样品并立即终止细胞代谢是至关重要的,否则会由于取样过程中底物浓度的巨大变化使得细胞生理稳定状态受到破坏。对于连续培养的细胞,通常培养基中底物浓度(如葡萄糖)非常低,使得取样过程中细胞生理状态的变化更加迅速,因此对取样技术的要求很高。对于分批培养的细胞,一般由于底物浓度足够高而不会导致细胞的生理状态发生快速改变,其对取样技术的要求较低。自 1974 年 Weibel 等人报道了一种能够在短时间内完成取样、灭活和胞内代谢物提取的快速取样技术以来,快速取样方法已经得到迅速发展,并已成功用于细菌、酵母菌和丝状真菌的代谢组学研究中。Larsson 和 Tornkvist 建立了快速取样和细胞灭活的一套程序,该方法可以在毫克范围内进行浓度测定,并且可以在短时间测定大量样品。Hiller 等人设计了一种同时进行快速取样和灭活的简单设备,在 *E. coli* 代谢物谱的研究中取得了理想的效果。

6.2.2.2 灭活

通常胞外代谢物与细胞分离后需要在低温中保存以抑制代谢反应,而对于胞内代谢物,由于取样后或脱离培养环境后细胞内的代谢状态可迅速改变,胞内代谢物的种类和含量也随之发生变化,为正确反映培养环境中胞内代谢物的真实信息,需要立即灭活细胞以终止胞内反应。理想的灭活技术应满足两个要求:①酶迅速失去活性;②细胞保持完整性。液氮冷冻和高氯酸灭活技术是植物和动物代谢组学研究中主要使用的灭活方法。Fiehn 认为液氮冷冻是植物组织酶失活的最好方法,然而,这种方法并不适用于处理微生物细胞,因为它无法将胞内和胞外代谢物分开。对于微生物的灭活,较多的采用冷甲醇及其缓冲溶液,目前这种方法在 *L. lactis*,*S. cerevisiae*,*E. coli*,*C. glutamicum*,*A. niger*,*B. subtilis* 均有应用。与酵母、丝状真菌等真核微生物相比,细菌等原核微生物使用冷甲醇灭活更易引起胞内代谢物的渗漏;由于细胞壁结构的不同,G^- 细菌比 G^+ 细菌更容易产生胞内代谢物的泄漏。灭活过程中,如何保持细胞的完整性,防止胞内代谢物的泄漏,以正确反映微生物细胞的生理状态,是微生物代谢组学研究的关键。Bolten 等人研究了传统的冷甲醇灭活法对于 G^- 细菌和 G^+ 细菌灭活后引起的胞内代谢物的泄漏情况,结果表明冷甲醇灭活法均能引起两类细菌胞内代谢物的严重泄漏(>60%),这说明以前采用冷甲醇灭活方法进行胞内代谢物分析的结果并非十分准确。Silas 等人研究了冷甘油-盐溶液分别对酿酒酵母、链霉菌和荧光假单孢菌灭活后胞内代谢物的泄漏情况,结果表明冷甘油-20.9% NaCl 溶液能够有效地抑制胞内代谢物的泄漏,这进一步推动了微生物灭活剂的研究。Faijes 等人采用碳酸铵提高甲醇溶液的离子强度以减少植物乳杆菌在灭活过程中胞内代谢物的泄露,结果表明碳酸铵甲醇溶液引起胞内代谢物较小的泄漏,且在冷冻干燥过程中碳酸铵可以挥发去除,方便代谢物的进一步分析。为准确分析胞内的代谢物状态,需要进一步研究合适的灭活方法。

6.2.2.3 代谢物的提取

为了从整体上分析代谢物,提取方法应该满足以下几个要求:①能够最大限度地提取代谢物;②无偏向性,不排除具有特殊物理、化学性质的分子;③不破坏或改变代谢物的物理或化学特性。

目前,文献中报道的代谢物提取方法主要有冷甲醇、热乙醇、高氯酸或碱、热甲醇、甲醇-氯仿混合液以及乙腈等。其中,酸、碱提取法是传统的代谢物提取方法,通常用于提取对酸或碱稳定的代谢物;高氯酸提取法已广泛用于细菌的代谢物提取,该方法对核苷酸类物质和水溶性代谢物提取效果较好,如 cAMP、ppGpp 和细胞壁的前体物质,并容易实现自动化,缺点是较低的 pH 值使有些代谢物不稳定。甲醇-氯仿法对非极性的代谢物具有较好的提取效果,但若高极性代谢物在甲醇和氯仿中溶解度较小则影响其提取效果,并且该方法还存在费时和氯仿有毒等缺点;甲醇或乙醇提取法具有简单快速且无盐加入、提取剂易于去除、代谢物易于浓缩以及 pH 值变化小等优点；但是利用热甲醇和热乙醇提取时，高温对热不稳定的代谢物有破坏作用。Maharjan 和 Ferenci 研究了提取方法对 *E. coli* 代谢物谱的影响，对 6 种提取方法即酸、碱、冷甲醇、热甲醇、热乙醇和甲醇–氯仿提取的代谢物进行对比分析，结果表明冷甲醇方法得到了更多的代谢物。以特定厌氧条件下培养的大肠杆菌为研究对象，以电喷雾质谱直接进样测定为评价标准，比较了提取大肠杆菌代谢物组的 3 种提取方法，结果也显示冷甲醇提取的样品在电喷雾质谱实验中表现出良好的重复性和最高的峰强度。

目前，还没有建立通用的胞内代谢物提取方法。由于代谢物性质的多样性，仅采取一种提取方法无法实现胞内代谢的全部提取。因此要尽可能多地获得胞内代谢物，需要同时进行不同提取和分析方法的组合。Vander Werf 等人利用冷甲醇水溶液和氯仿进行代谢物提取，并采用 6 种不同的分析方法分析 *E. coli* 胞内代谢物的组成，一共定性分析了 235 种胞内代谢物，其中首次鉴定或 *E. coli* 数据库中不存在的代谢物有 61 种。

6.2.3 微生物代谢组学的分析平台

完成样本的采集和预处理后，样品中的代谢产物需通过合适的方法进行测定。代谢组学分析方法要求具有高灵敏度、高通量和无偏向性的特点，与原有的各种组学技术只分析特定类型的化合物不同，代谢组学所分析的对象的大小、数量、官能团、挥发性、带电性、电迁移率、极性以及其他物理化学参数差异很大。代谢产物和生物体系具有复杂性，而现有的分析技术都有各自的优势和适用范围，因此需要根据样品的属性和研究目的来选择并综合利用多种技术平台，文献表明，色谱、质谱、核磁共振、红外光谱、紫外吸收、荧光散射、光散射等分离分析手段及其组合手段都出现在代谢组学的研究中。图 6.2 给出了代谢组学常见硬件技术平台。

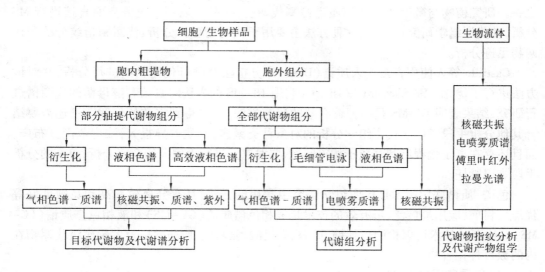

图 6.2 代谢组学常见硬件技术平台

微生物代谢组学的分析平台主要分为两类，分别是基于 MS 和基于 NMR 的分析平台。其中色谱–质谱联用方法兼备色谱的高分离度、高通量及质谱的普适性、高灵敏度和特异性,NMR 特别是 1H-NMR 以其对含氢代谢产物的普适性而成为最主要的分析工具。表 6.1 对比了目前微生物代谢组学研究中最常用的 4 种分析方法(GC-MS、LC-MS、CE-MS、NMR)的灵敏度、样品特点和特性。

表 6.1　微生物代谢组学的分析平台比较

Analytical platform	Sensitivity/mol	Sampling characters	comment
GC/MS GC XGC/MS	10^{-12}	Need extraction, sample dried and chemical derivation, thermally labile compounds.	Robustness, high separation effi4ciency, excellent separation reproducibility, have large body of software and databases for metabolite identification.
LC/MS UPLC/MS	10^{-15}	Need extraction and concentration.	High sensitivity and selectivity, but library is limited, ionization suppression.
CE/MS CE/LIF	10^{-23}	The same with LC-MS.	High throughout and sensitivity, lower selectivity, no metabolomic specific mass spectral libraries available.
NMR	10^{-6}	Nondestructive, minimum sample required.	NMR spectroscopy provides a rapid, high-thnbughput method, permits unambiguous compound identification and allows precise compound quantification, low sensitivity, extensively used in biofluids and plant fields.

6.2.3.1　质谱(MS)

近年来,由于 MS 技术的不断完善已经推动这种技术成为代谢组学研究的重要手段之一。研究植物与微生物常使用质谱检测代谢物,样品可以不经过分离而直接进行 MS 分析,在代谢组学研究过程中,这种方法主要用于代谢物靶标分析、代谢物指纹分析和代谢物足迹分析。

Castrillo 等人使用直接注入质谱(DI-MS)分析法对酵母代谢物组进行分析,并对该方法进行了优化。Smedsgaard 和 Nielsen 利用 DI-MS 的方法对真菌和酵母菌的代谢谱进行研究,结果表明 DI-MS 是一种较有效的研究方法,但要得到完整的代谢图谱还需要结合其他分析手段。由于代谢组学分析的对象种类繁多,性质差异很大,浓度范围分布广,而且还存在离子化程度和基质干扰等问题,要对它们进行无偏向的全面分析,单一的分析手段难以胜任。

色谱-质谱联用技术是代谢组学研究中常用的方法,具有分离效率高和灵敏度好等优点。目前,应用最广泛、最有效的技术是气相色谱质谱(GC-MS)和液相色谱质谱(LC-MS)。这两种技术可以检测包括糖、糖醇、有机酸、氨基酸、脂肪酸以及大量次级代谢物在内的数百种化合物。

(1)气质联用(GC-MS)

在微生物代谢组学分析平台中,GC-MS 具有较高的分辨率和灵敏度,是发展最为成熟的分析平台,较早地用于代谢组学的研究。利用 GC 与飞行时间质谱(TOF-MS)联用可以进行高通量分析:由于 TOF 检测时间短,一个月可分析 1 000 个以上样品;而且,利用升级的解析方法可以从植物叶片提取物的 GC-TOF 图谱中一次解析出 1 000 种以上化合物。随着 GC×GC-MS 引入,它的分离性能得到很大提高,可增加单次分析可分离代谢物的种类;传统的 GC-TOF-MS 能够检测 100~500 种化合物,而 GC×GC-TOF-MS 能够在 65 min 内分析大约 1 200 种化合物。

GC-MS 存在的缺陷是:GC 分离样品分子量范围有限;主要用于分析具有挥发性和热稳定性的化合物;不能分离大分子及难挥发物质;同时热不稳定性物质在 GC 条件下容易分解。难挥发性物质或半挥发性物质需要衍生化处理以后才能进行分析,尽管衍生化过程会降低样品的通量,将样品衍生化后再进行 GC 分离,是解决上述问题的一条有效途径。

对于 GC-MS 在微生物代谢组学中的应用,Nielsen 等人做了大量的工作:采用氯甲酸甲酯衍生化方法和 GC-MS 技术,同时测定了氨基酸和非氨基有机酸化合物标样;进一步采用同样的衍生化方法和分析平台测定了酵母中心碳代谢和氨基酸合成的代谢物,并结合代谢组学数据和转录组学数据进行高通量代谢状态分析。Koek 等人建立了一套完整的利用 GC-MS 研究代谢物组的方法,该方法对 B. subtilis,P. freudenreichii 和 E. coli 均适用,可以测定包括乙醇、乙醛、氨基酸、胺、脂肪酸、有机酸、糖、糖胺、糖磷酸、嘌呤、嘧啶和芳香族化合物在内的代谢物。

(2)液质联用(LC-MS)

LC-MS 是代谢组学研究的另一重要分析平台,LC-MS 具有强大的分离能力,广泛应用于难挥发性物质的分析,具有物质检测分析领域宽,选择性和灵敏度较好、样品制备简单等优势。LC-MS 分析的样品,不需要进行衍生化处理,适合于不稳定、不易衍生化、难挥发和分子量较大的代谢物。目前,反相 LC 技术应用较普遍,但常规 LC 在分离极性较强物质时仍然具有重要作用。

2001 年,Buchholz 等人利用 LC-ESI-MS 检测高氯酸提取的 E. coli 胞内代谢物,对部分糖酵解途径代谢物和核苷酸进行了定量分析,并通过酶法和 UV 检测证实了该方法的有效性。2002 年,该课题组采用快速取样和灭活技术,并通过酶法、HPLC 和 LC-MS 三种方法定量分析了 E. coli 的 30 种胞内代谢物,获得了葡萄糖限制培养和甘油限制培养条件下胞内代谢物浓度随时间变化的数据,用于模型化代谢网络。Mashego 等人利用 LC-MS 定量分析 S. cerevisiae 糖酵解、TCA 循环和氨基酸的代谢物浓度。Coulier 等人采用离子对液相色谱电喷雾质谱联用技术同时定量分析多种极性代谢物,结果表明该方法对于 B. subtilis 和 E. coli 代谢组学研究是非常有效的。Dalluge 等人通过 LC-MS-MS 检测未衍生的氨基酸,发现氨基酸代谢谱与微生物发酵阶段有关,此方法可以鉴定细胞的生长阶段,如延滞期和细胞裂解期。尽管有许多关于 LC-MS 在微生物代谢物组研究的报道,但该分析平台还存在一些尚未解决的问题,如采用碳限制培养进行高密度细胞培养过程中,高盐浓度无疑会抑制 ESI 的离子化效率,还可能阻塞蠕动泵。最近,一些研究者使用 ^{13}C 标记代谢物等方法在一定程度上削弱了盐的抑制作用。

此外,LC-MS 中的 HPLC 柱的化学物质和三维结构会影响色谱的分离度和敏感性。最常用的反相色谱柱对极性代谢物的保留时间很小,甚至代谢物与流动相共洗出,这大大缩小了数据分析的空间;对极性代谢物的分离需要使用其他种类,Tolstikov 等人开发出一种亲水作用色谱技术(Hydrophilic Interaction Chromatography,HLIC),采用(Monolthic ^{18}C

Silica)长柱提高了分离效率,并且更易于与 MS 对接,检测到许多极性物质。除了普通的 LC-MS 外,还有毛细管液相色谱-质谱(capillary HPLC-MS)和超高效液相色谱-质谱(UPLC-MS)。UPLC 采用 117 μm 的填料提高柱效,得到较好的分离效率,通常能够检测到几百个色谱峰。除了色谱柱的选择以外,为提高样品的分离度,Xu 课题组发明了一个柱切换二维液相系统,采用两根液相色谱柱(反相色谱柱和亲水作用色谱柱),通过阀切换实现了一次进样亲水和疏水代谢产物的同时检测,解决了复杂生物样品中亲水和疏水性代谢产物的同时检测问题。HPLC-MS、毛细管 HPLC-MS、UPLC-MS 以及多维色谱等技术逐渐应用到代谢物组学研究,明显提高了分辨率、灵敏度和通量。

基于 GC-MS 和 LC-MS 的代谢组学的研究,色谱条件的微小变化(如流动相、梯度、柱温及其柱表面的状态)常导致保留时间的差异,从而影响了谱峰位置的重现性。在模式识别前,需对谱图进行峰匹配,使各样本数据得到正确比较。相比之下,HPLC 的保留时间重复性要优于 GC,峰匹配相对容易。代谢物的定量分析主要包括内标法、标准加入法、标准曲线法和同位素法。标准曲线法和标准加入法需要有可利用的标准样品,内标法能够排除分析系统微小变化带来的影响,但是内标物的选择通常比较困难。相对于内标法,标准曲线法对色谱条件的一致性要求较为苛刻。

(3)毛细管电泳质谱联用(CE-MS)

毛细管电泳在代谢物分离方面是一个新的发展方向,其效率优于 LC 和 GC。CE-MS 是近几年发展较为迅速的新型分析技术,因其具有分析迅速、高灵敏度、高通量、样品不需要特殊处理和样品需要量少等优点而日益受到代谢组学研究者的重视。灵敏度高是 CE-MS 最显著的特点之一,其次,样品需要量少也是 CE-MS 在代谢组学研究中的一大优势,其样品体积仅需要几纳升。CE-MS 对于极性较强、离子化的代谢物具有很好的分析效果。关于 CE-MS 在微生物代谢组学中的应用,Soga 课题组开展了深入的研究:该课题组利用 CE-MS 分析了从 B. subtilis JH642 中提取的阳离子性代谢物,并对其中的 27 种代谢物进行了定性定量分析。进一步优化了 CE-MS 对阳离子、阴离子以及核酸和辅酶 A 等代谢物的分离分析条件,分析了 B. subtilis 168 的代谢物,共检测到 1 692 种代谢物,并对其中的 352 中代谢物进行了定性分析;近来,他们采用压力辅助 CE-MS 定量分析了 E. coli 的 pykA 和 pykB 基因缺陷菌株胞内核苷和辅酶 A 等代谢物,推断 pykA 是主要的功能酶基因。

6.2.3.2　核磁共振(NMR)

NMR 是利用高磁场中原子核对射频辐射的吸收光谱鉴定化合物结构的分析技术,生命科学领域中常用的是氢谱(^{1}H-NMR)、碳谱(^{13}C-NMR)及磷谱(^{31}P-NMR)三种,该技术能够对复杂样品中的代谢物同时完成定性和定量分析。核磁共振 NMR 技术多用于代谢物指纹图谱分析和寻找样品间的显著差异代谢物,并且更多地用于哺乳动物样品的检测。NMR 技术是代谢产物组(Metabonomics)研究最有力的工具,具有较好的重复性。NMR 技术在代谢组学中的应用广泛,通常用于动物体液的代谢过程分析,也可用于植物代谢组学和微生物代谢组学。NMR 的优势在于能够对样品实现无创性、无偏向的检测,具有良好的客观性和重现性,样品不需要繁琐处理,具有较高的通量和较低的单位样品检测成本。此外,^{1}H-NMR 对含氢化合物均有响应,能完成样品中大多数化合物的检测,满足代谢组学中的对尽可能多的化合物进行检测的目标。NMR 虽然可对复杂样品如尿液、血液等进行非破坏性分析,但是因为微生物胞内代谢物包含从小的无机离子到疏水性的脂质及复杂的天然产物,浓度范围跨越 9 个数量级(从 pmol 到 mmol),与质谱法相比,NMR 的检测灵敏度相对较低(采用现有成熟的超低温探头技术,其检测灵敏度在纳克级水平)、动态范围有限,很难同时测定生物体系中共存的浓度相差较大的代谢产物;同时,NMR 高昂的设施费用和分析人力资源缺乏等原因,一定程度上限制了其在微生物代谢组学中的应用。

　　然而,利用 NMR 进行微生物代谢组学研究也有不少成功的案例。Raamsdonk 等人使用 ^{1}H-NMR 技术通过比较代谢组学方法揭示了 S. cerevisiae 6 000 多个基因中的沉默基因突变体的表型,这种确定基因功能的方法为通过代谢工程进行菌种改良奠定了基础。Boersma 等人利用 ^{19}F-NMR 分析了微生物降解污染物的代谢中间产物的变化情况,并详细阐明了该过程的代谢途径。2007 年,Bundy 等人利用 NMR 分析酵母菌的代谢谱,用于评估模拟的代谢网络模块。

　　为了提高 NMR 技术的灵敏度,研究者们采用了增加场强、使用低温探头和微探头的方法。针对分辨率的问题,使用了多维核磁共振技术和液相色谱-核磁共振联用(Liquid Chromatography-Nuclear Magnetic Resonance,LC-NMR)。Daykin 等人采用色谱技术,利用 LC-NMR 联用对心血管疾病患者血中的脂蛋白代谢产物进行了检测。Nicholson 研究小组采用近年新发展的魔角旋转(Magic Angle Spinning,MAS)技术,让样品与磁场方向成54.17°旋转,从而克服了由于偶极耦合(Dipolar Coupling)引起的线展宽、化学位移的各向异性。应用 MAS 技术,研究者能够获得高质量的 NMR 谱图,样品中仅加入少量的 D_2O 而不必进行预处理,样品量只需约 10 mg。基于 NMR 技术的代谢组学方法已广泛地应用于药物毒性、基因功能以及疾病的临床诊断。

　　生物体内的代谢物随时间和空间的变化而不断地发生变化,所以时间动力学与空间分布的变化是代谢物组学研究的重要课题。虽然可以通过连续取样的方法来研究时间动力学,但是该方法费时费力,利用 NMR 及 FTR 等技术进行非介入性研究是一个新的发展方向。

6.2.4　数据挖掘

　　随着硬件平台的发展,代谢组学研究将获得海量的数据;而如何解析、储存这些数据并从中提取有用的信息则非常重要。因此,代谢组学数据的处理已经成为生物信息学的一个新的重要分支。

　　数据的挖掘过程包括数据前处理、数据分析和数据转换(生物学解释)3 个方面。

6.2.4.1　数据前处理

　　前处理主要用于排除与生物问题无关的因素对色谱的影响,并通过校正,对数据集进行标准化或调整处理。主要的数据预处理包括滤噪、重叠峰解析、峰对齐、峰匹配、标准化和归一化等。根据各种分析手段的特点,研究者们开发出了相应的算法对原始谱图进行预处理,如 MetAlign,MSFACTs,MZmine,XCMS 和 MET-IDEA 等。MetAlign、MZmine 和MET-IDEA 可以对 LC-MS 和 GC-MS 的数据预处理,包括滤噪和峰对齐等,然而MetAlign 和 MZmine 不能进行重叠峰解析处理;MET-IDEA 不仅能实现重叠峰的解析,还能从原始数据中提取半定量信息。MSFACTs 是一款基于 GC-MS 数据分析的软件,可以实现输入 GC-MS 原始数据,输出代谢物清单。XCMS 应用于 LC-MS 的数据分析,可以实现 LC-MS 数据的非线性保留时间对齐、滤噪和峰匹配等。

6.2.4.2　数据分析

代谢组学得到的是大量的多维的信息。如何从大量的数据集中挖掘有用信息,并将其与细胞表型相关联是代谢组学研究的关键环节和难题之一。多变量数据分析(MVDA)技术可用于揭示包含在数据集中的信息:分析哪些变量对于数据分类有贡献及其贡献的大小,从而发现与表型相关的生物标志物,发现代谢途径或源自代谢物的调控信息。

多变量数据分析工具是统计数据分析算法,它可以实现数据集中系数的降维和可视化系数的簇行为来产生科学假设。目前,主要的数据分析技术有寻找模式的非监督方法和监督方法两类。应用在此领域常见的方法有非监督方法中的聚类分析(CA)和主成分分析(PCA),监督方法中的线性判别分析(LDA)、偏最小二乘法(PLS)、偏最小二乘法判别分析(PLS-DA)和人工神经网络(ANN)等。代谢组学的数据分析过程中,最常用到的是非监督方法中的主成分分析(PCA)和监督方法中的偏最小二乘法(PLS-DA),这两种方法通常以得分图(Score Plot)获得对样品分类的信息,载荷图(Loading Plot)获得对分类有贡献的变量(代谢物)及其贡献大小,从而用于发现可作为生物标记物的变量(代谢物)。对不同样品间代谢物的方差分析或检验可以得到其统计显著性差异。

基于 NMR 代谢组学研究中,统计全相关谱(STOCSY)是一种分子识别的新方法,它利用各种强度变量具有多个共振线的优势,从一套波谱中产生一个准 2D-NMR 谱,用以显示各种峰强度与整个样品的相互关系。这一方法不仅可以通过光谱强度之间的强相关性来识别相同分子的峰,而且通过校验较低相关系数甚至负相关得到更多关于同一生化途径中涉及的两个或多个分子之间相互关系的信息,这些相关信息对于生物标志物的分析和鉴定都有重要的意义。STOCSY 思想的诞生和方法学的突破,不仅为疾病和毒理相关的代谢途径相关性建立了研究方法,而且为系统生物学中转录组、蛋白质组和代谢组的整合提供了重要方法,解决了分子流行病学研究中药物服用的调查准确性问题,也为色谱超低温核磁质谱的有效结合奠定了基础。

6.2.4.3　数据转换生物学解释

(1)数据库

代谢组学分析离不开各种代谢途径和生物化学数据库。与基因组学和蛋白组学已有较完善的数据库供搜索使用相比,目前代谢组学研究尚无类似的功能完备数据库。主要有两类数据库,生物化学数据库和代谢物谱数据库。一些生化数据库可供未知代谢物的结构鉴定或用于已知代谢物的生物功能解释,如连接图数据库(Connections MapDB)、京都基因与基因组百科全书(KEGG)、MET-LIN、HumanCyc、EcoCyc 和 metacyc、BRENDA、LIGAND、MetaCyc、UMBBD、WIT2、EMP 项目,IRIS、AraCyc、PathDB、生物化学途径(ExPASy)、互联网主要代谢途径(MMP)、Duke 博士植物化学和民族植物学数据库、Arizona 大学天然产物数据库等,其中 IRIS、AraCyc 分别为水稻和拟南芥的有关数据库。目前的代谢组学数据库主要用于各种生物样本中代谢物的结构鉴定。理想的代谢组学数据库还应包括各种生物体的代谢物组信息以及包含代谢物的定量数据,如人类代谢组数据库包含了人类体液中超过 1 400 种以上的代谢产物。数据库中每种代谢产物都有其相应的化学、临床、分子生物学和生化数据。目前,类似基因组研究中 Genbank 作用的代谢物数据库尚未建立,未来的发展方向是建立综合、关联基因组、蛋白组及代谢组数据的大型数据库。

　　生物体中包含的代谢物许多都是相同的,因此,不同的代谢组学数据库可以通用或相互借鉴。表6.2列出了生物化学数据库和代谢物谱数据库,其中AMET是一个代谢组学数据库,介绍了代谢物数据报告形式和数据储存。

表6.2　生物化学数据库和代谢物谱数据库

database biochemical database	URL	database metabolite profile database	URL
KEGG	www. genome ad jp/kegg	AMD IS	Chemdatanis. gov/mass-spc/amdis
EMBL-EB I	www. eb. ac uk/trembl/	A rM et	www. biocyc. org
PubChem Bioassay	www. ncbi nltn nih gov/sites/entrez? db＝pcassay	DOME	Medicago vbi v. edu/dome html
BioCyc	biocyc org	MetAlign	www. metalign nl
BRENDA	www. brenda uni-koeln de	MetaGeneAlyse	Metagenealyse mpimp-golm ^ mpg de
The EMP Project	www. empproject com	Met-RO	www. metabolomics bbsrc ac uk/MeT-RO. htm
UBMB Enzyme Nomenclature	www. chem qmu. ac uk/iubmb/enzyme	Pubchem Compound	www. ncbi nltn nih gov/sites/entrez? db＝pccompound
DBGET	www. genome ad jp/dbget/		
UM-BBD	umbbd msi umn edu/search/		
Brenda	www. brenda-enzymes info/		
BioCarta	www. biocarta ocim/genes/allPathways asp		
BioSilico	bfosilico kais. ac kr		
Kl3tho	www. bfocheminfo org/klotho/		
PathDB	www. ncgr org/pathdb/		

（2）代谢途径图

　　数据的可视化可以展示数据集的特性,帮助科研工作者快速发现数据集中最重要的信息。对于微生物代谢组学研究人员来说,通常绘制代谢网络的某一部分代谢途径图使数据可视化。这种图表反映了连接代谢物的网络,有助于理解代谢物之间的相互关系,也能够与基因表达数据相联系进行功能基因组学研究。要正确解释代谢组学数据,绘制的代谢途径应该完整,即包含代谢物相关的所有反应。传统的代谢途径图,如常用的数据库KEGG,可能不包括所有的平行反应,这增加了代谢组学数据解释的难度。

　　除了生化反应的代谢途径图外,菌株的代谢网络模型也已被构建出来。Oh等人构建了基于高通量表型和基因数据的B. subtilis的代谢网络,包含了1 020种代谢反应和

988 种代谢物。2008 年, Kel 等人构建的 S. cerevisiae 代谢网络包含了 1 168 个代谢物, 832 个基因, 888 个蛋白和 96 个催化蛋白复合物以及 1 857 个反应(其中包括 1 761 个代谢反应和 96 个复杂物质生成反应), 该代谢网络模型可以通过 BIO 数据库访问。Zamboni 等人成功开发了"anNET"软件, 该软件可以进行代谢网络的热力学分析, 同时能够监测测量的代谢物浓度, 发现潜在调控代谢通量的点反应。

6.3　代谢组学在微生物领域的研究进展

相对于代谢组学在药物研发、疾病诊断等领域的应用和植物代谢组学, 微生物代谢组学发展较晚, 处于发展的初级阶段。然而在微生物代谢组学的研究中, 微生物具有系统简单、基因组数据丰富以及基因调节、代谢网络和生理特性了解全面的优势。目前, 代谢组学应用领域大致可以分为以下 3 个方面:①微生物表型分类, 突变体筛选以及功能基因研究;②代谢网络的调控和发酵工艺的优化;③微生物降解环境污染物代谢表型研究。

6.3.1　微生物表型分类、突变体筛选以及功能基因研究

经典的微生物分类方法多根据微生物形态学以及对不同底物的代谢情况进行表型分类。最近, 随着分子生物学的突飞猛进, 基因型分类方法如 16s DNA 测序, DNA 杂交以及 PCR 指纹图谱等方法得到了广泛应用。然而, 某些菌株按照基因型与表型两类方法分类会得出不同的结果。因此, 根据不同的分类目的联合应用这两类方法已成为一种趋势。BIOLOG 等方法在表型分类中应用较为广泛, 但是, 代谢谱分析方法(Metabolic Profiling)异军突起, 逐渐成为一种快速、高通量、全面的表型分类方法。采用代谢组分类时, 可以通过检测胞外代谢物来加以鉴别。常用的胞外代谢物检测方法为样品衍生化后进行 GC-MS 分析、薄层层析或 HPLC-MS 分析, 最后通过特征峰比对进行分类。Bundy 等人采用 NMR 分析代谢谱成功地区分开临床病理来源以及实验室来源的不同杆菌(Bacillus Cereus)。除了表型分类外, 代谢组学数据可以应用于突变体的筛选。在传统研究中的沉默突变体(即未发生明显的表型变化的突变体)内, 突变基因可能导致了某些代谢途径发生变化, 通过代谢快照(Metabolic Snapshot)可以发现该突变体并研究相应基因的功能。Soga 等人用 CEMS 系统研究了枯草杆菌在芽孢发生过程中的代谢谱的变化过程, 识别出 1 692 种代谢物, 并鉴别出其中的 150 种。

6.3.2　代谢网络的调控和发酵工艺的优化

代谢工程是在功能基因组信息重建的代谢网络系统分析基础上, 采用 DNA 重组技术改造细胞代谢系统。由于生物本身调控作用(如转录以及转录后水平调控, 翻译水平的调控, 翻译后修饰以及蛋白质生物活性的调节等)的复杂性和层次性, 在生物信息的传递系统中, 不同生化水平之间相关系数相对较小, 如 Ideker 等人报道 mRNA 含量和蛋白质表达水平的相关系数仅有 0.6, 此外, mRNA 的含量和蛋白质丰度的变化并不意味着细胞内该蛋白质活性的变化, 因此, 转录组或蛋白质组水平上的变化并不一定总会引起生物表型方面的变化。而代谢物是细胞调控过程的终端产物, 它的水平可以看做是生物对基因

和环境变化的终端响应,代表细胞或组织的生物化学表型(Biochemical Phenotype)。代谢组分析能够提供细胞代谢和调控的重要信息,所以在揭示基因和表现型之间的关系方面,代谢组分析比转录组和蛋白质组分析所提供的信息更有用。通过代谢组学的研究可能发现新的代谢物,弄清代谢网络中复杂的相互作用,了解内外环境对细胞的生理效应,甚至可以发现新的代谢途径,从而促进代谢工程的研究。

靶目标基因的选择与修饰是代谢工程成功的关键步骤。由于微生物代谢组学的对靶目标基因的选择是开放式的,所以通过多变量数据分析技术如 PCA 或 PLS,可以找到对目标产品合成影响较大的代谢物。利用代谢组学的方法定性、定量分析胞内代谢物,可以监测胞内某个反应的动力学模型,代谢途径中的反应或总体的调节控制机制。Oldiges 等人采用"刺激-响应"试验,即底物的脉冲-响应试验(如碳源脉冲),结合快速取样技术(4~5 个样品/s),分析胞内代谢物,观测酶的动力学机制,提出了"刺激-响应"试验不仅可用于中心代谢途径,也可用于合成途径的动力学模型分析。Iwatani 等人利用 LC-MS-MS 代谢组学方法分析了胞内自由氨基酸和蛋白源氨基酸,成功进行了产赖氨酸 E. coli 补料培养过程中的 ^{13}C 代谢通量分析。Askenazi 等人利用转录组学与代谢物谱分析相结合的方法找到了影响洛伐他汀和地曲霉素等代谢物合成的关键代谢物及基因,并进一步进行代谢工程操作,提高了洛伐他汀的产量。代谢组学与转录组学或蛋白质组学相结合的系统生物学方法,在靶目标基因的无偏向性选择和分类中必将起着越来越重要的作用,推动代谢工程的发展。

发酵工艺的优化需要检测大量的参数,利用代谢组学研究工具可以减少实验数量,提高检测通量,并有助于揭示发酵过程的生化网络机制,从而有利于理性优化工艺过程。Buchholz 等人采用连续采样的方法研究了大肠杆菌在发酵过程中的代谢网络的动力学变化。他们在葡萄糖缺乏的培养液加入葡萄糖培养大肠杆菌,并迅速混匀,按每秒 4~5 次的频率连续取样。利用酶学分析、HPLC/LC-MS 等手段监测样品中多达 30 种以上的代谢物、核苷以及辅酶,从而解析了葡萄糖以及甘油的代谢途径和底物摄取体系。通过统计学分析建模,发现在接触葡萄糖底物后的 15~25 s 范围内,大肠杆菌体内发生的葡萄糖代谢物变化与经典生化途径相符,但随后的过程则与经典途径不符,推测可能存在新的未知调控步骤。Takors 认为通过上述代谢动力学研究,掌握代谢途径及网络中的关键参数,将直接有利于代谢工程的优化,包括菌株的理性优化以及发酵参数的调控。Dalluge 等人利用 LC-MS-MS 方法监控发酵过程中的氨基酸谱纹,实现对整个发酵系统的高通量快速监控;而接下来的研究将考虑缩小氨基酸监测范围,通过少数几个关键氨基酸的监测实现对整个发酵系统状况的监控。

6.3.3　微生物降解环境污染物代谢表型研究

近几十年来,随着化学和材料合成工业的快速发展,出现了大量的人工合成污染物,这些污染物具有复杂芳环或杂环结构,性质比较稳定,难于降解,其中很多是自然界本不存在的异生质(Xenobi-Otics),在土壤或水体中富集后形成严重的环境问题。微生物法处理具有处理效率高、极少产生二次污染、运行与操作管理方便且费用较低等优点,因而在各类工业排放污染物的处理中占主导地位。然而,尽管微生物处理法正在环境污染物的处理中发挥着重要的作用,但由于大量种类繁多的难降解污染物,单个微生物缺乏现成完整的代谢途径来彻底分解它们,因而往往导致对污染物的去除效果不理想。

　　自然微生物群落是一个有机的统一体,所有微生物细胞协同作用构成代谢网络,而且该网络是跨基因组的网络。这些微生物通过分解有机污染物共享碳源或通过共代谢作用提供特定分解阶段的基因,所有的相关微生物及其分解作用构成了特定污染物的代谢网络。由于工业污染物是异生质,这些新出现在自然界的化合物,大多都无相应具备完整代谢途径的单个微生物可以完全分解它,因此必须依靠群落内多种微生物的相互协作,共同组成一个完整的分解代谢网络。某些微生物在漫长的进化过程中可能拥有了能够将外源异生质通过化学转化过程使之进入其中心代谢途径的能力,这对环境保护来说很有应用价值。例如,红球菌属细菌就有很强的代谢能力,它们拥有巨大的线形质粒,能够进行多种脱硫反应和甾类化合物转化反应,通过进一步的代谢组学分析将来有望把该菌改造成有效的环境污染治理菌。深入了解污染物在微生物内的代谢途径,将有助于人们优化生物降解的条件,从而实现快速的生物修复。目前这些代谢中间体大都通过萃取、分析方法进行逐个研究,并借助专家经验拟合出代谢途径,其动力学过程亦很少触及。代谢组学方法的采用有可能改变这一现状。代谢组学研究不仅有助于理解微生物体内的代谢网络,而且有助于帮助我们了解化合物的转化过程,这对于构建系统的异生质微生物降解网络十分有益。目前对微生物降解有机污染物的研究大部分局限于水体,仅少数研究是针对土壤微生物,但总体上,此类研究都是针对实验样品而不是实际样品。虽然 ^{31}P 和 ^{19}F 的自然丰度为 100% ,但污染物中含上述两种核素的种类很少,所以仅有的依靠 ^1H-NMR 的研究也不多见。目前常用的研究策略是让微生物在含有异生质的培养基中生长,然后对培养基中的代谢物成分变化进行研究,当有新化合物出现而需要鉴定时再辅以其他技术。Boersma 等人采用代谢组学方法研究氟代酚的微生物降解途径。氟代化合物具有特殊的 ^{19}F 核磁共振属性, ^{19}F 的核磁共振灵敏度与 ^1H 核相近;由于生物体内无内源性 ^{19}F 核磁信号,因而无本底干扰。所有 ^{19}F 核磁信号均可归结于异生素及其代谢物。 ^{19}F 核的化学位移值宽,约为 700×10^{-6} ,OH 为 15×10^{-6} , ^{13}C 为 250×10^{-6} 。较宽的化学位移导致 ^{19}F 在不同取代物的峰图不易产生重叠。因此,借助核磁共振技术可以更方便地研究含氟化合物的代谢中间体。Boersma 等人根据总代谢物的核磁共振图谱,推测出红球菌内轻化酶在不同的取代位(1,2,3 三种不同的取代数量)轻基化氟代酚,然后再通过儿茶酚内位双加氧酶开环形成氟代黏糠酸的代谢过程。此外,他们还首次检测到开环后的下游代谢物,即通过氯黏糠酸异构酶生成氟代黏糠酸内酯以及氟代马来酸等中间代谢物。

　　周宏伟等人通过建立固相微萃取衍生化技术与 GC-MS 联用同时测定多种多环芳烃(PAHs)代谢产物的分析方法,开展了细菌和微藻降解 PAHs 的降解机理和代谢物动力学变化等研究。从单一菌和混合菌液培养基中及细胞体内,同时检测到 PAHs 多种单氧化和双氧化及其开环代谢物产物,发现多种 PAHs 降解过程中存在复杂的代谢物动力学过程。通过研究标志性代谢物组成力学变化,揭示代谢水平上的微生物共代谢 PAHs 的降解机制。

　　Knicker 最近采用了一种新的技术集合 ^{15}N-TNT 和 ^{13}C 标记,以及 ^{15}N - ^{13}C 双交叉极化魔角旋转技术,克服了上述问题,但灵敏度仍不是很高,而且有时分析时间长达 48 h。不过 ^1H-MASNMR 技术还是有优势用于含自然污染物浓度的实际样品分析,特别是水解样品,因为这些样品接近自然状态能反映实际污染物情况,如图 6.3 所示。

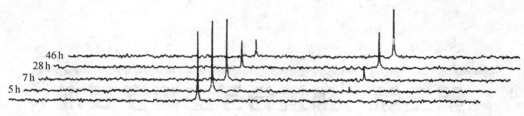

37.5 37.0 36.5 36.0 35.5 35.0 34.5 34.0 33.5 33.0 32.5

化学位移 δ

图 6.3　谷氨酸棒杆菌以果糖为碳源时对杀虫剂 1059 的分解作用的 ^{31}P-NMR 谱

6.4　展　望

代谢组学尚处在萌芽期,它综合了分析化学、基因组学以及信息科学的最新进展,在功能基因组研究中居于核心地位。未来主要发展方向包括发展更为灵敏的、广谱的、通用的检测方法,鉴定各种谱峰对应的化合物结构,以及与其他虚拟模型的整合。这将更有助于全面阐释各种细胞功能的分子基础。

此外,代谢物组学方法应用于环境微生物领域,将开拓出新的研究方法和方向。微生物胞外污染物降解和胞内代谢物利用构成了微生物代谢污染物的复杂的代谢网络。研究细胞内外整合的代谢网络中代谢途径的相互作用与影响将全面、深入地揭示微生物降解污染物的能力和途径,从而有效地预测有毒代谢物在环境中的积累和去除。而代谢途径的代谢物组分析对于阐释代谢物动力学过程以及微生物降解机理、分析和评价微生物在各种污染物的生物修复中的潜力都具有重要作用。

微生物代谢组学作为一个新兴的领域,还有许多基础工作有待完善:①建立标准的微生物灭活和代谢物提取的方法,并对灭活过程中引起的胞内代谢物的泄漏问题进行正确的评价和分析;②代谢组学标准化计划(MSD),完善和规范代谢组学标准化计划,建立规范化的数据报告形式,发展标准化分析方法,构建功能完善的代谢组学数据库;③开发数据挖掘和分析工具软件,实现数据处理平台自动化;④构建高通量的代谢物分析平台。目前还没有一种分析手段能够完成代谢物组分析的需要,这一方面是由于代谢物理化性质的复杂性造成的;另一方面与分析平台的灵敏度、广泛性和分辨率等相关,进一步研发具有高灵敏度、高通量的自动化定性定量分析平台是实现代谢组学快速发展的硬件基础。

目前,代谢组学正日益成为研究的热点,国内外关于代谢组学研究的研究中心或公司也纷纷成立。随着分析手段和计算机技术的发展,以及代谢组学理论的逐渐完善和人们对代谢组学研究的逐步深入,代谢组学的研究范围和研究对象会更加广阔,代谢组学积累的数据和信息将大大增加,它在生物学许多领域的重要应用价值也会得到进一步体现。由于生物系统极其复杂,为了深入地研究不同条件下微生物的生物化学状态,代谢组学已经和其他组学相结合,以综合方式对生物系统变化的实验结果进行分析,从而得到更多有用的信息。代谢组学是全面认识一个生物系统不可缺少的一部分,是全局系统生物学(Global Systems Biology)的重要基础,也是系统生物学的一个重要组成部分。

第三篇 环境分子生物学技术

第7章 PCR技术

聚合酶链反应(Polymerase Chain Reactionl,PCR)是近年来分子生物学领域中迅速发展和广泛应用的一种技术。PCR技术能快速、特异地在体外扩增所希望的目的基因或DNA片段,是基因扩增技术的一次重大革新,它可以将极微量的DNA特异地扩增上百万倍,PCR技术是分子生物学历史上又一次重要突破。1990年,Williams等人在PCR基础上,改用了多对引物,获得了多态性DNA扩增片段。以此制作生物标记物,建立了RAPD(Random Amplified Polymorphic DNA)方法,为基因组研究奠定了基础,扩大了PCR的应用范围。在环境检测中,靶核酸序列往往存在于一个复杂的混合物如细胞提取液中,且含量很低。使用PCR技术可将靶序列放大几个数量级,再用探针杂交探测对被扩增序列作定性或定量研究分析微生物群体结构。

7.1 PCR实验室的建立

随着PCR技术的广泛应用,PCR技术已成为分子细胞生物学实验室的一个基本构成。PCR技术的优点显而易见,然而PCR反应过程中及产物分析阶段的污染直接影响着实验的结果。所以,有必要建立一个无污染的PCR实验室。

一个理想的PCR实验室应该远离重组DNA实验区,且具有pre-PCR(前PCR)和post-PCR(后PCR)实验的独立空间,均配备专用的离子水设备、离心机、冰箱、移液器、试剂盒以及辅助设备等。移液器是PCR实验室必备的常用仪器,是决定实验成败的关键因素之一,pre-PCR和post-PCR所用的移液器不能交换使用,以防止移液器间的交叉污染。

7.1.1 pre-PCR区

该区主要进行核酸的分离纯化、反应缓冲液的配制等操作。

7.1.1.1 样品准备区
为防止模板的污染,应该采取如下防范措施:
(1)操作时要使用通风橱;

（2）组织培养物、组织标本和血清样品都在样品准备区处理，根据需要提取 DNA 或 RNA；

（3）用于样品处理的工具（如移液器等）应专用；

（4）制备大体积样品时最好使用单独包装的一次性无菌移液管；

（5）操作时应该穿实验服、戴手套，手套要经常更换，尤其在抽提过程中每一步之间都要更换，实验服要经常清洗；

（6）纯化模板时所选用的方法有极大污染风险。一般地，只要能够得到可靠的结果，纯化方法越简单越好。要永远使用新鲜配制的或者适当贮存的未使用过的试剂或缓冲液来提取核酸，不要使用曾用于其他实验的试剂。

7.1.1.2　试剂与缓冲液

用于 PCR 实验的试剂及其配制应给予高度重视，应满足下列条件：

（1）所用的溶液不应含有 DNase 和 RNase。为了制备高质量的核酸（模板），所有溶液都必须使用高质量的化学试剂，以避免金属离子、核酸酶和其他非特异污染物的引入。同时试剂的配制、样品操作、建立反应及以后的扩增产物分析等过程都要戴手套。

（2）配制 PCR 试剂及缓冲液应该使用新灭菌的去离子水。细菌、真菌和藻类等可以在储水系统中生长（如塑料水缸），为了减少配制试剂所用水的污染，应使用新鲜制备的去离子水，且经过高压灭菌。

（3）20～25 ℃贮存的试剂或缓冲液，建议加入少许叠氮化钠一类的抗微生物剂（0.02‰的叠氮钠不抑制扩增反应）。

（4）所有试剂都应以大体积配制，然后分装成够一次使用的量进行贮存，避免实验过程中造成污染。

（5）所有试剂和样品准备过程中使用的玻璃器皿应是专用的，且高压灭菌，不应与其他实验室交叉使用，以避免核酸的潜在污染。

（6）新配制的试剂在用于新样品之前应加以检验。

（7）pre-PCR 区所使用的移液管应该小心保存，一般保存在不透气的自我密封的袋子中。

（8）pre-PCR 区应使用专用实验服，不能与其他实验室的实验服混用。

7.1.1.3　RT-PCR

RT-PCR 时需要对样品进行额外操作，这增加了样品之间污染的机会。为了避免这一问题，反转录可以在样品准备区进行。在 RT-PCR 时可加入尿嘧啶-N-糖基化酶（UNG）防止反应产物的污染。

反转录反应时最好用煮沸来终止，这样在使反转录酶失活的同时也使 DNA:RNA 双链变性，或者用 RNase H 处理，清除 RNA 链，或者通过碱水解等。此外，还可用 rTth DNA 聚合酶代替反转录酶和 *Taq* DNA 聚合酶两步反应。rTth DNA 聚合酶的优点是：①只需一种缓冲液体系；②dUTP 和 UNG 可以加入到反转录反应中；③减少引物的错误配对，增强了反应特异性。因为用 rTth DNA 聚合酶可使 cDNA 合成反应在更高的温度下进行。为了防止 RT-PCR 的污染，减少操作步骤，rTth DNA 聚合酶系统代替双酶 RT-PCR 系统是一项有效的改进。

7.1.1.4 引物

引物的存放及母液的配制应远离样品准备区和 post-PCR 区,以防被 DNA 污染,引起假阳性结果。同时,用于引物操作的移液器也应该是专用的。

7.1.2 PCR 仪的位置

如果进行污染非敏感型 PCR 反应,可将 PCR 仪放在 post-PCR 区;如果进行污染敏感型 PCR 反应(如热启动 PCR 等),则 PCR 仪不应放在 post-RCR 区,而应该单独放置。有条件的实验室最好将 PCR 仪单独放置。

7.1.3 post-PCR 区

PCR 反应完成后,需要进行产物分析,应该留出一个专门用于反应后处理样品的地方。post-PCR 区的操作中使用试剂、一次性器材和仪器都必须是专门用的,不能与 pre-PCR 区共用。

PCR 反应的主要污染源是前一次 PCR 反应的产物,这产生于前一次 PCR 操作时所产生的气溶胶。如果 PCR 产物只限于在 post-PCR 区操作,这些气溶胶不会产生问题;如果气溶胶被手套、移液管、研究者或者实验服带到 pre-PCR 区就会引起大麻烦。所以,pre-PCR区和 post-PCR 区之间,试剂、备品等不应混杂。

在 post-PCR 区,用于分析的工具也应该是专用的。如果使用 96 孔酶联仪进行分析,可以与蛋白质分析和细胞培养物共用,但不能用于 pre-PCR 区的有关分析。如果通过电泳进行分析,则所用仪器要专用,不应与普通分子生物学实验室混淆。

总之,建立严格的 PCR 实验室的目的就是防止 PCR 的污染。但通常情况下,由于种种原因,绝大多数实验室不具备建立正规 PCR 实验室的条件,或没有必要建立如此严格的 PCR 实验室。可以考虑建立一个小型 PCR 实验室,pre-PCR 区可以由一个 0.9 ~ 1.2 m长的实验台、一个抽屉、一个-20 ℃冰箱组成的区域代替,注意与 post-PCR 区的隔离,整个 PCR 操作空间要远离重组 DNA 实验区域。

7.2 PCR 反应的基本原理

7.2.1 PCR 反应基本原理

7.2.1.1 基本原理

PCR 也称体外酶促基因扩增,原理类似天然 DNA 复制。主要由高温变性、低温退火和适温延伸三个反复的热循环构成。高温下(94 ~ 97 ℃),待扩增的靶 DNA 双链受热变性成为单链 DNA 模板;随后降低温度,两条人工合成的寡核苷酸引物与互补的单链 DNA 模板结合(退火,55 ~ 72 ℃),形成部分双链;再升温至 *Taq* DNA 聚合酶的最适温度(72 ℃)时,以引物 3'-OH 末端为新链生长点,以四种 dNTPs 为原料,沿从 5'→3' 方向延伸,合成新链 DNA。这样每一条双链 DNA 模板,经过一次变性、退火、延伸三个步骤的热循环后就成了两条双链 DNA 分子。如此反复多次,每一轮循环所产生的 DNA 均能作为下一轮循环的模板,每一轮循环都使待扩增的 DNA 区域拷贝数增加一倍,PCR 产物以 2^n 迅速扩增,经过 $25 \sim 35$ 轮循环后,理论上可使基因扩增 10^9 倍以上,实际为 $10^6 \sim 10^7$ 倍。

PCR 反应由变性→退火→延伸三个基本步骤构成。聚合酶链反应基本原理如图 7.1 所示。

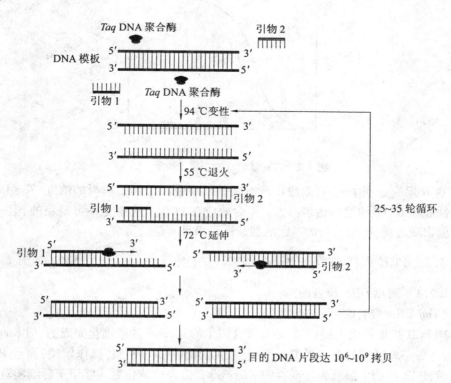

图 7.1 聚合梅链反应基本原理示意图

7.2.1.2 短产物片段与长产物片段

所谓短产物片段是指严格限定在两个引物 5′ 端之间的,待扩增的特定片段。长产物片段则是带有待扩增片段和一部分非扩增序列(长短不一)的产物片段。在 PCR 反应中,由于引物结合的模板不同形成了短产物片段与长产物片段。在第一轮循环中,DNA 样品为原始模板,扩增后,延伸片段的 5′ 端为两引物之一,3′ 端没有固定位置,形成了长短不一的长产物片段。第二轮循环后,如果引物与原始模板结合,则形成长产物片段;如果引物与新合成的链结合,则形成短产物片段(5′ 端为两个引物序列)。短产物片段按指数倍数扩增;长产物片段则以算术倍数增加,经过 $25 \sim 35$ 轮循环以后,形成的长产物片段几乎可以忽略不计,所以 PCR 产物无需再纯化,即可保证足够纯的靶 DNA 片段。

7.2.1.3 平台效应

PCR 扩增能力惊人,理论上,PCR 合成产物(短产物片段)的产量经过每轮循环将增加一倍,但由于 *Taq* DNA 聚合酶的质量、待扩增片段的序列及反应条件等多种因素的影响,实际扩增效率比预期要低。随着 PCR 循环次数的增加,造成产物的堆积,dNTP、引物及 *Taq* DNA 聚合酶的消耗,使原来产物产量以指数增加的速率逐渐变成平坦曲线,出现了平台效应,如图7.2所示。此时 PCR 反应产物不再增加,进入相对稳定状态,再增加 PCR 的循环次数也不能增加靶 DNA 片段的量。

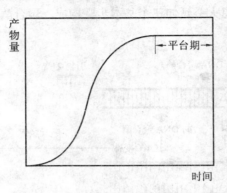

图7.2　PCR 反应产物积累规律示意图

在 PCR 反应过程中,平台效应出现时间的早晚取决于起始模板的浓度、Taq DNA 聚合酶的性能和 dNTP 浓度等诸多因素。平台效应在 PCR 反应中是不可避免的,但一般在平台效应出现之前,扩增的目的基因的数量已可满足实验的需求。

7.2.2　PCR 反应体系

7.2.2.1　耐热 DNA 聚合酶

（1）Taq DNA 聚合酶

早期 PCR 扩增是由大肠杆菌 DNA 聚合酶 I 的 Klenow 片段催化完成的,但 Klenow 酶不耐热,在每一轮循环的变性和退火后必须加入新的 Klenow 酶,操作繁琐,而且 PCR 反应结束后,PCR 产物中混有大量变性的 Klenow 酶,需经过纯化后才能用于后续实验研究。后来人们从一种嗜热水生菌（Thermus Aquaticus）中发现并提取了耐热 DNA 聚合酶（Taq DNA 聚合酶）解决了这一问题。Taq DNA 聚合酶在 97.5 ℃时活性半衰期是 5 min,95 ℃时活性半衰期是 40 min,92.5 ℃时活性半衰期是 2 h 以上,故 PCR 中变性温度不宜超过 95 ℃。Taq DNA 聚合酶最适活性温度为 72 ℃,连续保温 30 min 仍具有相当的活性,而且在比较宽的温度范围内保持着催化 DNA 合成的能力,因此一次加酶可满足 PCR 反应全过程的需要,避免了以前繁琐的操作,使 PCR 走向自动化。

纯化的 Taq DNA 聚合酶具有 5′→3′ 外切酶活性,而无 3′→5′ 外切酶活性。因此,它不具有 Klenow 酶的 3′→5′ 的校对活性。Taq DNA 聚合酶产生的错误主要是单碱基替换,这种错误掺入率大约为 $8.0 \times 10^{-6} \sim 9.0 \times 10^{-6}$。对于大批量 PCR 产物分析而言,不会造成严重后果。因为具同样错误掺入的 DNA 分子,仅占全部合成的 DNA 分子群体的极小部分。但如果 PCR 扩增的 DNA 片段用于分子克隆,那么这种错误掺入必须重视,因为得到的每个克隆都是来自 PCR 扩增产物的单一分子,它很有可能是扩增过程中出现的错误链的克隆。

Taq DNA 聚合酶还具有末端转移酶的活性,可在不依赖模板的情况下,将核苷酸转移到已完成延伸的 PCR 产物的 3′ 端而产生 3′ 突出端。对于来源于 Thermus Aquaticus、Thermus Flavus 和 Thermococcus Litoralis 等的 DNA 聚合酶（Taq,Tfl,Tli）,这个添加上去的核苷酸通常是 A。目前已有很多市售的载体是专为带有单个 3′-A 突出端的 PCR 产物的克隆而设计的,载体以线性 DNA 存在,每条链都有一个 3′-T 突出端,PCR 产物可直接克隆到载体上。

一般 Taq DNA 聚合酶可在-20 ℃贮存至少 6 个月。

(2)高保真 PCR 酶

现在已出现了一些能使 PCR 反应更精确的 DNA 聚合酶,例如 Pfu、Pwo、Deep-Vent酶等。从高度嗜热菌 Thermococcus 和 Pyrococcus 中获得的具有纠错功能的 DNA 聚合酶(高保真 PCR 酶)已经商品化,它们属于 B 型 DNA 聚合酶家族。

所有 B 型 DNA 聚合酶都具有纠错活性,以及依赖于温度的链替换活性,但不具有 $5′{\rightarrow}3′$ 核酸外切酶活性和末端转移酶活性,扩增后的产物为平末端。大多数具有纠错功能的 DNA 聚合酶(除 KOD DNA 聚合酶外)的体外扩增反应能力(<20 bp)都很有限,聚合速率<25 nt/s。KOD DNA 聚合酶的扩增能力>300 bp,聚合速率为 106～138 nt/s,约为 Taq DNA聚合酶聚合速率的 2 倍。

PfuUltra DNA 聚合酶来源于 Pfl 突变体,保真性比 Pfl 聚合酶高 3 倍。使用纠错 DNA聚合酶进行 PCR 扩增时,在一定温度下退火易造成引物的非特异性结合和延伸,从而产生非特异性扩增产物。扩增可采用热启动 PCR 方式,提高反应的特异性。

高保真 PCR 酶的错误掺入率约为 $1.0{\times}10^{-6}～3.0{\times}10^{-6}$。

在 50 μL 反应体系中,一般需要 Taq DNA 聚合酶 0.5～2.5 U。如果 Taq DNA 聚合酶浓度过高,会导致反应特异性下降,引起非特异性扩增;如果浓度过低则影响扩增产物量。不同厂家生产的聚合酶的性能和质量有所不同,应根据具体情况选用。

7.2.2.2　PCR 反应缓冲液

PCR 反应缓冲液是 PCR 反应的一个重要影响因素。目前最为常用的缓冲体系为 10～50 mmol/L Tris-Cl(pH 值为 8.3～8.8)。

PCR 标准缓冲液(1×)含有如下成分:

10 mmol/L Tris-Cl(pH 值为 8.3～8.8);

50 mmol/L KCl;

1.5 mmol/L $MgCl_2$;

0.1 g/L 明胶。

(1)Tris-Cl 是一种双极性离子缓冲液,主要作用是调节 pH 值,使 Taq DNA 聚合酶的作用环境维持偏碱性。当 Tris 的浓度加大到 50 mmol/L(pH 值为 8.9)时,有时会增加反应产量;

(2)50 mmol/L KCl 有利于引物的退火,但浓度过高会抑制 Taq DNA 聚合酶的活性;

(3)0.1 g/L 的明胶(酶保护剂)可保护 Taq DNA 聚合酶不变性失活;

(4)Mg^{2+} 是 Taq DNA 聚合酶活性所必需的,Mg^{2+} 浓度除影响酶活性与忠实性外,也影响退火、解链温度、产物的特异性及引物二聚体的形成等。Mg^{2+} 浓度过低,酶活性显著降低;Mg^{2+} 浓度过高,酶可催化非特异性扩增。反应体系中的模板、引物、dNTP 的磷酸基团都可与 Mg^{2+} 结合,降低了 Mg^{2+} 的实际浓度。Taq DNA 聚合酶需要的是游离的 Mg^{2+},所以反应中 Mg^{2+} 的量至少要比 dNTP 的浓度高 0.5～1.0 mmol/L。

7.2.2.3　引物

一般 PCR 反应体系中引物的终浓度为 0.2～1.0 μmol/L。引物浓度过低（<0.2 μmol/L），影响 PCR 产物量；引物浓度过高，会导致非特异性扩增，同时还会增加引物二聚体的形成，从而影响反应效率。

7.2.2.4　dNTP

dNTP 的质量与浓度和 PCR 扩增效率有密切关系。dNTP 粉呈颗粒状，如保存不当易变性失去生物学活性。使用时应配成高浓度储存液（10 mol/L）用 1 mol/L NaOH 或 1 mol/L Tris-Cl 调节 pH 值至 7.0～7.5，少量分装后于 -20 ℃ 保存，避免反复冻融。

在 PCR 反应中，通常 dNTP 的终浓度为 50～200 μmol/L，而且四种 dNTP 的终浓度相等。dNTP 浓度过高虽可加快反应速率，但也会增加碱基的错误掺入率，同时过多的 dNTP 还会与 Mg^{2+} 结合，降低反应体系中游离的 Mg^{2+} 浓度，从而影响 *Taq* DNA 聚合酶的活性。因此要特别注意 dNTP 和 Mg^{2+} 之间的浓度关系。

7.2.2.5　模板 DNA

PCR 的模板可以是基因组 DNA、质粒 DNA、噬菌体 DNA、扩增后的 DNA、RNA 等，对 RNA 的扩增需要先反转录成 cDNA 后才能进行正常的 PCR 循环。模板应尽量纯净（含杂质较少），通常经过纯化后用于 PCR。核酸纯化的目的是去除蛋白酶、核酸酶、*Taq* DNA 聚合酶抑制剂及 DNA 结合蛋白。

模板 DNA 可以单链或双链形式加入 PCR 反应体系中。通常小片段模板 DNA 的 PCR 效率高于大分子（未消化的真核基因组）DNA，因此 PCR 反应前可以用机械剪切或用切点罕见的限制酶（如 Sal Ⅰ 或 Not Ⅰ）消化基因组 DNA，以提高 PCR 产量。

PCR 反应中模板 DNA 的用量依 DNA 的性质而定，哺乳动物基因组 DNA、酵母、细菌和质粒为模板时，PCR 反应中的模板量分别为 1 μg、10 ng、1 ng 和 1 pg。在一定范围内，PCR 产量随模板浓度的升高而显著升高，但模板浓度过高会降低反应的特异性。

7.2.3　引物设计

7.2.3.1　设计原则

不同的 PCR 反应体系，由于其模板的组成、扩增片段的长度及其使用目的的不同，对引物的要求也不尽相同。引物设计的基本原则是最大限度地提高扩增效率和特异性。在进行引物设计时，一般都遵循下列原则：

（1）引物的特异性

引物序列应位于基因组 DNA 的高度保守区，引物与非特异扩增序列的同源性不要超过 70% 或有连续 8 个互补碱基同源，这样可以减少引物与基因组的非特异结合，提高反应的特异性。引物特异性一般通过引物长度和退火温度控制。

（2）引物长度

作为引物的寡核苷酸链一般为 15～30 个碱基，如果 PCR 的退火温度设置在近于引物 T_m 值（引物/模板双链体的解链温度）的范围内，18～24 个碱基的寡核苷酸链有很好的序列特异性，这些寡核苷酸链对于不含序列变异的，靶位确定的标准 PCR 是很好的。最经常的引物含有 20～24 个核苷酸，因为这一长度足以在高度复杂的基因组，如人类基因组中，特异性选择单一位点，然而较长的引物和较高的退火温度能增大 PCR 扩增的选择性。

（3）T_m 值

熔解温度（T_m）即加热变性使 DNA 的双螺旋结构失去一半时的温度。引物 T_m 值（引物/模板双链体的解链温度）影响着 PCR 退火温度的设置，比 T_m 值过低或过高的退火温度都无法取得满意的扩增。退火温度过高时，不能发生退火反应，而退火温度过低时，新生链的延伸又会被阻碍，如图 7.3 所示。T_m 值与 DNA 的长度有关，也与 G、C 含量有关，一般而言，DNA 越长，G、C 含量越高的 DNA，其 T_m 值也就越高。反之，T_m 值就越低。

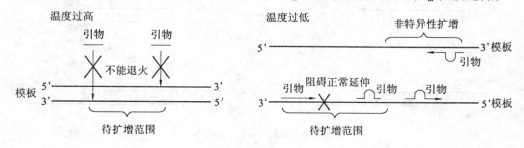

图 7.3　引物退火温度

T_m 的计算公式：

$$T_m = 81.5 + 16.6(\lg M) + 0.41(\% G \cdot C) - (500/n)$$

式中　M——Na$^+$、K$^+$ 和 Tris 浓度（mol/L）（Tris 浓度按 0.66 倍计算）；

　　　n——引物碱基数。

上述公式比较复杂，可用下列简便公式计算 T_m 的大致值：

$$T_m = 4(G \cdot C \text{ 碱基数}) + 2(A \cdot T \text{ 碱基数}) + 35 - 2n$$

两引物 T_m 值相差越小，PCR 成功的可能性越大，因此设计引物时尽可能让两引物 T_m 值一致。

（4）G+C 的含量

由于 G·C 的含量直接影响着 T_m 值（G·C 之间的氢键数是 3 个，A·T 之间的氢键数为 2 个），因此，G·C 含量越高，T_m 越高。PCR 引物应该保持合理的 G+C 含量，G+C 碱基的含量在 40% ~60% 之间。

（5）碱基的分布

引物的碱基应尽可能随机分布，序列中要避免出现数个嘌呤或嘧啶的连续排列，以防止形成不利的二级结构。最好应用有关的计算机程序检查一下二级结构的可能性。

（6）避免引物配对

引物配对是指引物自身或与另一引物间产生配对，从而影响扩增的现象，如图 7.4 所示。

通常，计算机程序不允许引物对的 3' 末端同源。引物二聚体一般是在 T_m 值低很多的温度下形成的，因此如果设计上不能避免，可选择"热启动"（Hot Start）技术，使引物双链体的形成机会降低。改变 MgCl$_2$ 的浓度也可使引物双链体含量大大低于目的产物。引物自身不应存在互补序列，否则，引物自身会折叠成发夹结构而引起自身复性。这种二级结构会因空间位阻而影响引物与模板的复性结合。若用人工判断，引物自身连续互补碱基不能大于 3 bp。

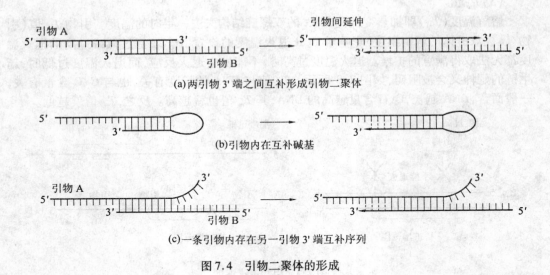

(a)两引物 3′端之间互补形成引物二聚体

(b)引物内在互补碱基

(c)一条引物内存在另一引物 3′端互补序列

图 7.4   引物二聚体的形成

（7）引物浓度

反应体系中引物浓度要适宜，如果引物浓度偏高，容易形成引物二聚体，同时当扩增微量靶序列并且起始材料又比较粗时，容易产生非特异性产物。一般说来，用低浓度引物不仅经济，而且反应特异性也较好，但浓度过低则影响结果。所使用引物浓度为 10 ~ 50 pmol/L 较适宜。在不对称 PCR 制备单链 DNA 时，两种引物的浓度可以相差 100 倍，最佳引物比率范围在 1∶100 ~ 1∶20 之间。引物的比率可以在 0.5∶50 pmol ~ 5∶50 pmol 范围内试验。

（8）引物扩增跨度

两引物之间的距离可长达 10 kb，但超过 3 kb 后合成效率大为降低，距离太短又不易获得足够的序列资料。实验声明，1 kb 之内是理想的扩增跨度，2 kb 左右是有效的扩增跨度。

（9）引物的 3′端

引物 3′端的头 1 ~ 2 个碱基会影响 Taq DNA 聚合酶的延伸效率，从而影响 PCR 反应的扩增效率及特异性，因此选择合适的 3′端碱基很重要。引物 3′末端碱基错配时，不同碱基的引发效率存在很大差异：当末位碱基为 A 时，错配时引发链合成效率大大降低；当末端碱基为 T 时，错配情况下亦能引发链的合成，所以一般 PCR 反应中，引物 3′末端的碱基最好选 T、C、G 而不选 A。引物 3′端是延伸的起点，该碱基为 G 或 C，则与模板结合紧密，扩增成功的可能性更大，即 3′端富含 G·C 易产生非特异性扩增。引物 3′端不应超过 3 个连续的 G 或 C，避免使引物在 G·C 富集序列区错误引发。引物的 3′端也不能有形成二级结构的可能，除在特殊的 PCR(As-PCR) 反应中。引物 3′端，特别是第一、第二个碱基不能发生错配。引物的 3′端应为保守的氨基酸序列，即采用简单并且密码子少的氨基酸，如 Met 和 Trp，且要避免三联体密码第三个碱基的摆动位置位于引物的 3′末端。

（10）引物的 5′端

引物 5′端限定了 PCR 产物的长度，其碱基无严格限制，在与模板结合的引物长度足够的条件下，其 5′端碱基可不与模板 DNA 互补而呈游离状态。因此可在引物 5′端加上限制性内切酶位点，标记生物素、荧光素、地高辛、Eu^{3+}等，引入蛋白质结合DNA序列，引入突变位点，插入与缺失突变序列和引入启动子序列等，以便对PCR产物进行分析及克隆等。引物的5′端最多可加10个碱基而对PCR反应无影响。

(11)避开产物的二级结构区

某些引物无效的主要原因是引物重复区DNA二级结构的影响，选择扩增片段时，最好避开二级结构区域。用有关计算机软件可以预测估算mRNA的稳定二级结构，有助于选择模板。

(12)巢式引物

如果PCR反应特异性低，产生了目的带以外的条带或一次PCR产量极低，则可以考虑用巢式引物扩增目的条带，如图7.5所示。

引物1
模板
第一次PCR
引物2
第一次PCR产物
引物3
第二次PCR
引物4
第二次PCR产物

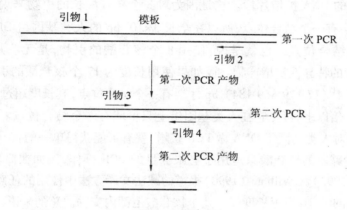

图7.5　巢式引物

用引物1和引物2扩增，不能获得特异条带，这时可在第一次PCR产物内侧设计引物3和引物4，再进行PCR，由于非特异扩增条带里不存在引物3和引物4配对的区段而不能被扩增，而目的DNA中有存在引物3和引物4配对的区段而被有效地扩增出来，这里的引物3和引物4就叫巢式引物，用巢式引物进行的PCR叫巢式PCR。巢式引物未必一定要在第一次引物扩增物的内侧，可以与第一次引物存在部分重叠，甚至仅在3′端移动几个碱基，如图7.6所示。需要注意的是，在第二次PCR体系中，加入过多的第一次PCR产物，残留的原引物将严重影响第二次扩增。一般而言，第二次PCR体系中加入的第一次PCR产物量应控制在1/50以下。

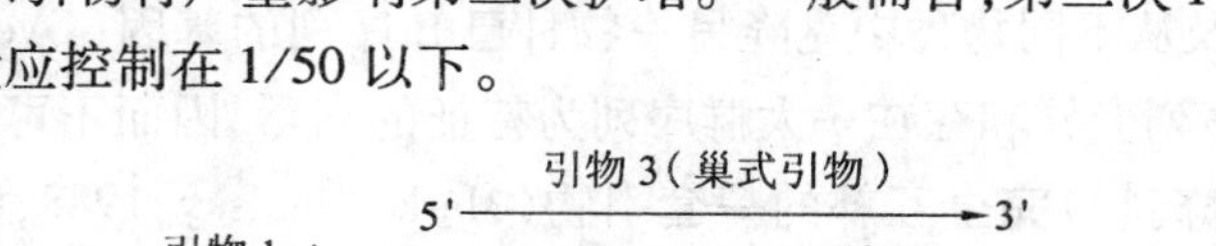

引物3(巢式引物)
5′ 3′
引物1 5′ 3′
……ACAATGTTCTCCACTTGGTACTCCTTCACCTTGCCCACC……
在3′端向内移动几个碱基也可以进行巢式PCR

图7.6　部分重叠的巢式引物

(13)在cDNA序列内寻找PCR引物

在cDNA序列内寻找PCR引物应注意两点：第一，尽力将引物和产物保持在mRNA的编码区域内，因为这是生成蛋白质的独特序列，不像3′末端非编码区域与其他mRNA

有同源性;第二,尽力把引物放到不同的外显子上,以便使 mRNA 特异的 PCR 产物与从污染 DNA 中产生的产物在大小上相区别。

此外,对于人工合成的寡核苷酸引物,在使用前最好纯化。

7.2.3.2　引物长度

两引物在模板 DNA 上的结合位点之间的距离决定了扩增区段的长度。实验表明,1 kb 之内是理想的扩增跨度,2 kb 左右是有效的扩增跨度,而超过 3 kb 就无法得到有效的扩增,而且也难以获得一致的结果,尽管也有扩增长达 12 kb 的报道。

引物设计的正确与否是关系到 PCR 成效的关键因素,引物太短,就可能同非靶序列杂交,得出非预期的扩增产物。例如,一对 8 个核苷酸长的引物扩增人类总 DNA,结果产生出许多种不同的 DNA 扩增片段。这是因为对 8 个核苷酸长的引物来说,平均每隔 4^8 (65 536) bp 就会有一个结合位点,所以在全长 3×10^9 bp 的人类基因组 DNA 中,大约有 43 000 个可能的结合位点。也就是说,使用 8 个核苷酸的引物,是无法从人类基因组 DNA 中得到单一的特异性扩增产物。而如果使用长度为 17 个核苷酸的引物,它的预期频率是平均每隔 4^{17} (17 179 869 184) bp 才会有一个结合位点,其长度超过了人类基因组 DNA 总长度的 5 倍以上,可见它在人类基因组上只可能有一个结合位点。所以,使用 17 个核苷酸的引物对人类基因组 DNA 做 PCR 扩增,就有可能获得单一的特异性扩增带。

15 个或更少碱基的核苷酸只适用于有限数量的 PCR 操作,例如在简单基因组图谱 Liang 和 Pardee(1992)和 Williams(1990)报道的减法文库方法中使用的任意和随机引物。根据生物组基因的大小,最短长度仅在几个核苷酸范围内变动。总的来说,最好在特异性允许的范围内寻求安全性,每增加一个核苷酸,引物的特异性提高 4 倍;这样大多数应用的最短引物长度为 18 个核苷酸。显然,如果使用纯化的 cDNA 或者不是基因组 DNA 的样品,由于非特异引物(模板)反应的危险大大降低,引物长度可以缩短。

引物长度的上限并不是很重要,主要与反应速率有关。由于熵的原因,引物越短,它退火结合到靶 DNA 上形成供 DNA 聚合酶结合的稳定双链模板的速度越大。一般来说,如果扩增有一定程度不均一性的序列,只需要 28~35 个碱基长的核苷酸链做引物。这个引物长度已被证明广泛用于两种情况:①扩增一个物种的蛋白的异构体或蛋白家族内的密切相关分子,以及从不同物种中克隆另一物种已知序列的基因(Dveksler,1993)。②扩增像 HIV 这类以序列变异和存在一大群序列为特征的病毒,因而不可能得到对所有模板(即所有 HIV-1 分离物)完全互补的一套引物(Mark、Sninsky,1988;Oc,1998)。较长的引物和较高的退火温度能增大 PCR 扩增的选择性。据估计,含有 40 个核苷酸的寡核苷酸,其解链温度(T_m)要比具有相同碱基组成,有 20 个核苷酸的寡核苷酸高 15 ℃ (Sambrook,1989)。因此就引物的长度而言,可使用含有 40~45 个核苷酸的引物,将退火温度定为 72 ℃,即 Taq DNA 聚合酶进行链延伸反应的最适温度。在通常使用的缓冲液条件下,PCR 扩增的特异性将达到最高。当然,这也不是说引物越长效果就越好。引物越长,扩增时将被引发的模板越少,在指数扩增期,甚至每一退火步骤的小失误都将扩大,以致引起扩增产物的明显减少,使产物的扩增成本增加。

7.2.4　反应条件

7.2.4.1　变性温度与时间

通常适宜的变性条件是 94 ℃（或 95 ℃）30 s 或 97 ℃ 15 s。对于 GC 含量高的模板序列，应选用较高的变性温度，但变性温度过高会导致 *Taq* DNA 聚合酶活性的下降，影响 PCR 产量。变性温度过低，会使 DNA 模板变性不完全，DNA 双链会很快复性，也会影响 PCR 产量。一般变性不充分是导致 PCR 反应失败的主要原因之一。

7.2.4.2　退火温度与时间

退火温度和时间取决于反应体系中的成分和引物的长度与浓度。一般使用的退火温度比引物 T_m 值低 5 ℃。由于 *Taq* DNA 聚合酶活性温度范围很宽，退火温度在 55～72 ℃之间都会得到较好的结果。退火温度高，可减少引物与模板 DNA 的非特异性退火，同时降低引物 3′端非互补核苷酸的错误延伸，从而使反应获得较高的特异性。反之，会导致反应特异性的降低。

退火时间一般为 20～40 s。当引物浓度为 0.2 μmol/L 时，退火仅需数秒即可完成。退火时间过短会造成延伸不充分，当进行延伸步骤时，温度升高，导致引物从模板上脱落，反应失败。

为了获得最大的特异性，建议采用热启动 PCR 进行靶序列的扩增。

7.2.4.3　延伸温度与时间

延伸温度一般为 70～75 ℃之间，为 *Taq* DNA 聚合酶的最适活性温度。延伸时间的长短取决于待扩增序列的长度、模板浓度以及延伸温度的高低。在 PCR 反应中，两引物与模板结合位点之间的距离决定了扩增区段的长度。一般 1 kb 是理想的扩增跨度，2 kb 为有效扩增跨度，大于 3 kb 将无法得到有效扩增。扩增小于 500 bp 的片段，延伸时间为 20～30 s，扩增 500～1 200 bp 的片段，延伸时间为 40～60 s，扩增大于 1 200 bp 的片段，需增加延伸时间。待扩增序列越长，所需的延伸时间就越长。当扩增小于 200 bp 的片段时，可省略延伸步骤，在退火温度下，即可完成短序列的合成，称为两步 PCR。两步 PCR 操作简单、快速，特别适于临床检验。

7.2.4.4　循环次数

循环次数主要取决于模板 DNA 的浓度，一般为 25～35 次。在一定范围内，循环次数越多，反应产物量越大。但随着循环次数的增加，产物浓度逐渐增大，*Taq* DNA 聚合酶活性、引物浓度、dNTP 浓度逐渐降低，易发生错误掺入，出现非特异性产物。因此，在得到足够产物的前提下，应尽量减少循环次数。

7.2.5　PCR 的反应步骤

PCR 扩增的操作程序基本相同，只是根据引物与靶序列的不同，选择不同的反应体系与循环参数。下面是一般的操作程序。

（1）向一微量离心管中依次加入：

10×PCR 缓冲液　　　　　　1/10 体积

dNTP　　　　　　　　　　各 200 μmol/L

引物　　　　　　　　　　各 1 μmol/L

　DNA 模板　　　　　　　　$10^2 \sim 10^5$ 拷贝

　ddH_2O　　　　　　　　补至终体积(50 ~ 100 μL)

混匀后,离心 15 s 使反应成分集于管底。

(2)加石蜡油 50 ~ 100 μL 于反应液表面以防蒸发。置反应管于 97 ℃变性 7 min(染色体 DNA)或 5 min(质粒 DNA)。

(3)冷至延伸温度时,加入 1 ~ 5 U Taq DNA 聚合酶,在此温度下反应 1 min。

(4)于变性温度下使模板 DNA 变性适当时间。

(5)在复性温度下使引物与模板杂交一定时间。

(6)在延伸温度下使复性的引物延伸合适的时间。

(7)重复(4) ~ (6)步 25 ~ 30 次,每次即为一个 PCR 循环,整个 PCR 为 25 ~ 30 个循环。

(8)将扩增产物进行琼脂糖凝胶电泳观察。

上述操作可手工操作,也可用 PCR 自动仪进行。

7.2.6　PCR 技术特点

(1)特异性强

决定 PCR 反应特异性的因素有:引物的特异性、退火温度、Taq DNA 聚合酶合成反应的忠实性、靶序列的特异性与保守性。

(2)灵敏度高

PCR 产物是以指数方式增加的,经过 25 ~ 35 轮循环后,可将微量的模板 DNA 扩增到紫外光下可见的水平。

(3)简便快捷

现在已有各种类型的 PCR 仪,只要设定好程序,将反应体系各组分按一定比例混合,置于 PCR 仪中,就可在几小时内完成反应。PCR 产物可通过电泳分析检测,简单、快速、易操作、无污染。

(4)对模板质量要求不高

不需要分离病毒或细菌及培养细胞,DNA 粗制品及总 RNA 均可作为扩增模板。

7.2.7　常见问题

PCR 反应的影响因素有:模板核酸的制备、引物的质量与特异性、酶的质量及活性、PCR 循环条件等。在各种因素的影响下,有时 PCR 反应可能没有达到预期效果,电泳检测结果不理想。一般来说,PCR 产物应在 48 h 内进行电泳检测,有些 PCR 产物最好当日就电泳检测,48 h 以后进行电泳检测会出现带型不规则甚至消失的情况。一般 PCR 反应中常见的问题如下。

7.2.7.1　假阴性

假阴性即为不出现扩增条带。出现假阴性的可能原因有:

(1)模板

①模板中可能含有杂蛋白质或 DNA 结合蛋白;

②模板中可能含有 Taq DNA 聚合酶抑制剂;

③模板中可能含有有机溶剂,如酚;

④模板核酸变性不充分;

⑤靶序列变异。

在酶和引物质量好时,不出现扩增条带,极有可能是模板核酸制备时的问题,应重新配制试剂,重新制备核酸。

（2）*Taq* DNA 聚合酶

如果 *Taq* DNA 聚合酶失活也会出现假阴性。需要更新酶,或新旧两种酶同时使用,以分析是否是酶活性丧失导致的假阴性。

（3）引物

引物质量、引物的浓度、两个引物的浓度是否相等,是 PCR 失败、扩增条带不理想或弥散的常见原因。有些批号的引物合成质量有问题,两个引物浓度不同,造成低效率的不对称扩增。解决措施为:

①选择好的引物合成单位;

②引物应高浓度小量分装,－20 ℃条件下保存,避免反复冻融,反复冻融可导致引物降解失效;

③重新设计引物。

（4）Mg^{2+} 浓度

Mg^{2+} 浓度对 PCR 反应效率影响很大,浓度过高降低 PCR 反应的特异性,浓度过低则影响 PCR 反应产量,甚至使 PCR 反应失败而不出现扩增条带。所以,在正式实验前需对 Mg^{2+} 浓度进行优化。

（5）反应条件

反应条件是影响 PCR 扩增效率的重要因素,也可能是造成 PCR 失败的原因。如变性温度低,变性时间短,极有可能出现假阴性;退火温度过低,导致非特异性扩增而降低了特异性扩增效率;退火温度过高影响引物与模板的结合而降低了 PCR 扩增的效率。必要时可用标准温度计检测 PCR 仪或水浴锅内的变性、退火和延伸温度。

（6）操作

有时可能是操作者的疏忽,忘加了反应体系的某个组分,如 *Taq* DNA 聚合酶。或者在电泳检测时忘加了溴化乙锭。

7.2.7.2　假阳性

假阳性就是出现的 PCR 扩增条带与靶序列条带一致,有时其条带更整齐,亮度更高。可能的原因有:

（1）引物设计不合适

如果设计的引物序列特异性不高,在 PCR 扩增时,扩增出的 PCR 产物可能为非目的序列,造成了假阳性。靶序列太短或引物太短,也容易出现假阳性。解决措施是重新设计引物。

（2）靶序列或扩增产物的交叉污染

这种污染有两种原因:

①整个基因组或大片段的交叉污染,导致假阳性。解决方法如下:

a.操作时应小心、轻柔,防止靶序列污染移液器的端部或溅出离心管外。

　　b. 除酶及不耐高温的物质外,所有试剂或器材均应高压灭菌。所有离心管及移液器吸头等均应一次性使用。

　　c. 必要时,在加标本前,反应管和试剂用紫外线照射,以破坏存在的核酸。

　　②空气中的小片段核酸污染,这些小片段核酸比靶序列短,但有一定的同源性,可互相拼接,与引物互补后,可扩增出 PCR 产物,导致假阳性的产生。解决方法是可用巢式 PCR 来减轻或消除。

　　(3)非特异性扩增条带

　　PCR 扩增后出现的条带与预期的大小不一致,或大或小,或者同时出现特异性条带和非特异性条带。出现非特异性条带的原因:一是引物与靶序列不完全互补,或形成了引物二聚体;二是与 Mg^{2+} 浓度过高、退火温度过低,以及 PCR 循环次数过多有关;三是与酶的质和量有关,有些来源的酶往往易出现非特异性扩增。解决措施是:

　　①必要时重新设计引物;

　　②降低酶量或更换成另一来源的酶;

　　③降低引物量,适当增加模板量,减少循环次数;

　　④适当提高退火温度或采用两步 PCR 法(93 ℃变性,65 ℃左右退火与延伸)。

7.2.7.3　片状带或涂抹带

　　PCR 扩增产物中有时会出现涂抹带或片状带或地毯带。其原因往往是由于酶量过多或酶质量较差、dNTP 浓度过高、Mg^{2+} 浓度过高、退火温度过低、循环次数过多引起的。解决方法是:

　　(1)降低酶量或更换成另一来源的酶;

　　(2)降低 dNTP 的浓度;

　　(3)适当降低 Mg^{2+} 浓度;

　　(4)增加模板量,减少循环次数。

7.2.8　注意事项

　　(1)PCR 反应应该在没有 DNA 污染的干净环境中进行,最好建立专用的 PCR 实验室。

　　(2)制备与纯化模板时的各个环节对 PCR 反应来说有极大的污染风险。一般地,如果能够得到可靠的结果,纯化方法越简单越好。

　　(3)所有试剂都应该没有核酸和核酸酶的污染。操作过程中均应戴手套。使用一次性吸头,而且吸头不要长时间暴露于空气中,避免气溶胶的污染。pre-PCR 区和 post-PCR 区的仪器用品不能混用。

　　(4)PCR 试剂的配制应使用高质量的新鲜去离子水,采用 0.22 μm 滤膜过滤除菌或高压灭菌。

　　(5)制备 PCR 反应混合液时,先将 dNTP、缓冲液、引物和酶混合好,然后分装,这样即可减少操作,避免污染,又可以增加反应的精确度。最后加入反应模板,盖紧反应管。

　　(6)试剂或样品准备过程中都要使用一次性灭菌的塑料瓶和管,玻璃器皿应洗涤干净并高压灭菌。

　　(7)用于 PCR 的样品应在冰浴上化开,并且充分混匀。

（8）操作时应设立阴性对照、阳性对照和空白对照。合理对照的设置可以验证 PCR 反应的可靠性，又可以协助判断扩增系统的可信度。阳性对照是 PCR 反应是否成功、产物条带位置及大小是否合乎理论要求的一个重要参考标志。阴性对照是每次 PCR 实验必做的，它包括：①标本对照。如被检的标本是血清，就用鉴定后的正常血清作对照；如被检的标本是组织细胞，就用相应的组织细胞作对照。②实际对照（或空白对照）。在 PCR 反应混合物中不加模板，进行 PCR 扩增，以检测试剂是否污染。

（9）重复实验，验证数据，慎下结论。

（10）尽管扩增序列（靶序列）的残留污染是假阳性反应的主要原因，但样品间的交叉污染也是原因之一。因此，在样品收集、抽提和扩增的所有环节都应该谨慎操作，防止污染。

7.3　定量 PCR

聚合酶链反应（PCR）技术建立以来，定性检测技术不断得到改进和完善，可以达到检测单个靶序列的水平。但实际工作中常需要定量检测样本中的核酸，而不是测定某一特定序列存在与否。借助 PCR 技术对基因快速、敏感、特异而准确的定量成为目前分子生物学技术研究的热点之一。定量 PCR 旨在评估样品中的靶分子数，此测定可以是绝对的，如每微克样本中靶 DNA 的分子数；也可以是相对的，即与设定的内参照或外参照比较而言。

普通 PCR 反应能够对模板链进行指数似的拷贝，但由于反应过程中模板、反应物的限制，或焦磷酸分子产物对于 DNA 聚合酶的抑制作用，以至 PCR 反应最后不能够指数似的拷贝模板，所以 PCR 反应终止时候的产量总是难以确定，也无法知道起始的模板的数量。而实时定量 PCR 是对聚合酶链式中正比于反应前模板数量的反应产物的一种可靠的检测方法和测量方式，实时荧光定量 PCR（Flurecencequantitive Polymerase Chain Reaction，FQ-PCR），由美国应用生物系统公司（Applied Biosystems）在 1996 年发明。所谓实时荧光定量 PCR 技术，是指在 PCR 反应体系中加入荧光基团，利用荧光信号积累实时监测整个 PCR 进程，最后通过标准曲线对未知模板进行定量分析的方法。它不单指数性扩增（已知部分序列的目的）DNA，而且通过检测每个循环 PCR 产物的总累积量（借助荧光标志），可以达到很好的定量结果。

7.3.1　定量 PCR 原理

定量 PCR 的原理和定性分析相似，可区分为两种，第一种为定量竞争性 PCR（Quantitative Competitive PCR，QC-PCR），将标准品 DNA 与检测样品 DNA 于同一处理中进行增殖放大，共同竞争已知数量的引物，进而估算检测样品的含量。第二种为实时定量 PCR，以 DNA 探针连接荧光试剂，待此 DNA 探针与 PCR 产物结合，检测荧光光量，并以计算机软件分析，进行量化计算，灵敏度为 0.1%。

经典 PCR 一般分为扩增和检测两个阶段，常用溴乙锭染色，以凝胶电泳为定性检测手段。由于定性实际上就是定量的一种粗约表现，因此只要对检测手段进行改进就可以实现精确定量。荧光标记技术是分子生物学最常用的标记技术,荧光染料或荧光标记物与扩增产物结合后,被激发的荧光强度和扩增产物成正比。而根据扩增原理,扩增是呈指数增长,因此在反应体系和反应条件完全一样的条件下,样本含量应与扩增产物的对数成正比,故在一定的条件下荧光强度和样本含量成正比。

定量 PCR 是一种在 PCR 反应体系中加入荧光基团,利用荧光信号积累实时监测整个 PCR 进程,最后通过标准曲线对未知模板进行定量分析的方法。在 PCR 循环中,测量的信号将作为荧光阈值(Threshold)的坐标。在定量 PCR 技术中引入了一个新的概念——C_t 值(Threshold cycle),C_t 值是指产生可被检测到的荧光信号所需的最小循环数,是在 PCR 循环过程中荧光信号由本底开始进入指数增长阶段的拐点所对应的循环次数,如图 7.7 所示。荧光阈值相当于基线荧光信号的平均信号标准偏差的 10 倍,一般认为在荧光阈值以上所测出的荧光信号是一个可信的信号,可以用于定义一个样本的 C_t 值。通常用不同浓度的标准样品的 C_t 值来产生标准曲线,然后计算相对方程式。方程式的斜度可以用来检查 PCR 的效率,对于 100% PCR 效率来说,理想的斜率是 3.32。最佳的标准曲线是建立在 PCR 的扩增效率为 90% ~ 100%(100% 意味着在每个循环之后,模板的总数将增加为前一次的 2 倍)的基础上。所有标准曲线的线性回归分析需要存在一个高相关系数($R^2 \geqslant 0.99$),这样才能认为实验的过程和数据是可信的。使用这个方程式我们可以计算出未知样本的初始模板量。大多数定量 PCR 仪都有这样一个软件,它可以从标准曲线中自动地计算出未知样本的初始模板量。

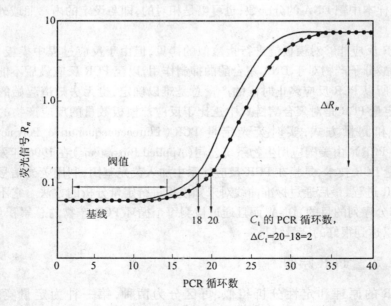

图 7.7　定量 PCR 的 ΔC_t 值

扩增的示意图以荧光信号与 PCR 循环数绘制。在本图里的实线越过阀值线是 18 个 PCR 循环数,而打点线越过阀值是 20 个循环。20 减去 18 表示样品有 2 个循环的差别,即 $\Delta C_t = 2$。由于 PCR 的指数特性,ΔC_t 值转化成线性而得到放大。

7.3.2　定量 PCR 方法

近年来研究和应用较多的定量 PCR 方法主要有 5 个,即对 PCR 产物的直接定量、极限稀释法、靶基因与参照基因的同步扩增、竞争性 PCR 和荧光定量 PCR。这几种方法各有利弊,对其选择取决于靶基因的特性、对 PCR 产量的期望值、对准确度的要求、需要相对还是绝对定量。PCR 在定量过程中须借助于各种形式的参照物。

7.3.2.1　PCR 产物的直接定量

用 PCR 定量靶 DNA,终产物的分子数目 N 可以描述为 $N = N_0(1+E)n$,N_0 为靶分子的初始数量,E 为扩增效率,n 为循环数。扩增效率受靶分子的序列和长度、反应条件,特别是引物序列的影响。当执行的循环数逐渐增加时,扩增不再以指数函数方式进行,最终效率可降至 0。本法为通过测量样本的产物量,推测样本中起始靶分子的相对数量。应定量处于扩增指数期的 PCR 产物,否则产物量与起始模板量不成正比。对在反应中的多个时间点上的产物量进行线性回归分析以获得统计学上可靠的结果亦是必要的。

7.3.2.2　极限稀释法

极限稀释法是通过稀释阳性标本直至靶基因不能被扩增出来。稀释的程度可用来计算起始靶基因的数量。这种方法的优点是不需特定仪器,但是要得到可靠的结果必须满足一系列的严格条件:①优化反应条件,使检测具有可重复性;②每个稀释度进行多个反应,其结果用统计学的 Poisson 分布进行分析;③排除污染以免造成假阳性结果。

7.3.2.3　靶基因与参照基因的同步扩增

本技术为靶序列和作为内标的对照序列(另一内源性基因)在同一反应中共同扩增。此标准序列可控制 DNA 的量,可扩增性和管间扩增效率的变化。通过比较两个产物的颜色强度对靶基因定量。此法只有在靶基因和对照基因的数量及扩增效率相似时才能得到准确的定量结果。最好定量处于扩增指数期的 PCR 产物。扩增后可通过测量电泳带的相对强度而定量。

7.3.2.4　竞争性

竞争 PCR 与上述方法相似,靶基因与参考标准在同一反应管中共同扩增,但标准往往是合成的模板而不是内源性基因。竞争 PCR 必须构建一个内部标准,此标准能与靶基因竞争聚合酶、核苷酸和引物分子,具有相同的引物结合位点,其扩增产物能通过电泳或高效液相色谱(HPLC)等方法区分开来。在反应中将一系列稀释度的竞争物加至固定数量的样本 DNA 中进行 PCR,靶基因的量可通过与产生相同摩尔数产物的竞争物的量相比较而得到,竞争 PCR 有效地控制了扩增效率的管间变异。通过定量 PCR 进行绝对定量的条件是靶序列和竞争序列的扩增效率相同、引物相同,这样靶基因和竞争基因的比率在整个反应中不变。由于竞争 PCR 可以排除管间及样本间的变化误差,所以可用于核酸的绝对定量和低拷贝基因的定量测定。

7.3.2.5　荧光定量 PCR

荧光定量 PCR 是近些年才发展起来的一种新的定量 PCR 检测方法,是由 PCR 与荧光素标记的探针杂交技术相结合,可用来检测临床标本中各种病原微生物的 RNA/DNA。FQ-PCR 可采用外参照的定量法,也可采用内参照的定量方法。而采用内参照的定量方法是在竞争性 PCR 基础上发展起来的。扩增后采用荧光显示,定量方法更多,算法更为精确。该技术的基本原理是在常规 PCR 基础上添加了一条标记了 2 个荧光基团的荧光双标记探针。一个标记在探针的 5′端，称为荧光报告基团（R）；另一个标记在探针的 3′端，称为荧光抑制基团（Q）。当特异性扩增发生时，探针与引物同时结合于模板链上，引物延伸时，探针会在 PCR 过程中被 *Taq* 酶的 5′→3′活性作用切断（切口平移效应），Q 基团失去作用，从而引起 R 基团荧光信号的释出。被切断的荧光探针量与被扩增的目的基因量呈一对一关系。因此 R 基团的荧光信号强弱与 PCR 产物数量成正比关系，待反应结束时，由电脑自动算出 DNA 的拷贝数。

7.3.3　PCR 产物检测

7.3.3.1　凝胶检测系统

凝胶检测系统是用凝胶扫描仪和计算机辅助视频设备对 EB（溴化乙锭）染色的琼脂糖或聚丙烯酰胺凝胶进行定量，放射性标记的扩增产物可通过放射自显影定量测定。最近，发展到用自动 DNA 测序仪检测荧光标记的核酸，但价格极其昂贵，现在仅用于研究。

7.3.3.2　固相测定系统

最常用的为 96 孔聚苯乙烯微量滴定板，可用仪器比色或读数。可用亲和素分子通过疏水相互作用包被滴定板，此固相系统可特异结合生物素或生物素化的分子，可用于生物素化的 PCR 产物的定量。亲和素介导的固相捕获生物素标记靶分子的技术是一个有效、灵活和容易操作的技术，将成为定量 PCR 的一个关键技术。

7.3.3.3　斑点印迹法

扩增的靶 DNA 经变性并固定到硝酸纤维素膜或尼龙膜上，应用序列特异性的标记寡核苷酸检测目的片段存在与否。在理想的条件下，与已知浓度样品对比，其产物的光密度代表了特异性扩增产物的数量。这种方法除了定量检测外，还能应用于复等位基因的检测。

7.3.3.4　固相捕获技术

固相捕获技术也称之为酶联寡核苷酸吸附试验。这种技术有两种不同的方法：一是固定捕获探针法，其基本原理为将捕获探针以共价结合方式或通过链霉亲和素连接到固相上，然后，在严格条件下与 PCR 产物杂交，经过几次洗脱，特异的扩增产物可通过标记试剂进行检测；二是固定扩增产物法，与第一种方法不同之处在于它仅仅是把 PCR 产物固定到固相上。

7.3.3.5　DNA 的免疫测定

在探针 DNA 与特异性扩增的 DNA 杂交后，加入单克隆抗双链 DNA 抗体，DNA 抗体复合物的量通过与二抗反应，经比色法测定。这种方法能应用于检测任何类型扩增的 DNA，并不需要对引物和扩增产物进行标记。目前，此法由于易出现交叉反应和单克隆抗体、价格昂贵等因素限制了其大规模的应用。

7.3.3.6　电化学发光检测技术

电化学发光检测技术的特异性及敏感性与 ^{32}P 标记检测方法相似，但该法避免了放射性物质的污染而且检测速度极快。其基本原理为：将链霉亲和素和生物素介导的固相的 PCR 产物连到磁性珠上与标记的 Tris 钌螯合物（TBR）的探针杂交，加入三丙胺（TPA）溶液，并转移至电化学发光仪的检测池，当电压升至特定伏特时，TPA 和 TBR 同时发生氧化,氧化的 TPA 被转变成一种很不稳定的、具有高度还原性的中间物质,还原中间体与氧化了的 TBR 发生反应将其转变至激发状态,当由激发态变为基态时可发射出 620 nm 的光。发光强度与 TBR 标记物的量成正比,通过对 620 nm 光强度的检测从而能对 PCR 起始产物进行定量。

7.3.3.7　SPA(Scintillation Proximity Assay)系统

用亲和素包被的氟微球作为固相载体,用生物素标记引物,在扩增时掺入氚化的核苷酸,扩增完成后,加入已包被的氟微球以捕获生物素化的 PCR 产物,此捕获过程可使氚与氟微球紧密结合,氟被氚激发产生光脉冲,可用闪烁计数仪测量。与比色法相比,此法具有更大的线性范围。

7.3.3.8　点杂交检测系统

将扩增产物变性后固定于尼龙膜表面,与标记的 DNA 探针杂交,亦可将序列特异的寡核苷酸探针通过多聚 T(polyT)尾巴固定于膜上,与变性后的已标记的扩增产物杂交。后者由于靶基因不是直接结合于膜表面,故其反应动力学接近于液相,反应速度快。通常使用生物素化的探针或扩增产物,用亲和素 2AP 结合物产生颜色斑点,通过与已知浓度的标准比较颜色强度进行定量。

7.3.3.9　激光诱导荧光检测法

首先用荧光标记物 FAM(商品名)的 N-羟基琥珀酰亚胺酯衍生物借助氨己基连接臂偶联于正向引物的 5′-核苷酸上,然后 PCR 扩增,用毛细管电泳扩增产物,最后用氩离子激光光源检测器检测荧光强度进行定量测定。此法的优点为样本用量少,可自动化检测,快速、灵敏和分辨率高。

总的来说,定量 PCR 技术具有以下的发展趋势:定量水平从粗略定量、半定量到精确定量、绝对定量;定量过程中参照物的选择从单纯外参照非竞争性定量到多种参照定量;检测手段从扩增样本终点一次检测到扩增过程中动态连续检测进行定量;检测方法由手工检测、半自动检测发展到成套设备检测,且检测效率及自动化程度越来越高。

7.3.4　定量 PCR 技术在环境微生物中的应用

随着近年来分子生物学及其技术的不断发展,实时荧光定量技术已逐步应用于微生物研究领域,在分析环境微生物群落结构和时空分布的有关特性,判断微生物群落多样性随环境的变化情况时有着传统方法无法比拟的优势。

7.3.4.1　在环境微生物病原体检测中的应用

水、土壤和大气环境中都存在着多种多样的致病菌和病毒,它们与许多传染性疾病的传播和流行密切相关。因此,定期检测环境中致病菌的动态(种类、数量、变化趋势等)具有重要的实际意义。采用荧光定量技术检测环境中的微生物病原体,无需培养而是直接取样进行分析,特异性强、灵敏度高、迅速简便且具有较高的精确度。Brooks 等人采用该技术对雨季时海水中的甲肝病毒进行了检测及定量分析,研究证明,该技术对甲肝病毒的定性及定量测定均有很高的精确度,同时指出了 PCR 技术对于环境微生物定量测定的发展前景。Rebecca 等人采用 FO-PCR 对容易引起水传播疾病的贾第虫和隐孢子虫进行了定量检测分析,建立了定量分析方法。

7.3.4.2　用于环境微生物群落分布的研究

对于环境微生物的研究以前主要是依赖于纯培养,由于环境微生物中只有一部分能被培养。因此,进行环境微生物群落分析时其结果往往是局限的。基于 rDNA 或 rRNA 的分析技术改变了微生物种群结构分布描述困难的现状。采用实时荧光定量 PCR 技术可定量检测目标溶藻菌如铜绿假单孢菌、交替假单孢菌等的含量与分布。Skovhu 等人运用交替假单孢菌属的特异性引物,快速检测出目标 DNA 细菌模板在总 DNA 模板中的比例,进而推算出目标细菌在环境样本中的丰度。赵传鹏等人应用实时荧光定量 PCR 法,评价了除藻反应器中各种填料介质对太湖水中的假单孢菌属的富集情况,结果显示所建立的方法能有效检测反应器中填料对该类溶藻细菌的富集程度,初步证明所建立的方法可有效定量假单孢菌属在环境样本中的丰度。

7.3.4.3　用于环境中微生物群落变化的动态监测

实时荧光定量 PCR 技术的一个显著特性就是可以同时对多个样品进行分析,因此适合于检测环境中微生物在时间和空间上的动态变化。Okano 等人通过对氨单加氧酶基因(amoA)进行定量检测来确定土壤中氨氧化细菌群落大小,同时研究了铵离子浓度对氨氧化细菌群落的影响。发现随着铵离子浓度增加,氨氧化细菌数量也呈不同程度的增长,而细菌总数稳定在一定的范围。同时还发现常年施肥的土壤中氨氧化细菌显著增长,说明氨肥对氨氧化细菌群落具有长期影响。

第8章 分子标记技术

生命的遗传信息存储于 DNA 序列之中,高等生物每一个细胞的全部 DNA 构成了该生物体的基因组。基因组 DNA 序列的变异是物种遗传多样性的基础。尽管在生命信息的传递过程中 DNA 能够精确地自我复制,但是许多因素均能引起 DNA 序列的变化,造成个体之间的遗传差异。例如,单个碱基的替换、DNA 片段的插入、缺失、易位和倒位等。

利用现代分子生物学技术揭示 DNA 序列的变异(遗传多态性),就可以建立 DNA 水平上的遗传标记。从 1980 年人类遗传学家 Botstein J 等人首次提出 DNA 限制性片段长度多态性作为遗传标记的思想及 1985 年 PCR 技术的诞生至今,已经发展了十多种基于 DNA 多态性的分子标记技术。

理想的分子标记应符合以下几个要求:①具有高的多态性;②共显性遗传,即利用分子标记可鉴别二倍体中杂合和纯合基因型;③能明确辨别等位基因;④除特殊位点的标记外,要求分子标记均匀分布于整个基因组;⑤选择中性,即无基因多效性;⑥检测手段简单、快速,自动化程度高;⑦开发成本和使用成本尽量低廉;⑧所得数据可在实验室之间交流和比较。

本章将主要介绍用于几种分子标记技术及其在环境微生物多样性分析中的应用。

8.1 分子标记技术概述

8.1.1 分子标记的概念及种类

组成 DNA 分子的 4 种核苷酸,在排列次序或长度上的任何差异都会产生 DNA 分子的多态性。分子标记(Molecular Marker)就是指根据基因组 DNA 存在丰富的多态性而发展起来的、可直接反应生物体在 DNA 水平上的差异的一类新型的遗传标记。广义的分子标记是指可遗传的并可检测的 DNA 序列或蛋白质。蛋白质标记包括种子贮藏蛋白和同工酶(指由一个以上基因位点编码的酶的不同分子形式)及等位酶(指由同一基因位点的不同等位基因编码的酶的不同分子形式)。狭义的分子标记概念只是指 DNA 标记,这种界定目前已经被广泛采纳。

1980 年,Botstein 等人首先提出 DNA 限制性片段长度多态性(Restriction Fragment Length Polymorphism,RFLP)可以作为遗传标记,开创了直接应用 DNA 多态性作为遗传标记的新阶段。Mullis 等人 1986 年发明了聚合酶链式反应(Polymerase Chain Reaction,PCR),于是直接扩增 DNA 的多态性成为可能。近 30 年来,分子标记技术得到长足发展,相继出现了多种分子标记技术。依据多态性检测手段,大致可将目前已有的分子标记分为三大类:

（1）基于 Southern 分子杂交技术的分子标记，如 RFLP 等；

（2）基于 PCR 技术的分子标记，如随机引物扩增多态性 DNA（Random Amplified Polymorphic DNA，RAPD）等；

（3）结合 PCR 和 RFLP 技术的分子标记，如扩增片段长度多态性（Amplified Fragment Length Polymorphism，AFLP）等。

另外，还有以 DNA 序列分析为核心的分子标记，如表达序列标记（Expressed Sequence Tag，EST）和单核苷酸多态性（Single Nucleotide Polymorphism，SNP）等。

8.1.2 DNA 指纹图谱

DNA 是一切生命物质的遗传基础，决定着生物性状。不同物种的遗传差异，在 DNA 水平上表现为碱基序列的不同，这些不同通常不会由于个体的生长和环境的改变而改变。将不同物种用 DNA 限制性内切酶或 PCR 引物随机扩增，产生的 DNA 片段长度不同，呈现出电泳谱带的差异，这种差异是特定物种所特有的，称为指纹图谱。

20 世纪 80 年代初期，人类遗传学家相继发现，在人类基因组中存在高度变异的重复序列，并命名为小卫星 DNA。它以一个基本序列（11～60 bp）串联排列，因重复次数不同而表现出长度上的差异。1987 年，人们利用人工合成的寡核苷酸（2～4 bp）作探针，探测到高度变异位点，即所谓的微卫星 DNA。以小卫星或微卫星 DNA 作探针，与多种限制性内切酶的酶切片段杂交，所得个体特异性的杂交图谱，即为 DNA 指纹。DNA 指纹技术作为一种遗传标记有以下特点：

（1）高度特异性

不同的个体或群体有不同的 DNA 指纹图。同一物种两个随机个体具有完全相同的 DNA 指纹图的概率为 3 000 亿分之一；两个同胞个体具有相同图谱的概率也仅仅为 200 万分之一。

（2）遗传方式简明

DNA 指纹图中的区带是可以遗传的。这些区带遵循简单的孟德尔遗传方式。卫星 DNA 是高度变异的重复序列，所检测的多态性信息含量较高。

（3）具有高效性

高分辨率的 DNA 指纹图通常由 15～30 条带组成，即一个 DNA 指纹探针或引物能同时检测基因组中数十个位点的变异性。也就是说，同一个卫星 DNA 探针可同时检测基因组中 10 个位点的变异，相当于数十个探针。由于卫星 DNA 不是单拷贝，难于跟踪分离群体中个体基因组中同源区域的分离。

目前，用于 DNA 指纹分析的分子标记技术有 RFLP、RAPD、AFLP、STS、CAPS 和 SSR 等，从它们的多态性和稳定性考虑，目前较实用的有 SSR（微卫星序列，又称简单重复序列）和 AFLP（扩增片段长度多态性）鉴定方法。

8.2　限制性片段长度多态性(RFLP)

8.2.1　RFLP 及基本原理

限制性片段长度多态性(Restriction Fragment Length Polymorphisms,RFLP),是指用限制性内切酶切割不同个体基因组 DNA 后,含同源序列的酶切片段在长度上的差异。20世纪 70 年代,限制性内切酶的发现使 DNA 变异研究成为可能,1978 年 RFLP 作为遗传工具由 Grodjicker 创立,1980 年由 Botstein 再次提出,并由 Soller 和 Beckman(1983)最先应用于品种鉴别和品系纯度的测定,这是第一个被应用于遗传研究的 DNA 分子标记技术。

其基本原理是:利用限制性内切酶能识别并切割基因组 DNA 分子中特定的位点。如果因碱基的突变、插入或缺失,或者染色体结构的变化而导致生物个体或种群间该酶切位点的消失或新的酶切位点的产生,用限制性内切酶消化基因组 DNA 后,将产生长短、种类、数目不同的限制性片段;这些片段经电泳分离后,在聚丙烯酰胺凝胶上呈现不同的带状分布;通过与克隆的 DNA 探针进行 Southern 杂交和放射自显影后,即可产生和获得反映生物个体或群体特异性的 RFLP 图谱,如图 8.1 所示。

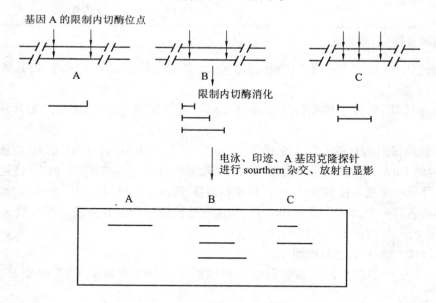

图 8.1　群体特异性的 RFLP 图谱

8.2.1.1　限制性内切酶及其作用特点

限制性内切酶(Restriction Endonuclease)是一类能够识别 DNA 特定碱基序列,并在特定位点水解外源 DNA 的 DNA 内切酶。目前已鉴定出有三种不同类型的限制性内切酶,即 I 型酶、II 型酶和 III 型酶。这三种不同类型的内切酶具有不同的特性,见表 8.1。其中 II 型酶,由于其内切酶活性和甲基化作用活性是分开的,其内切酶水解位点的 DNA 碱基序列是一定的,所以,其在基因工程、基因克隆和 DNA 分子标记等研究中有特别广泛的应用。例如,从大肠杆菌 R Ⅰ菌株中分离出的 EcoR Ⅰ内切酶属于Ⅱ型酶,其识别和酶切位点为 G↓ AATT↑C。在 DNA 分子中凡是有上述碱基序列的地方,均能被 EcoR Ⅰ "切断"。由于内切酶位点的特异性,特定的酶能将一段含有其识别位点的 DNA 稳定、精确地水解成若干个 DNA 片段,其片段的多少便取决于该 DNA 上此酶切位点的多少。不同 DNA 的酶切位点数和酶切片段数的关系有下列三种:

表 8.1　限制性内切核酸酶的类型及其主要特征

主要特征	Ⅰ 型	Ⅱ 型	Ⅲ 型
限制和修饰活性	单一多功能酶	分开的核酸内切酶和甲基化酶	具有一种共同亚基的双功能酶
寄主特异性位点序列	EcoB:TGA(N)$_8$TGCT[①] EcoK:AAC(N)$_6$GTGC[①]	旋转对称	EcoP$_1$:AGACC EcoP$_{15}$:CAGCAG
切割位点	在距寄主特异性位点至少 1 000 bp 处可能随机切割	位于寄主特异性位点或者其附近	距寄主特异性位点 3′端 24~26 bp 处
甲基化作用位点	寄主特异性位点	寄主特异性位点	寄主特异性位点
序列特异性切割	不是	是	是
在 DNA 分子标记等中的用途	无用	特别有用	用处不大

注:①指任何一种核苷酸。

(1)线状 DNA,其中有两个切割位点,那么水解后将得到 A、B、C 三个片段,即水解片段数=切点数+1;

(2)环状 DNA,其中有两个切点,那么水解后将得到两个片段,即水解后片段数=切点数;

(3)连续排列的直链重复片段,在植物基因组中就有不少,如 rDNA 基因、组蛋白基因等。这样的 DNA 片段的内切酶位点和水解片段数的计算与环状 DNA 相同,这是因为这些 DNA 片段中重复单位数较多,而且首尾相连接,若在重复单位中有一个位点,经酶水解后,除两端各有一个水解片段 A 和 C 外,其他均是长短一致的 B 片段。而片段 A 和片段 C 数量较少,一般方法不易检测到,可以忽略不计。

8.2.1.2　DNA 的变异类型

DNA 分子中限制性内切酶识别位点和切割位点的改变是由 DNA 的变异引起的。DNA 的变异有以下几种情况:

①碱基置换(例如 A 被 G 取代,C 被 A 取代等);

②单个碱基缺失或插入;

③一段 DNA 片段缺失或插入;

④一段 DNA 片段产生倒置;

⑤一段 DNA 片段产生相连性重复片段。

对一段特定的 DNA 来说,若上述第①、②、④种情况出现的位置正好在某个酶切位点上而改变了原碱基序列,那么此酶位点将会消失,但 DNA 总长度不变(一个碱基的增加或减少,普通电泳无法分辨);若第①、②、④种变化不处于酶切位点上,则有可能因序列的改变而增加一个酶切位点,但总长度并不改变;若发生上述第③、⑤种情况,酶切位点有可能减少,也有可能增加,但是不论增加或减少,这段 DNA 总长度均可发生变化。

8.2.1.3　RFLP-PCR 产物的电泳

在电场中,中性溶液中带负电的 DNA 分子将由负极向正极移动。将水解后的 DNA片段进行琼脂糖凝胶电泳或聚丙烯酰胺凝胶电泳,不同大小的 DNA 片段因为迁移率的不同而被分开,若同时以已知大小的一些 DNA 片段为标准进行电泳,因为 DNA 的迁移距离与其分子量的对数成比例,将已知大小的 DNA 片段及其电泳的迁移率绘制一标准曲线,能根据样品 DNA 片段的迁移距离查出其样品中 DNA 片段的大小。另外,现在也有一些计算机程序(例如 DFRAG303)可根据 DNA 的迁移距离直接计算出其分子量的大小。对不同个体植物的某些特定 DNA 片段,当用某些内切酶进行水解后,只要不同个体的这些DNA 片段发生了上述变化,便能在电泳的结果上反映出来。通过对这些个体的 DNA 片段的酶切结果进行酶切位点的变化和酶切片段长短的变化等的比较分析,将得出有关这些个体之间亲缘关系及进化机制等方面的结论。由于该方法是用限制性内切酶,而分析的内容是水解后的 DNA 片段多态性,因此称为限制性片段长度多态性(RELP)分析。

RFLP 是由 DNA 一级水平的变异造成的。然而,如果 DNA 变异的位点不在内切酶位点,变异则很难被检测到,这个缺陷可以用增加内切酶的种类来弥补。绝大多数内切酶识别位点的碱基序列是不同的,内切酶种类用得越多,被研究的 DNA 片段的覆盖面就越大。尽管 RFLP 不如 DNA 测序所得的信息全,但只要内切酶数量应用适当,便能得到较可靠的实验数据。

8.2.2　RFLP 的种类

8.2.2.1　以脉冲电泳为基础的 RFLP 技术

脉冲电泳(PFGE)的基本原理是所有超过一定大小的线状 DNA 分子在琼脂糖凝胶中的迁移速率相同。当线状 DNA 双链体的螺旋半径超过凝胶孔径时,即达到分辨率的极限,此时凝胶不能再按分子大小筛分 DNA,DNA 像通过弯管一样,以其一端指向电场一级而通过凝胶,这种迁移模式称为“爬行”。即使低浓度的琼脂糖也不能分辨大于 750 kb 的线状 DNA 分子。PFGE 脉冲电场凝胶电泳,有效地解决了这个问题,此方法为在凝胶上外加正交的交变脉冲电场。每当电场方向改变后,大 DNA 分子便滞留在爬行管里,直至沿新的电场轴向重新定向后,才能继续向前移动,DNA 分子越大,这种重排所需的时间就越长。若 DNA 分子变换方向的时间小于电脉冲周期,DNA 分子就可以按大小分开。由于技术的改进,现在已可分辨大于 5000 kb 的 DNA 分子。

核糖核酸分型法(ribo-typing)是另一种改良的 RFLP,是采用不同组合的限制性内切酶消化基因组 DNA,经电泳分离后与标记(同位素、生物素或荧光素)核酸探针进行杂交后而显示不同种群的 DNA 指纹图的差异。核糖核酸分型法(ribo-typing)是一个典型的RFLP 衍生方法,它是应用脉冲电泳分析法发展起来的新的实验技术,至今不过 10 年的发展历史,但由于它分离 DNA 分子的能力可达 10 Mb,使得在染色体基因组基础上的研究开创了新局面。目前已应用在真菌尤其是丝状真菌的分类中,也可用于香菇属、疫霉属以及酵母菌的种间鉴定。其基本原理和方法如下:

原理:细菌的基因组通常含有多个拷贝的 rRNA 基因操纵子,每个操纵子由 16S rRNA、23S rRNA、5S rRNA、tRNA 及间隔区序列组成。不同种群的 rRNA 基因操纵子中的片段序列存在差异,因而所产生的限制性片段具有多态性,有可能产生有用的分类学信息,而 rRNA 基因的保守性又使得利用一个单一的 rRNA 探针达到比较研究的目的成为可能。

技术路线:①内切酶消化染色体 DNA 及限制性片段的凝胶电泳分离,目前染色体 DNA 的提取、纯化、酶切均有高品质的试剂盒,操作简单可靠;②同位素标记核酸探针;③Southern 转印和杂交。

结果分析:①不同种群的特异的 RFLP 带谱需要特定的限制性内切酶产生;②当使用一种限制性内切酶消化染色体 DNA 时,所产生 RFLP 的带谱往往相似,难以显示物种间的差异,但几种限制性内切酶有机结合产生的 RFLP 带谱甚至可鉴别种内株间的差异;③如果使用同一标准分子量为对照,并使用统一的 RFLP 数据库,那么可将 RFLP 带谱作为未知菌株快速鉴定的方法之一;④当使用 rRNA 作为探针时,通过 RFLP 可鉴定不同种群的基因组所含的 rRNA 基因拷贝数。

低频限制性内切酶片段分析(LFRFA),由于 RFLP 分析的缺点是 DNA 酶切片段较复杂,难于比较。如果选用专一识别 6～8 个碱基序列的限制性内切酶,则 DNA 片段数量就会大大减少,这就是低频限制性内切酶片段分析(LFRFA)。LFRFA 被认为是目前分辨率最高的 DNA 分型法之一。因其酶切消化所得的片段减少,得到的 DNA 指纹图谱较简单,可用于细菌的聚类。但是,这样切出的 DNA 片段太大而不能用琼脂糖凝胶电泳分开,只能用脉冲场凝胶电泳(PFGE)分开。

PFGE 被认为是分子生物学分类方法的"金标准"。已经进行了很多针对用不同酶消化细菌产生的图谱的研究,PFGE 具有高分辨率且结果易于分析的,优于其他方法。通过计算机凝胶扫描,软件分析,可以建立对所有微生物的 PFGE 图谱的数据库,以便各菌株间的比较。Roy D、Ward P 等人利用 PFGE 对不同来源的双歧杆菌进行区分。Roussel Y 等人利用 PFGE 将 9 株生化特性具有明显区别的生产用菌株确定为嗜酸乳芽孢杆菌(Lactobacillus Acidophilus)。

PFGE 虽步骤简单,但耗时较长,需 2～3 天,这就降低了实验室分析大量样品的能力,使其应用受到限制。

8.2.2.2 以 PCR 为基础的 RFLP 技术

一般而言,细菌的基因组 DNA 较大,用现有限制性内切酶酶解得到的片段太多,且比较复杂,所以难以比较。但为了得到既简单又具有足够信息以计算不同菌株之间遗传距离的电泳图谱,人们将 PCR 技术与 RFLP 分析结合在一起,即利用 PCR 技术扩增普遍存在于细菌中的保守基因区域,再用特异的限制性内切酶对得到的特殊基因片段进行酶切、电泳和图谱分析(PCR-RFLP 分析)。用于这一目的的特殊基因主要是核糖体 RNA 基因,即 16S rDNA、23S rDNA 和 16S rDNA～23S rDNA 基因的间隔区序列,此外根瘤菌的结瘤基因和固氮基因等也曾用于 PCR-RFLP。

不同核糖体 RNA 基因的 PCR-RFLP 分析,在细菌分类中的作用不同。16S rDNA PCR-RFLP 是细菌分类中应用最广的快速分群方法。在这一分析中,只要内切酶选择合适,分析结果则与 16S rDNA 序列分析结果具有很好的一致性。许多研究结果表明,

16S rDNA PCR-RFLP 指纹图谱具有种的特异性,与数值分类和 DNA 同源性分析同时使用,可较好地对细菌进行种水平的分类。23S rDNA 比 16S rDNA 分子量大,包含更多的遗传信息,但将其应用于分类并不像 16S rDNA 那样普遍和成熟。Rerefework 等人对不同种的根瘤菌菌株进行了 23S rDNA PCR-RFLP 和 16S rDNA PCR-RFLP 分析,两种分析技术的结果具有较好的一致性,但对不同种发育地位的确定仍存在一定的差异,因此认为 23S rDNA PCR-RFLP 分析在细菌分类中的作用还无法作出最后的结论。16S rDNA ~ 23S rDNA基因的间隔区序列(Inter Genic Space,IGS)是一种多拷贝的 DNA 短片段,其长度和序列的变异程度大,将其扩增后用多位点内切酶消化可得出种、亚种、生物型甚至菌株水平特异的 DNA 指纹图谱用于分类。IGS-RFLP 分析比 23S rDNA PCR-RFLP 和 16S rDNA PCR-RFLP 分析更灵敏,近年来在细菌种及种以下水平的分类鉴定中应用得越来越普遍。

rDNA PCR-RFLP 分析不仅具有 PCR 简单快速、样品用量少、可直接从细胞中扩增的特点,同时避免了昂贵的序列分析费用和放射性同位素的使用,在普通的实验室中即可进行,因此这一方法已广泛应用于细菌的鉴定、分类和物种多样性的研究中。

8.2.3　RFLP 的操作步骤

进行 RFLP 分析要做生物学和技术两方面的考虑和选择。前者是选择 DNA 序列对象;后者选择应根据变异类型 DNA 种类而确定,包括 DNA 制备、限制性内切酶消化、电泳分离与鉴定等几步。

8.2.3.1　DNA 的制备方法

微生物基因组 DNA 的提取是整个实验过程中十分关键的一步。提取 DNA 方法的最佳选择应根据所用材料和所分析序列的类型而定。提取 DNA 的质与量应首先满足 PCR 的要求。PCR 只要求纳克数量的 DNA 作为扩增的模板,我们推荐采用小规模制备细胞总 DNA 的方法(试剂盒),小规模制备会有足够的产率提供 PCR 用,而且因为量小也便于采取各种纯化措施。提取细胞总 DNA,然后用引物将要分析的 DNA 片段扩增出来供酶切用,如果已知所要分析序列的两边有高度保守的区域,那么用极微量的总 DNA 通过 PCR 会有把握将该序列扩增出来,然后直接进行酶切。这种 PCR-RFLP 分析对测定细胞器 DNA 和单拷贝的核基因的变异特别有用。当前可在国际互联网上方便地查到多种设计引物的软件,可通过查询 DNA 数据库获得设计引物所需 DNA 序列。

8.2.3.2　PCR 引物的选择

由于引物限定了研究中目的基因和种系发生的特异性,因此确保所用的引物能鉴别非目的序列和目的序列是非常重要的,两条引物必须与尽可能多的目的片段匹配,并且至少有一条引物能鉴别所有的非目的片段,同时要知道所用引物的缺陷。选择引物的第一步是找出基因中有差别的区域,也是最重要的一步。然后是检查引物的退火温度和检查是否会形成引物二聚体。如果引物二聚体在一开始的几个 PCR 循环中被 DNA 聚合酶延伸的话将会导致全长目的片段的产量急剧下降。

8.2.3.3　PCR 条件

针对所用引物,PCR 条件需要优化。PCR 对退火温度十分敏感,升高引物的退火温度可以提高引物的特异性结合,但是如果退火温度太高会影响引物与模板的结合,从而降低 PCR 扩增的效率。其他一些经常需要优化的条件包括 Mg^{2+} 浓度、引物的浓度、模板的质量和浓度等。Mg^{2+} 浓度对 PCR 的扩增效率影响很大,浓度过高会降低 PCR 扩增的特异性,浓度过低则会影响 PCR 扩增的产量,甚至使 PCR 扩增不出条带。引物的质量和浓度及两条引物的浓度是否对称,是 PCR 失败或扩增条带不理想的常见原因。模板的质量和浓度对 PCR 扩增的影响同样十分重大,如果模板中含有杂质蛋白,特别是染色体中的组蛋白,以及含有酚等其他杂质或有 Taq 酶抑止剂等都会对 PCR 扩增产生严重影响,因此对模板的质量要求较高。极端数量的模板 DNA 或 PCR 循环数会导致非目的扩增子的假的扩增,它们在琼脂糖凝胶电泳时通常作为背景污点 DNA 出现在正确的 DNA 条带位置的上面或下面。

8.2.3.4　DNA 片段的扩增与酶切

待 PCR 条件选择好以后,根据两边序列设计的引物对要分析的序列进行扩增。然后用某个软件(如 DNASIS)将该序列的酶切位点以及相应的内切酶查出来。尽管很多限制性内切酶在直接处理 PCR 产物时同样具有较高的效率,但由于 PCR 产物中可能存在一些影响酶切效率的杂质,通常需要先将 PCR 产物进行纯化后再进行酶切。酶的选择主要取决于要得到多少位点,一般用裂解 4 bp 序列的酶比裂解 6 bp 序列的酶得到的位点多,但实际操作时并不一定去选择切点多的酶,切点多意味着得到的酶切片段多,如果这些片段在大小上相差不大,则它们难以在电泳胶上分离。识别序列中碱基的组成也很重要,如果某酶的识别序列富含 GC,那么它在 GC 含量低的序列中的切点就少。

8.2.3.5　酶切片段的电泳分离与鉴定

对要分析的 DNA 序列进行酶切后将产生大小不同的片段,然后根据它们分子量的大小通过琼脂糖凝胶或聚丙烯酰胺凝胶电泳进行分离与鉴定,这些片段在电泳胶上的迁移率随胶的浓度和电泳缓冲液而变。若运行琼脂糖凝胶电泳,通常用 0.6% ~2.0% 的胶浓度和缓冲液 TAE 或 TBE,TAE 对大片段有较好的分离效果,但对小片段的分辨较差,琼脂糖对 300 bp ~20 kb 的片段能精确分辨。若运行聚丙烯酸胺电泳,通常用 3.5% ~6.0% 的丙烯酸胺,它能对 10 bp ~1 kb 的片段提供好的分辨。制备琼脂糖凝胶比较方便,既可做水平胶又可做垂直胶,较厚的水平胶便于制备分离 DNA,但胶界面上 DNA 浓度不应超过 1 μg/mm。聚丙烯酰胺凝胶一般做成垂直胶,可以制备得较薄(0.5 ~1 mm)以便于分析 100 bp 以下的片段。有时为了使所有的片段得到精确的分辨可对同一样品同时用两种胶进行电泳。

DNA 的纯度要求很高,为了检测电泳分离后的 DNA 片段,最简单易行的方法是直接染色。最常用的染料是溴化乙锭,价格便宜且操作简单,它与 DNA 结合后在紫外光下产生荧光,染色强度与 DNA 浓度和片段大小成比例,用此法检测 DNA 的最小量约 2 ng,其灵敏度有限。因此,在电泳上要检测小片段需有较大的 DNA 上样量,例如酶解一个 10 kb 序列,若要在电泳胶上见到 22 bp 片段,至少需要 100 ng 的上样量。溴化乙锭是致癌物质,操作时需小心谨慎,必须要戴手套。银染的灵敏度高得多,它能检测 DNA 的最小量是 10 ~100 bp,此法配合聚丙烯酰胺电泳在 PCR-RFLP 分析中广泛应用。

8.2.3.6　RFLP 序列分析及构建系统发育进化树

将 RFLP 图谱中条带片段不同的样品进行测序。将所得的序列到 BLAST database 中进行比对,并且到 Ribosome Database Project Ⅱ 中检验是否为嵌合体,若发现是嵌合体则排除。将那些被证实没有成为嵌合体并且与 BLAST database 中的 16S rDNA 相似的序列进行系统进化分析。将序列相似性在 98% 以上的克隆子归为同一序列型。最后就是建立系统进化树,最常用的建立系统进化树的软件是 PHYLIP 和 PAUP。

建树的方法主要有两种:一种是基于距离的建树方法;另一种是基于特征符的建树方法。距离建树方法是根据双重序列比对的差异程度来建立进化树,其优点是计算强度小,可以使用序列进化的相同模型,缺点是屏蔽了真实的特征符数据。最常用的基于距离建树的方法包括不加权配对组算术方法和相邻连接方法。基于特征符建树的常用方法是最大节约法和最大似然法。最大节约法是一种优化标准,是对数据最好的解释也是最简单的,所需要的假定也最少。最大似然法对系统进化问题进行了彻底搜查,期望能够搜索出一种进化模型,使得这个模型所能产生的数据与观察到的数据最相似。为了评价所构建的克隆文库是否足够大,以确保能获得稳定的序列型丰度,可采用 SACE 和 SChaoI 两个非参数丰度评估指数来评估文库的大小。

8.2.4 RFLP 技术的特点

RFLP 作为遗传标记具有其独特性:第一,标记的等位基因是共显性的,不受杂交方式制约,即与显隐性基因无关;第二,检测结果不受环境因素影响;第三,标记的非等位基因之间无干扰。与传统的分子标记技术相比,RFLP 技术具有以下优点:

(1)因为它由限制性内切酶切割特定位点产生,所以可靠性较高;

(2)来源于自然变异,依据 DNA 上丰富的碱基变异不需任何诱变剂处理;

(3)多样性。通过酶切反应来反映 DNA 水平上所有差异,在数量上无任何限制;

(4)共显性。RFLP 能够区别杂合体与纯合体。

但是 RFLP 指纹技术也有缺陷,如需要大量的 DNA、操作烦琐、相对费时、需要使用放射性同位素,具有种属特异性,只适应单/低拷贝基因,而且多态位点数仅为 1~2 个,多态信息含量低,仅为 0.2 左右。

20 世纪 80 年代,随着 PCR 技术的出现与发展,PCR-RFLP 技术应运而生。它提高了 RFLP 的分辨率,降低了技术难度,并且可用生物素标记探针代替放射性探针以避免污染。线粒体 DNA 的研究使 RFLP 的应用有了进一步的发展。由于 mtDNA 结构简单、分子量小(仅 15.7~19.5),适合于 RFLP 分析,而且其不受选择压力的影响,进化速度快,适合于近缘物种及种内群体间的比较。另外,mtDNA 属母性遗传,一个个体就代表一个母性群体,有利于群体分析,用有限的材料就能反映群体的遗传结构,因此 mtDNA-RFLP 指纹技术用于 DNA 的研究有其独到优势。

8.2.5 RFLP 分析技术在环境微生物检测中的应用

DunbAr 等人利用分离培养物和直接从土壤中提取的 16S rDNA 基因的 RFLP 图谱,分析了松树根圈土壤和树间的土壤微生物的群落结构,通过 RsA I 和 BstU I 两种限制性内切酶分别分析了 179 种分离培养物和 801 种直接从土壤中提取的 16S rDNA 基因的 RFLP 图谱,发现从土壤中直接提取的有 498 种系统型而在分离培养物中却只有 34 种,并且还发现松树根圈土壤中的微生物丰富度大于树间的土壤。

魏玉利等人从黑潮源区采集上层沉积物,进行 DNA 提取,以细菌和古菌的 16S rDNA

通用引物 PCR 扩增黑潮源区沉积物中细菌和古菌群落的 16S rDNA,并构建细菌古菌的
16S rDNA 文库,经限制性片段长度多态性分析,DNA 序列测定和系统发育分析,对黑潮源
区表层沉积物的细菌和古菌多样性进行了研究。研究结果表明:黑潮源区细菌包括了变
形杆菌(*Proteobacteria*)、酸杆菌(*AcidbActerium*)、浮霉菌(*Planctanycene*)、疣微菌
(*Verrucomicrobia*)、*Candidate division* OP8 和拟杆菌(*Bacteroidetes*)共 6 个类群,其中变形杆
菌是优势类群。古菌包括了泉古菌(*Crenarchaeota*)和广古菌(*Euryarchaeota*),其中泉古
菌占优势;泉古菌包括 MCG、C3、MBGA 和 MGI 4 个类群,而广古菌包括 SAGMEG、MBGE
和 MEG 3 个类群,其中 MBGE 是优势类群。

　　为研究东太平洋海隆深海热液区沉积物微生物的多样性,刘欣等人从提取东太平洋
海隆区深海热液系统沉积物样品的总 DNA,构建沉积物中的细菌 16S rDNA 克隆文库,通
过 PCR-RFLP 分析与序列测定,对沉积物中的微生物类群及其与环境的关系进行了分
析。结果表明,该海区沉积物中的 36 个克隆代表的 22 种基因型分别属于 7 个主要类群,
其中变形菌(*Proteobacteria*)的 γ-亚群为优势菌群,α-和 β-亚群也均有分布;而硫氧化相
关共生菌的属(*Sulfur-oxidizing Symbionts*)为优势种属,系统发育分析表明,在该沉积物中
细菌主要是跟共生有关,跟 C、S 代谢相关,大多还能在无氧和高温环境的条件下生存,说
明采样点具有典型的深海热液生态系统的特点,甲烷代谢和硫代谢在该区域的深海物质
能量循环中占据着重要地位。另外大量新的极端微生物的存在,预示着该区域的微生物
资源的开发潜力。

　　采用淹水培养后的模拟铬污染土壤为供试材料,污染土壤修复处理方式为淹水处理
10 d(S_2),添加 Fe(OH)$_3$ 并淹水 10 d(S_3)及 20 d(S_4),以土壤自然淹水处理为对照(S_1)。
采用三种方式直接提取土壤中总细菌 DNA,利用细菌专一引物 63F/1387R 克隆细菌 16S
rDNA 片段。将扩增片段与 pMD19-T 载体进行连接反应,转入大肠杆菌 JM109 中,建立
土壤细菌 16S rDNA 克隆文库。利用菌落 PCR 方法,通过蓝白斑筛选随机挑取约 200 个
阳性克隆子,用 pMD19-T 载体通用引物 M13 重新扩增插入的 16S rDNA 片断。将纯化后
的菌落 PCR 产物用 RsA I 消化,酶切产物经 8% 丙烯酰胺凝胶电泳分离,银染显色,形成
了各个克隆文库的 RFLP 图谱。根据 RFLP 图谱得到细菌种群多样性数据,采用 α 和 β
多样性测度统计分析不同处理土壤细菌多样性指数。采用 HhA I,将 S3、S4 中突出的优
势细菌群落 16S rDNA 再次酶切(图 8.2 和图 8.3)。选取仍然呈优势的克隆子测定序列。
将测序结果提交 NCBI 经 BLAST 比对,得到同源序列及种信息。采用 ClustAlX 和 MegA3.
1 构建系统发育树,分析优势细菌种群间的遗传关系。

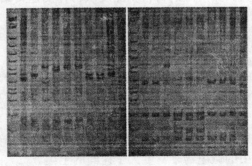

图 8.2　S_3 土壤细菌 16S rDNA Rsa I、Hha I 部分酶切图谱

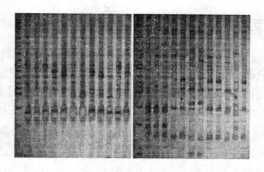

图 8.3　S_4 土壤细菌 16S rDNA Rsa Ⅰ、Hha Ⅰ部分酶切图谱

　　段思蒙等人利用限制性内切酶片段长度多态性(RFLP)和 16S rDNA 序列分析相结合的方法研究了广西南宁高峰林场人工桉树林中土壤微生物的群落结构。通过采用直接法提取桉树人工林土壤中微生物总 DNA,构建细菌的 16S rDNA 克隆文库,从中随机挑取了 192 个阳性克隆进行检测,分析显示 188 个阳性克隆子确定含有 16S rDNA 并分归为 52 个不同的类群 OTUs,随机挑取其中 35 个克隆子进行测序,并构建了系统发育进化树。研究表明,桉树人工林地土壤微生物群落由 Acidobacteria、Proteobacteria、Firmicutes、Planctomycetes、Actinobacteria、Verrucomicrobia、待分类门 TM7 和部分尚未分类的细菌等 8 大类群组成,且酸杆菌门(*Acidobacteria*)和变形菌门(*Proteobacteria*)是该克隆文库中的优势细菌类群;和福州森林红壤细菌群落结构中只含有 3 大类群细菌相比,群落结构较复杂,细菌种类较丰富。

8.3　随机扩增多态性(RAPD)

8.3.1　RAPD 技术的产生与发展

　　随机扩增多态性(Random Amplified Polymorphic DNA, RAPD)技术是 1990 年 Williams 和 Welsh 两个实验室几乎同时建立的一种运用随机引物扩增基因组寻找多态性 DNA 片段作为分子标记的新技术。Williams 将 PCR 扩增中使用的特定引物巧妙地改为单一的仅有 10 个碱基的随机序列引物。而 Welsh 则使用几组通用引物,通过设置 PCR 扩增参数也达到了产生物种特异性的 DNA 指纹图谱。尽管 RAPD 技术诞生的时间较短,但因其快速、简便的特点而在物种分类和亲缘关系鉴定、基因组分析等方面得到广泛应用,还用于在 DNA 水平上反映微生物群落的多样性。

　　RAPD 是一种建立基因组 DNA 指纹图谱多态性的分析技术,它利用一系列(通常数百个)不同的随机排列碱基顺序的寡聚核苷酸单链(通常为 10 聚体)为引物,对所研究基因组 DNA 进行 PCR 扩增,聚丙烯酰胺或琼脂糖电泳分离,经 EB 染色或放射性自显影来检测扩增产物 DNA 片段的多态性,这些扩增产物 DNA 片段的多态性反映了基因组相应区域的 DNA 多态性。

8.3.2 RAPD 技术的基本原理及特点

RAPD 技术利用一系列随机引物,以 DNA 为模板,通过基因放大器进行多态性 DNA 片段的随机合成。如果某一引物与某一片段的模板 DNA 具有互补的核苷酸顺序,则该引物就会结合到单链的模板 DNA 上,在具有 4 种游离 dNTPs 的情况下,通过 DNA 聚合酶连接,DNA 链就会从引物的 3'-OH 端开始,某一引物可能会与单链 DNA 的许多地方结合,但只有在 2 000 个碱基对以内,存在反向平行的某一引物互补的双链 DNA 分子,才可能将合成的新链作为下一次合成的模板。这个反应由 3 个不同温度的反应步骤连续循环所组成。第一步,欲扩增 DNA 双链的变性,DNA 双链在 92 ~ 94 ℃加热变成单链,快速冷却阻碍了单链 DNA 的重新结合。第二步,退火,随寡核苷酸引物互补地靠在 DNA 模板链的目标位置上。如图 8.4 所示,退火温度通常在 35 ~ 39 ℃,对于理想的 RAPD 技术条件按经验必须优化。第三步,适温延伸,共进行 35 ~ 45 次循环。扩增产物通过聚丙烯酰胺或琼脂糖凝胶电泳分离,经 EB 染色来检测扩增片段的多态性。

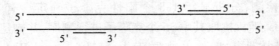

图 8.4　寡核苷酸与基因组 DNA 的结合

RAPD 所用的一系列引物其序列各不相同,但对于任一特定的引物,它同基因组 DNA 有特定的结合位点。如果这些结合位点在基因组某些区域内的分布符合 PCR 扩增的条件,就可扩增出 DNA 片段。因此,如果基因组在这些区域内发生 DNA 片段插入、缺失或碱基突变就可能导致这些特定位点分布发生相应的变化,而使 PCR 产物增加、缺少或发生分子量的改变。因此通过对 PCR 产物的检测即可测出基因组 DNA 在这些区域的多态性。由于进行 RAPD 分析时可用引物数量很大,虽然对每个而言其检测基因组 DNA 多态性的区域是有限的,但是利用一系列引物则可以使检测区域几乎覆盖整个基因组。因此 RAPD 可以对整个基因组 DNA 进行多态性检测。

RAPD 与 PCR、RFLP、DNA 指纹图技术相比,有如下特点:

(1)可在缺乏受试物种任何分子背景下,直接对基因组进行多态性分析,该技术不需 DNA 探针构建这些物种的基因指纹图谱,并通过统计学分析为遗传分析和分类研究提供 DNA 分子水平的证据。设计引物也不需要知道序列信息;扩增引物没有物种的限制,一套引物可用于不同物种基因组分析。这是其他方法(如 RFLP 等)进行此类研究所不能达到的。

(2)扩增引物没有数量上的限制,用一个引物就可扩增出许多片段,可以囊括基因组中所有位点(一般来说,一个引物可扩增 6 ~ 12 条片段,但对某些材料可能不能产生扩增产物),而且相对于具有种族特异性的 RFLP 标记而言,RAPD 引物可以大规模生产形成商品化,这大大降低了研究费用。总的来说,RAPD 在检测多态性时是一种相当快速的方法。

(3)技术简单。RAPD 分析不涉及 Southern 杂交、放射自显影或其他技术,一次 RAPD 扩增实际就是一次简单的 PCR 反应,可进行大量样品的筛选。

(4)RAPD 所需模板 DNA 量极少。一般来说,一次扩增只需 10 ~ 50 ng DNA,这对于濒危动植物的基因组分析是十分有效的。

（5）RAPD 标记一般是显性遗传（极少数是共显性遗传），这样对扩增产物的记录就可记为"有/无"，但这也意味着不能鉴别杂合子和纯合子。

由于影响 RAPD 反应的因素很多，条件稍有变化，结果就不稳定，RAPD 分析中存在的最大问题是重复性不太高，因为在 PCR 反应中条件的变化会引起一些扩增产物的改变；但是，如果把条件标准化，还是可以获得重复结果的。此外，由于存在共迁移问题，在不同个体中出现相同分子质量的滞后，并不能保证这些个体拥有同一条（同源）片段；同时，在胶上看见的一个条带也有可能包含了不同的扩增产物，因为所用的凝胶电泳类型（一般是琼脂糖凝胶电泳）只能分开不同大小的片段，而不能分开有不同碱基序列但有相同大小的片段。

8.3.3　RAPD 技术操作程序

8.3.3.1　模板 DNA 的制备

RAPD 只需极少量的 DNA 作为模板，对 DNA 提取的质量要求也不高，Smith 和 Caetano-Anolles 等人发现，当 DNA 模板的最适浓度确定后，各种方法提取的 DNA 均能获得一致的扩增结果，模板中少量的蛋白质和 RNA 对扩增结果无影响，由此可见，RAPD 对模板的质量要求不高，为提高效率，可以采用一些简单快速的基因组 DNA 提取方法。模板量从 10～25 ng 均可以观察到多态性带。这为那些还无法离体培养大量繁殖的物种的分子标记提供了可能。

8.3.3.2　DNA 模板的浓度

DNA 模板浓度的适宜范围较大。Devos 和 Gale 的研究结果显示在 200～400 μg/L 扩增结果基本一致。Ellsworth 等人认为模板的最适质量浓度为 12～14 mg/L。而陈永久等人的实验结果显示当模板 DNA 浓度变化较大时，不同浓度之间的扩增结果会有差异。总之，模板 DNA 的用量有一个适宜的变动范围，这个范围往往较大，所以，制备模板 DNA 时，在一开始就应达到不同样本之间浓度的统一，在进行正式 PCR 扩增之前，都应做 DNA 模板浓度梯度实验，来选取最佳的模板浓度。

8.3.3.3　随机引物的选择

随机引物系列已商品化，根据生产厂家 GC 含量不同等分成多个系列，见表 8.2。高 GC 生物含量的引物扩增谱带是其他引物的 2 倍多，但多态性的分子标记结果是一样的。

表 8.2　美国生产厂家生产不同引物的核苷酸序列

引物名称	OPW	OPA	CRL
核酸序列	OPW01	OPA-1	CRL-01
	CTCAGTGTCC	CAGGCCCTTC	CCAGCGCCCC
	OPW02	OPA-11	CRL-02
	ACCCCGCCAA	GACAGGAGGT	CTGGCCGCCG
	OPW03	OPA-12	CRL-03
	GTCCGGAGTG	CAGTGCTGTG	CCGCCGCCGC
	OPW04		CRL-04
	CAGAAGCGGA		GCCCGCTGCC
	OPW05		CRL-05
	GGCGGATAAG		CCAGCGTCCC
GC 含量	60～70	60～70	90～100

8.3.3.4　MgCl₂ 浓度

Mg^{2+} 是 *Taq* DNA 聚合酶实现其聚合反应所必需的。Mg^{2+} 的浓度对反应的特异性和扩增效率都有影响。Mg^{2+} 浓度过高会使非特异性扩增产物增加,过低则使扩增产物减少。目前较为一致的看法是 $MgCl_2$ 在反应体系中的终浓度应为 2 mmol/L 左右。

8.3.3.5　扩增反应

(1)DNA 多聚酶的用量

Taq 酶的用量对反应的结果有很大影响。酶量过大,特异性减少,扩增产物的电泳呈弥散状,使反应背景不清晰,而太少则影响反应产量。实验表明,PCR 反应总体积为25 μL时,0.8 U 的 *Taq* 酶较合适,可以得到可重复的清晰条带。另外,使用同一商标的 *Taq* DNA 聚合酶对获得重复性结果是必需的。不同厂家的 *Taq* 酶扩增的 RAPD 结果有差异,这可能是因为不同厂家从不同的菌株上分离的 *Taq* DNA 聚合酶活性上有差异。

据有关文献显示,由于 *Taq* DNA 聚合酶的纯度不同,在其他条件完全相同时,可以得出完全不同的实验结果,这也是不同实验室之间结果不能重复的一个重要原因。*Taq* 酶应不含任何细菌的 DNA,这就要求生产厂家严格生产,但有时却难以达到,而 *Taq* 酶的污染直接影响到实验的真实性。因此在正式实验之前,一定要对 *Taq* DNA 聚合酶的纯度进行检测,分别用不同引物做空白对照反应。

(2)退火温度的选择

RAPD 的引物是随机寡核苷酸,可能仅有部分与模板 DNA 同源,为使引物与模板最大限度地配对,一般采用较低的退火温度,但同时也带来非特异带的干扰,退火温度低,存在潜在的错配现象。所以,退火温度的控制,对实验的准确性、重复性非常重要。以往有些实验存在重复性差的问题,很可能与退火温度控制不准有关。但 Emily 等人采用Touch-down 退火方法实验显示,退火温度改变为41 ℃、39 ℃、38 ℃、37 ℃、36 ℃、35 ℃和31 ℃时,对扩增产物并无影响。带型非常特异与只在 36 ℃退火温度下的带型一致。实验曾对 11 个引物(每个引物含 10 个核苷酸)扩增体系做了比较,发现若保持嘌呤-嘧啶比率不变,无论从 3′端或从 5′端只改变一个碱基,在同一模板下会产生完全不同的带型,这说明了随机引物与模板的结合是非常特异的。

(3)脱氧核糖核苷酸(dNTP)的用量

理论上高浓度的脱氧核糖核苷酸(dNTP)在 DNA 合成扩展中应有更高的效率,但实际上 DNA 扩展还受其他成分的影响,一般约 0.6 mmol/L dNTP 足够产生清晰的 DNA 产物带。

(4)扩增循环数

循环数影响 PCR 最终产量,常采用两步法。最先 5 个循环后,条件不变再循环 20 ~ 30 次,可减少背景的污染。循环程序为 94 ℃ 3 min;模板 DNA 变性;94 ℃ 2 min;35 ℃ 1 min;72 ℃延伸 5 min,4 ℃保存备用。

(5)电泳检测

扩增反应结束后,每个样品取 2 μL 扩增产物,在 2% 琼脂糖凝胶上电泳,约 2 h 后溴化乙锭染色,紫外灯下观察扩增的 DNA 带并照相,通过比较即可找出不同样品 DNA 带型的差异。

8.3.4　RAPD 技术在环境微生物领域的应用

8.3.4.1　RAPD 在微生物分类鉴定中应用

（1）在原核生物分类中的应用

用于微生物分类的传统方法如培养特性、表型特征、生理生化特点等已不能完全准确、可靠地鉴别不同的型或亚型,正被迅速发展的 DNA 标记技术所取代。RAPD 分型、分类鉴别方法越来越受到广泛的关注。有关实验以随机引物"1254"（含 10 个寡聚核苷酸碱基）扩增鉴别了 20 种不同血清型的沙门氏菌,并进一步把 RAPD 扩增片段克隆到载体上,以地高辛杂交标记探针验证相关的 RAPD 带,结果证明 RAPD 技术对沙门氏菌基因分型是完全适用的。用限制性内切酶质粒分析法（Restriction Enzyme Assay,REA）与 RAPD 同时鉴别比较 2 株金黄色葡萄球菌流行株和 8 例感染病人金黄色葡萄球菌,RAPD 与 REA 所得结果一致。也有实验证明,RAPD 在鉴别污染食品和环境的肠道细菌方面也取得了很好的效果。

（2）在 Frankia 分类鉴定中的应用

Frankia 是一类共生固氮放线菌,能与多种树木形成根瘤。目前共有 8 个科,25 个属,超过 300 个种,有极丰富的生物多样性。Frankia 在自然界与宿主植物共生,无法进行实验室纯培养,所以对 Frankia 的研究进展较慢。自 1978 年首次获得纯培养菌株以来,很多株 Frankia 菌得到分离培养,但培养周期较长,这给 Frankia 菌的进一步分类研究带来困难。传统的分类方法基于 Frankia 的培养形态学、细胞化学、16S rRNA 序列、固氮能力、对植物的感染性及与植物的共生关系等,但仅依靠这些方法分类 Frankia 到种或亚种是很困难的。

20 世纪 90 年代以来,各种分子生物学方法陆续用于 Frankia 的分类及系统发育研究。但是,由于采用的方法不同,样品采集地点范围不同,所涉及物种相对较少等,使众多的研究成果缺少可比性,至今仍没有形成一个综合全面的 Frankia 分类到种的方法。RFLP 较早用于 Frankia 的分类,并用于研究固氮基因与可感染植物的关系,发现培养菌株经传代培养后易发生变异而不同于起始菌,这往往给实际分类带来误差。如一固氮基因编码固氮基因酶复合体,负责根瘤的形成和发展,发生变异后用探针查不到固氮基因,但用酶实验仍能测到具侵染性的酶,说明其仍是固氮菌。所以,如果直接检测植物中的根瘤菌,其分类鉴定会获得更准确的结果。

此后,又出现了 LFR-FA（Low-Frepuency Restriction Fragment Analysis）分析方法,以有较少酶切位点的酶切割菌体 DNA,比较其同源性,但由于片段较大,所以含同源基因较多,区别种内细微差别不是很有效。另一些方法如 16S rRNA 扩增,ARDRA、REP-PCR 等都在 Frankia 系统发育和分类研究中发挥了很大作用,但这些方法均以属间甚至原核生物普遍存在的高度保守序列为引物设计基础,通过比较其变异程度和同源相关性评价其系统发育和鉴别物种。由于产物同源保守性强,也给种内或亚种的区分鉴别带来问题。RAPD 由于不需设计特异的引物,一次可获得大量 DNA 多态性片段,这为在同一属或群下分类鉴别不同 Frankia 种或亚种提供了潜在可行的方法。

8.3.4.2　RAPD 在生物遗传多样性研究中的应用

目前,RAPD 技术在污染毒理学研究中应用较多,主要以动物和植物为主,而微生物方面应用较少。如用 RAPD 方法分析了农业化学污染物对 4 个土壤微生物群落的 DNA 序列多样性的影响,用 14 个随机引物,有 12 个引物扩增出共 155 个可靠的片段,其中 134 个具有多态性,经过对 DNA 序列多态性的分析和 DNA 丰度、修饰丰度、Shannon-Weaver 指数和相似性系数的计算,结合土壤微生物生物量的测定,结果表明农业土壤化学物质可在 DNA 水平上影响微生物多态性。

　　陈杰娥等人采用随机扩增多态性 DNA(RAPD)方法研究了厌氧氨氧化污泥驯化过程中微生物遗传多样性的变化,并对接种物不同的 3 个反应器中的微生物进行了聚类分析。在污泥驯化培养过程中,3 个反应器内的微生物发生了较明显的遗传变异,以缺氧污泥接种(R2)的反应器中微生物在驯化过程中的 Nei 基因多样性指数和 Shannon 信息指数均较高(见表 8.3),遗传变异较大。硝化污泥中存在与厌氧氨氧化细菌亲缘关系较近的菌种,更适宜作为接种物驯化培养厌氧氨氧化细菌。以好氧污泥作为种泥启动反应器,通过培养硝化污泥再转入厌氧氨氧化驯化,这种驯化途径优于以缺氧污泥和厌氧污泥启动反应器的途径。

表 8.3　3 个系列样品的 Shannon 信息指数和 Nei 遗传多样性指数

引物	Shannon 信息指数			Nei 遗传多样性指数		
	R1	R2	R3	R1	R2	R3
E04	0.346 7	0.428 8	0.292 1	0.236 7	0.285 7	0.190 5
E15	0.382 1	0.478 4	0.344 7	0.265 3	0.326 5	0.233 3
E18	0.518 6	0.398 1	0.305 2	0.363 6	0.269 4	0.211 0
E19	0.341 6	0.427 1	0.305 3	0.220 4	0.299 3	0.211 1
E20	0.421 1	0.440 2	0.466 3	0.274 6	0.299 3	0.321 0
平均	0.364 1	0.434 7	0.343 4	0.241 1	0.297 0	0.234 3

8.4　扩增的限制性片段长度多态性(AFLP)

8.4.1　AFLP 技术的基本原理

　　AFLP(Amplified Fragment Length Polymorphism)是 1992 年由荷兰科学家 Zabeau 和 Vos 发展起来的一种检测 DNA 多态性的新方法。由于它具有重要的实用价值,一出现就被 Keygene 公司以专利形式买下。

　　AFLP 技术作为第二代分子标记技术是在 RFLP 和 RAPD 的基础上发展起来的一项 DNA 指纹新技术,该方法同时结合了 RFLP、RAPD 和 DGGE 三者的优点,既具有 PCR 的高效性、安全性和方便性的特点,又具有 RFLP 可靠性好、重复性高的优点,同时还兼有 DGGE 技术的高效性,不需要了解基因组信息,且只需少量纯化的基因组 DNA 即可对整个基因组 DNA 酶切片段进行选择性扩增,适合于所有基因组的检测,因此被广泛应用于基因研究的各个领域。

　　基本原理是利用限制性内切酶切割基因组 DNA,形成酶切位点不同、分子量大小不等的随机性酶切片段。然后将所产生的限制性片段两端分别连接一双 DNA 接头,接头长度一般是 14~18 bp,由核心顺序和内切酶位点特异序列组成,接头与基因组 DNA 的酶切片段相连接作为扩增反应的模板,再根据 DNA 接头及酶切位点的碱基序列,设计一系列 3′末端含数个选择性碱基的 PCR 引物。因此在基因组被酶切后的无数片段中,只有一小部分限制性片段被扩增,即只有那些与引物 3′端互补的片段才能进行扩增,称为选择性扩增。为了对扩增片段的大小进行灵活的调节,一般采用两个限制性内切酶。一个是切点多的酶,例如具有 4 碱基识别位点的 *Msp* I,它产生较小的 DNA 片段,另一个是切点少的酶,例如具有 6 碱基识别位点的 *EcoR* I,它产生较大的 DNA 片段。上述两种酶产生三种酶切片段,理论上 90% 以上为 *Msp* I-*Msp* I 片段,只有一小部分为 *EcoR* I-*EcoR* I 片段,*EcoR* I-*Msp* I 片段为 EcoRI 酶切位点数的两倍左右,扩增的片段主要是两个酶的组合产生的酶切片段。最后特异性片段经变性、退火和延伸周期性的循环而被扩增,长度不同的扩增片段即多态性片段则可通过变性聚丙烯酰胺凝胶电泳分离检测。如果被检测基因组因限制性酶切位点、选择性碱基结合位点发生了碱基突变、插入、缺失或替换,则扩增的片段的无多态性会直接表现在聚丙烯酰胺凝胶电泳的图谱上。

　　Vos 等人曾对 AFLP 的反应原理进行了验证,他们采用 *Msp*(e)I 和 *EcoR* I 组合对基因组大小在 48.5~16 000 kb 之间的 4 种简单基因组噬菌体、多角体病毒(AcNPV)、不动杆菌属(*Acinetobacter*)和酵母等进行了 AFLP 分析。

　　噬菌体(48.5 kb)和 AcNPV(12.98 kb)的全序列是已知的,因此可准确地查到 *EcoR* I/*Msp* I的所有酶切片段,实验证明所有这些片段都被检测到了。基因组稍大的细菌(3 000 kb)和酵母(16 000 kb)而言,随着引物 3′端每加入一个选择性碱基,扩增的带数减少 4 倍,即额外加入的选择性碱基所产生的指纹只是原来指纹的一小部分。由此可见,为了选择到一套专一的限制性片段来扩增,加入选择性碱基是一种准确而有效的方法。在较小的基因组中,能扩增的限制性片段的数目与基因组的大小几乎呈线性关系,而这种关系在复杂基因组 DNA 中不存在。在人类、动物和植物基因组中拥有大量的重复序列而存在多拷贝的酶切片段。在这些复杂的 DNA 中,除了自己独特的 AFLP 指纹占优势以外,还存在一小部分较强的重复片段。AFLP 指纹表明,大量的限制性片段是同时扩增的,原则上所检测到的带的数目受检测系统的限制(例如聚丙烯酰胺的分辨率,检测手段的能力)。一般而言,用专一的引物组合同时扩增多个 PCR 产物是相当困难的,而实际上每次 AFLP 的指纹又确实是用同一组合引物扩增的,这就说明在 PCR 中酶切 DNA 片段扩增效率的差异主要与引物相关,与酶切片段无关。

　　进行 AFLP 分析既可以采用单酶切也可以采用双酶切。双酶切产生的 DNA 片段长度一般小于 500 bp,在 AFLP 反应中可被优先扩增,扩增产物可被很好地分离,因此一般多采用稀有切点限制性内切酶与多切点限制性内切酶相搭配使用的双酶切。由于植物基因组中富含 A、T,而 *Msp* I 的识别位点为 TTAA,可产生分布均匀的、较小的限制性片段,另外在 6 碱基切点酶中,*EcoR* I 最便宜,因此,目前常用的两种酶是 4 个识别位点的 *Msp* I 和 6 个识别位点的 *EcoR* I。此外由于 *EcoR* I 受甲基化胞嘧啶的影响较小,*EcoR* I-*Msp* I 检测的位点多聚集在着丝粒两端甲基化较高的重复序列区域。

　　AFLP 接头和引物都是由人工合成的双链核苷酸序列。接头(Artificial Adapter)一般长 14 ~ 18 个碱基对,由一个核心序列(Core Sequence)和一个酶专化序列(Enzyme‐Specific Sequence)组成。引物由三部分组成:

①5′端的核心碱基序列,该序列与人工接头互补;

②特异性酶切序列,该序列对应于限制性酶切片段的限制性末端;

③引物 3′端选择性碱基。

选择性碱基延伸到酶切片段区,这样就只有那些两端序列能与选择碱基配对的限制性酶切片段被扩增。

由于引物的核心序列与接头部分相对应,因此二者遵循相同的设计原则:

①具有合适的 C、G 含量,一般 C+G 的含量大于 50%。

②限制性片段与对应的接头连接应保证原限制性内切酶位点不得恢复。

③接头不进行磷酸化,避免接头间自连接。

8.4.2　AFLP 技术的操作流程

AFLP 主要由以下 4 个步骤组成,如图 8.5 所示。

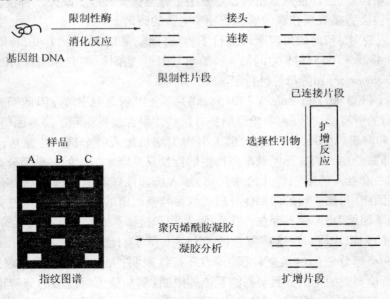

图 8.5　AFLP 的反应流程示意图

8.4.2.1　DNA 模板的制备

DNA 模板的制备分为两个方面,酶切和连接。AFLP 技术成功的关键在于 DNA 的充分酶切,所以对模板质量要求较高,避免其他 DNA 污染和抑制物质的存在。

首先提取基因组 DNA,并检测其浓度和纯度。用 6 个碱基识别位点的限制性内切酶(常用 *EcoR* I,*Pst* I 或 *Sac* I)和 4 个碱基识别位点的限制性内切酶(常用 *Mse* I,*Taq* I)进行酶切。形成三种类型的酶切片段,如 *EcoR* I/*Mse* I 酶切形成 *EcoR* I‐*EcoR* I 片段、*EcoR* I‐*Mse* I 片段、*Mse* I‐*Mse* I 片段,实验证实扩增产物主要是 *EcoR* I‐*Mse* I 片段。

酶切后的 DNA 片段在 T4DNA 连接酶作用下与两种内切酶相应的特定接头相连接,形成带接头的特异性片段。接头为双链,由两部分组成,一部分是核心序列,一部分是酶特定序列(能与酶切片段黏端互补),通常在酶特定序列中变换了一个内切酶识别位点的碱基,保证了连接片段不能再被酶切。

8.4.2.2　PCR 扩增

PCR 扩增分两步进行:第一步称为预扩增,连接好接头的限制性片段经稀释后作为模板用各具一个选择碱基的引物对(系统)进行扩增(系统)的预扩增引物:*Msp* I 引物带一个选择性碱基,*EcoR* I 引物不含碱基对。预扩增的产物一般稀释 20 倍后作为选择性扩增的模板,即选择性扩增(Selective Amplification),此次扩增多采用含 2~3 个选择性碱基的引物进行。选择性扩增采用温度梯度 PCR,PCR 开始于高复性温度(一般为 65 ℃)以期获得最佳选择性,随后复性温度逐步降低直到稳定于复性效果最好的温度(一般为 56 ℃),最终保持在这个复性温度下完成其余的 PCR 循环,一般情况下可使目的序列扩增到 0.5~1 μg。

Vos 等人证明 AFLP 的指纹式样对模板 DNA 的浓度不敏感。当用 25 pg~25 ng 的西红柿 DNA 进行 AFLP 分析时,虽然模板浓度相差 1 000 倍,但得到的指纹十分相似。AFLP 分析一个明显的特征是在运行 PCR 时标记的引物完全消耗,未标记的引物过剩。一旦标记的引物耗尽,即使在增加了模板浓度的情况下增加热循环的周期也不会增加指纹的强度。未用的稀释液和未稀释的预扩增产物储存在 -20 ℃待用。

由此可见,进行一次 AFLP 的连接和预扩增可为以后的选择性扩增提供几乎是用之不尽的模板。其工作效率之高是迄今为止任何分子标记无法比拟的。事实上,预扩增也起了纯化模板的作用。AFLP 分析对模板纯度要求颇高。若由于模板 DNA 不纯使得限制性酶切不完全,会产生不真实的多态性带,往往高分子量带占优势。

8.4.2.3　扩增产物的分离与检测

扩增产物一般在 4%~6% 的变性聚丙烯酰胺凝胶上分离,然后根据引物的标记物质进行相应的产物检测。也可以采用同位素(r-³³P)ATP,T4DNA 连接酶进行末端标记,或采用生物素标记,由于 AFLP 是扩增反应,所以产生的 DNA 量用银染法(Silver-Taining AFLP)也足以得到较高分辨率。

8.4.2.4　结果分析

应用放射自显影、银染和荧光测序仪等方法显示结果。通过 GeneScan、Gelcompar BandScan 和 NTSYSpc21 等软件进行数据分析。

8.4.3　AFLP 分析技术的特点

(1)理论上可产生无限多的 AFLP 标记。由于 AFLP 分析可采用多种不同类型的限制性内切酶及不同数目的选择性碱基,因此理论上 AFLP 可产生无限多的标记数并可覆盖整个基因组。

(2)多态性高。AFLP 分析可以通过改变限制性内切酶和选择性的碱基种类与数目调节扩增的条带数,具有较强的多态分辨能力。AFLP 标记具有比 RFLP、RAPD、SSR 标记可靠、经济、有效的揭示物种多态性水平的能力。每个反应产物经变性聚丙烯酰胺凝胶电泳可检测到的标记数为 50~100 个,能够在遗传关系十分相近的材料间产生多态性,被认为是指纹图谱技术中多态性最丰富的一项技术。Becker 等人对多态性很差的大麦进行 AFLP 分析,仅用 16 个引物就定位了 118 个位点。

（3）DNA 用量少，检测效率高。AFLP 分析仅需要少量的 DNA，且部分降解的样品也可用来分析，但样品必须没有扩增的抑制物存在。一个 0.5 mg 的 DNA 样品可做 4 000 个反应，FayerC. 报道他们仅用一人利用三个月的时间就构建了玉米的 AFLP 图谱，共产生了 1 032 个标记。

（4）可靠性好，重复性高。AFLP 分析基于电泳条带的有或无。AFLP 分析采用特定引物扩增，退火温度高，使假阳性降低，可靠性增高。Jones 等人在欧洲 8 个不同实验室对同种材料进行 AFLP 分析，其错误率小于 0.6%，与微卫星标记的水平相近。

（5）对 DNA 模板质量要求高，对其浓度变化不敏感。AFLP 反应对模板浓度要求不高，在浓度相差 1 000 倍的范围内仍可得到基本一致的结果。但该反应对模板 DNA 的质量要求较为严格，DNA 的质量影响酶切、连接扩增反应的顺利进行。

（6）易操作且样品适应性广。AFLP 标记技术易于操作，适用性广，尤其适合于一些多态性低或特定品种的遗传研究和连锁图谱的构建。AFLP 技术适用于任何来源和各种复杂度的 DNA。如基因组 DNA、cDNA、mRNA、质粒、某一个基因或基因片段，且未知这些DNA 序列特征，用同样一套限制酶，接头引物可对不同生物 DNA 进行标记研究。

AFLP 技术虽然是对生物基因组进行分析的一种较为理想的方法，但还存在一些不足之处，如 AFIP 技术和 DNA 纯度要求很高，需要高质量、高纯度的 DNA，由于其灵敏度高，微量的 DNA 污染可以导致很大的偏差；另外，所需实验试剂及设备费用仍很高，这些都被认为是应用的限制性因素。但事实上 AFLP 技术与 RFLP 技术相比，不需要 DNA 探针或预先知道序列，程序简单，高度自动化，仅需少量 DNA，扩增后电泳时用银染法代替同位素或地高辛，也能鉴别多态性带，只是银染法较费时。

8.4.4　AFLP 技术的应用

8.4.4.1　构建遗传图谱

AFLP 结合了 RFLP 和 RAPD 各自的优点，方便快速，只需极少量 DNA 材料，不需Southern 杂交，可在对物种无任何分子生物学研究的基础上构建指纹图谱，被称为最有力的分子标记或下一代分子标记。

8.4.4.2　遗传多样性分析

随着分子生物学的迅猛发展，近年来多种 DNA 标记技术逐步应用于濒危物种的遗传多样性研究，AFLP 标记则是其中较为完善的一种。某一特定环境微生物，例如生物制氢反应器的遗传多样性可通过谱系记录与 DNA 指纹分析两条途径相辅相成。其目的是对种质资源进行分类、描述杂合的类群与杂合式样、追踪育种的历史。AFLP 分析是一种迅速而有效的产生 DNA 指纹的方法，在鉴定与评估微生物种质资源方面有一定的应用前景。

8.4.4.3　居群遗传结构分析

居群遗传结构作为遗传变异在时间和空间上的分布样式，是物种的最基本特征之一，受突变、基因流、选择、遗传漂变的共同作用。同时还与物种的进化历史和生物学特性有关，因此确定一个物种的居群遗传结构是了解居群生物学的第一步。AFLP 检测十分近似的基因型之间细微差异足够灵敏，非常适合于评估菌群内与菌群间的多样性水平和描述种下水平的遗传关系。

8.5　扩增性限制性酶切片段分析(ARDRA)

8.5.1　ARDRA 方法的基本原理

扩增性 rDNA 限制性酶切片段分析方法(Amplified Ribosomal DNA Restriction Analysis,ARDRA)方法最早由 Grodzicker 用在腺病毒(Adenoviruses)温度敏感株的突变基因鉴定上。此方法由于不受菌株是否纯培养的限制,不受宿主的干扰,具备特异性强,效率高的特点,因此广泛适用于研究共生菌和寄生菌的生物多样性和系统发育。

ARDRA 的基本原理是基于 PCR 选择性扩增 rDNA(例如 16S rDNA、23S rDNA、16S ~ 23S rDNA 片段),这些 rDNA 经某种限制性内切酶消化后,产生若干不同长度的小片段,其数量和每一片断长度反映了 DNA 上该限制性内切酶酶切位点的分布。

8.5.2　ARDRA 方法的操作程序

8.5.2.1　样品中总 DNA 的分离

用于 PCR 扩增的总 DNA 必须能代表样品中的遗传多样性的实际自然情况。一般采用生化和机械破碎的方法裂解样品中的微生物细胞,再提取总 DNA。

8.5.2.2　选取专一引物进行 PCR 扩增 rDNA 片段

广泛使用 DNA 扩增技术(如 PCR 技术)研究 rRNA 序列。原核生物 rRNA 序列中 5S rRNA 相对较小,携带信息量少,多用于研究比较简单的生态系统。而 16S rRNA 分子含有 1 500 bp,可为有关系统发育关系的研究提供充足的信息。所以,一般利用 PCR 技术对 DNA 样品进行选择性扩增 16S rDNA 序列。

Eisburg 等人比较了可扩增大多数真核生物的 16S rDNA 的多个引物,其中一对引物 fD1+rD1 可以从许多种类的细菌 DNA 中扩增几乎全长的 16S rDNA(1 500 bp)。

D15′-CCGAATTCGTCGACAACAGAGTTTGATCCTGGCT 3′

D15′-CCCGGGATCCAAGCTTAAGGAGGTGATCCAGCC 3′

Azaret 等人设计了一对扩增原核生物的 16S rDNA 的"普遍性引物",可扩增出 325 bp 的 16S rDNA 片段,通用的真细菌引物为

FGPS 8495′-GCCTTGGG GTACGGCCG CA-3′

FGPS 11465′-GGGGCATGATGACTTGACGT-3′

另外,研究不同种类的细菌可以根据其已知部分的 16S rDNA 序列或研究目的,选取特异性的引物扩增 16S rDNA 序列。

8.5.2.3　限制性酶切扩增产物

选择 2 ~ 5 个合适的限制性内切酶对 16S rDNA 扩增产物进行联合酶切。在 20 μL 反应体积中包含 10 μL PCR 产物(大约 5 μg DNA),2 μL 缓冲液,5 μg 的限制性内切酶,按要求的酶切反应温度进行酶切 2 h。

8.5.2.4　凝胶电泳分离酶切的 DNA 片段

取酶切后的 16S rDNA 样品 2 μL,在 2% 的低熔点琼脂糖凝胶上进行电泳,90 ~

93 V/cm电泳 2 h,用溴化乙锭染色,在紫外灯下检测 DNA 谱带并照相。

8.5.2.5 对 ARDRA 诊断谱带进行认定和分析

得到的电泳图谱如果条带较少,可以进行直接比较和 RELP 分析。根据结果计算出样品(菌株)间的 DNA 片段同源性(F),计算方法为:$F=2\times N_{xy}/(N_x+N_y)$,$N_{xy}$ 为 X 和 Y 这两个样品共有的片段数目;N_x 为 X 样品有而 Y 样品没有的片段数;N_y 为 Y 样品有而 X 样品没有的片段数。然后再依据 F 值进行计算机聚类分析。如果得到的电泳图谱中条带较多,可以应用计算机软件(如 GelCompar 软件)对所得遗传距离矩阵进行聚类分析,即可得出反映菌株间系统发育关系的聚类分析树状图谱。

8.5.3 ARDRA 技术的应用

8.5.3.1 发现新种属微生物

1997 年,Di-Cello-F 等人应用 ARDRA 技术并结合化学、生理学方法,研究了 25 株能降解 Nalkanols 的微生物,将它们分为 7 个类群,相应于 7 个种,其中发现 *Acinetobacter Venetianus* 的一个新种,并且含有质粒。质粒具有与假单孢菌(*Pseudomonas Oleovorans*)alkBFCH 基因同源的列。近来这种方法还被成功地应用于根瘤寄生菌(*Rhizobia*)的研究中,发现了某些新的根瘤菌种类。

8.5.3.2 微生物的分类及鉴定

从 20 世纪 60 年代,微生物分类学开始进入分子生物学时期,发展了一系列建立在核酸同源性基础上的分析方法,其中 16S rDNA 同源性比是人们认可的分子特征。

最近,随着聚合酶链式反应(PCR)的成熟,出现了利用 PCR 技术扩增 16S rRNA 基因(rDNA),然后进行多种方法的分析,如测序分析、电泳分离、RFLP 分析。由于测序的方法耗时多,电泳分离的精确度不高,都不符合常规鉴定(Routine Identification)的需要。而 ARDRA 技术采取对特定 DNA 片段(16S rDNA)进行分析时,可以在一个实验中同时检测到更多的多态性片段,因此比测序、电泳分离的分析方法快捷可靠,有助于快速有效地对细菌进行属、种水平的鉴定和分类,特别适用于对所研究的微生物需要快速有效的方法进行鉴定和分类的学科,如医学、生态学、农业科学的微生物的遗传多样性的检测。

1994 年,Gisele Laguerre 等人应用 ARDRA 技术对 48 株根瘤菌菌株(其中包括已知的 8 个菌属的代表菌,2 个新的 *Phaseolus* 大豆根瘤菌基因型和结瘤于多种寄主的未知根瘤菌)进行了分析,所得的结果与其他分类学方法进行了比较。显示 ARDRA 法所得到的 PCR-RFLP16SrDNA 的基因型与 16S rDNA 测序所得结果一致。所得数据反映的基因型关系与 DNA-rRNA 杂交,16S rDNA 测序结果相符合,并对未知根瘤菌进行了有效的区分和归类。Stefan Weidner 等人应用 ARDRA 技术对自然状况下的 *Halophila Stipulacea* 海草寄生菌进行了分群,并描述了各类群的相互关系,从而对这类细菌的遗传多样性有了客观明确的认识。

8.5.3.3 微生物的 ARDRA 检测

年洪娟等人为探索荧光假单孢菌的分类方法,利用紫外下产生荧光的特性,采用梯度稀释及鞭毛染色的方法,对采自云南、海南、山东和新疆的 488 份植物根际土壤进行分离筛选,分离菌株进行 ARDRA 分析,结果分离筛选到 102 株紫外下产生荧光的杆状单极生鞭毛菌株。ARDRA 分析产生荧光假单孢菌类型、恶臭假单孢菌类型以及一个未知的谱带类型,如图8.6所示。ARDRA方法在分子水平上为荧光假单孢菌的分离鉴定探索了一条新途径。

8.5.3.4　细菌系统发育的研究

目前,研究微生物系统发育关系最直观的方法是用数学方法对16S rRNA或rDNA的序列进行比较。尽管在基因库中保存有2 000多种原核生物的SSU-rRNA(Small Subunit rRNA)序列,但是每一类菌只有一个菌种(模式菌)的SSU序列,而只有大量的SSU序列才能建立系统进化树,确立各类群间的系统进化关系,所以这种限制影响了系统发育树的可靠性,无法建立全面的细菌系统分类。

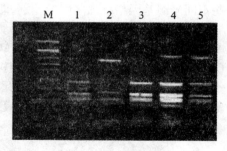

图8.6　菌株的ARDRA分析
M—DNA分子量标准;1—荧光假单孢菌P303;2—未知类型;3—荧光假单孢菌类型;4—恶臭假单孢菌类型;5—恶臭假单孢菌AP55

1996年,M. Heyndifckx等人描述了ARDRA技术的方法,选用了多种原核生物进行了系统发育关系研究。结果证实了选择5种限制性内切酶进行的ARDRA技术具有快捷性、可靠性,可同时对每一类菌的多个菌株进行分析,获得显著的系统发育关系和分类学的信息,适用于大多数菌种的系统发育关系研究和分类学研究。

ARDRA技术通过对rRNA基因(rDNA)序列的比较分析(RFLP)所获得的资料为目前细菌之间的系统发育研究和分类学研究。近年来,人们对微生物多样性问题的重视日益增强,不断对微生物多样性加以认识、保护和可持续利用。

8.6　AP-PCR指纹图谱

8.6.1　AP-PCR的基本原理

AP-PCR(Arbitrary Primed PCR)是指所用引物的核苷酸序列是随机的,其扩增的DNA区段是事先未知的。AP-PCR所用的引物较长,稳定性好于RAPD,但揭示多态性的能力比较差。

典型的PCR技术,是在已知某段基因顺序的前提下,设计一对引物,在Taq DNA聚合酶的作用下,对这对引物所限定的某段基因片段进行扩增。AP-PCR技术是在对待扩增基因顺序一无所知的情况下,通过主观随意地设计或选择一个非特异引物,该引物长度为10 bp左右,在PCR反应体系中首先在不严格条件下使引物与模板DNA中许多序列通过错配而变性。

在系统理论上并不一定要求整个引物都与模板变性,而只要引物的一部分特别是3′端有3~4个以上碱基与模板互补变性即可使引物延伸。如果在两条单链上构距一定距离有反向变性引物存在,则可经Taq DNA聚合酶的作用使引物延伸而发生DNA片断的扩增,经一至数轮不严格条件下的PCR循环后,再于严格条件下进行扩增。扩增的产物经DNA测序凝胶电泳分离后,放射性自显影或荧光显示即可得到DNA指纹图,比较这些不同来源基因指纹图之间的差别,即可反映出待分析基因组的特征。

邢进等人为研究 AP-PCR 在动物病原真菌检测中的作用,应用 OPAA11(5′-ACCCGACCTG-3′),OPAA17(5′-GAGCCCGACT-3′),OPD18(5′-GAGAGCCAAC-3′),OPU15(5′-ACGGGCAGT-3′)四种随机引物随机扩增石膏样毛癣菌、石膏样小孢子菌、犬小孢子菌和猴类毛癣菌的 DNA。结果如图 8.7 所示,四种随机引物中 OPAA11 的扩增重复效果和四真菌间的扩增条带差异最明显。

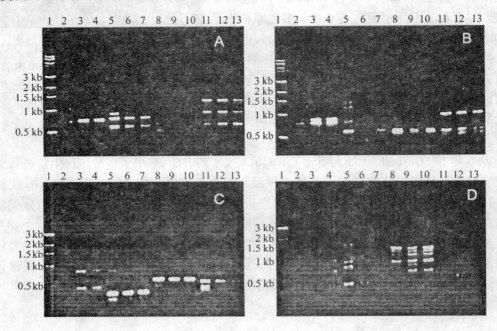

图 8.7　不同引物扩增条带

A—引物 OPAA11 扩增条带;B—引物 OPAA17 扩增条带;C—引物 OPD18 扩增条带;D—引物 OPU15 扩增条带;1—1 kb DNAladder;2,3,4—3 次提取石膏样小孢子菌 DNA 的扩增条带;5,6,7—3 次提取石膏样毛癣菌 DNA 的扩增条带;8,9,10—3 次提取犬小孢子菌 DNA 的扩增条带;11,12,13—3 次提取猴类毛癣菌 DNA 扩增条带

8.6.2　AP-PCR 的类型

8.6.2.1　DNA AP-PCR

DNA AP-PCR 最初是由 Williams 等人于 1990 年报道的,他们将这种方法称之为 RAPD(Random Amplified Polymorphic DNA),随后 Welsh 和 McClelland 亦独立进行了这方面的工作。这种方法是通过任意选择一个或两个引物,对基因组 DNA 进行 PCR 扩增。一般是先在不严格条件下,即高 Mg^{2+} 浓度(大于传统 PCR Mg^{2+} 浓度 1.5 mmol/L)。低复性温度(36 ~ 50 ℃)进行 1 ~ 6 个循环的 PCR 扩增,随后在严格条件下进行 PCR。扩增产物可经 1.5% ~ 2% 琼脂糖电泳或在扩增同时用。^{32}P 进行掺入标记,然后经过 6% 变性聚丙烯酰胺凝胶电泳分离,放射性自显影得到 DNA 指纹图谱。

8.6.2.2　RNA 的 AP-PCR 的指纹图谱

近来有人使用随机选择的引物在低严谨条件下进行 cDNA 第一和第二条链的合成以

建立 RNA 群体的指纹图谱。随后用 PCR 扩增来富集产物。该方法只需几纳克的总 RNA,且不受少量基因组双链 DNA 污染的影响,可从任何组织中获得 10～20 个清晰可见的 PCR 产物条带,而且是可重复的图谱。

从不同小鼠系的相同组织中分离的 RNA 和从同种小鼠的不同组织中分离的 RNA 在 PCR 指纹图谱上可以检测出是有差异的。显示的种系特异性差异大概是由序列多态性造成的,可用于对基因的遗传作图,其所揭示的组织特异性差异可用于研究特异基因的表达。克隆具有组织特异性的 DNA 条带,然后通过 Northern 分析和 DNA 测序对这些产物进行特异性表达的验证,这样获得了两种新的组织特异性的 mRNA。该方法可检测各种情形下 RNA 群体间的差异。

8.6.2.3　tRNA 基因重复序列之间的 PCR

可以设计 PCR 引物使其识别散置在整个基因组中的特异性序列。对散置序列单元之间序列的扩增便形成了基因组指纹图谱。首次证明这一原理的例子之一是在啮齿动物染色体背景中含人染色体片段的体细胞杂种中扩增 Alu 重复序列之间的序列。细菌 tRNA基因间序列的扩增也进行了研究。细菌基因组中有约 100 种 tRNA 基因,一般从头到尾成簇排列并带有短基因间隙。由于 tDNA 序列进化缓慢,所以可以根据基因间序列长度多态性和 tDNA 簇的重排进行细菌属间的鉴别。该方法的运用如下:首先构建可用于任何真细菌 tDNA 间隔区扩增的共有序列 tDNA 引物。这些引物可根据基因的共有序列来设计,设计区域可略微远离 tDNA 序列的末端,稍后将说明这样设计的原因。PCR 扩增在温和条件下进行,而不是采用高严谨的条件,这样可获得扩增带的图谱。引物退火到可利用的最匹配区段,在相对的链上,某些匹配的引物对之间的距离足够,使 PCR 得以进行,得到的带型表示属和种之间基因间隔长度与 tDNA 簇构造的差异,可用于系统发育的研究。

John Welsh 等人设计的共有序列引物适合于真细菌,同样的,就很容易设计其他生物群体的共有引物,例如,昆虫核 tRNA 基因或脊椎动物线粒体 tRNA 基因。

上述 DNA-PCR 实验是使用弱共有引物在中等严谨条件下进行的。如果细菌 DNA 受到其他来源 DNA 的高度污染,这种引物将不会扩增得到所需的 tDNA 间隔区域,这种情况在医学的样本上经常发生。可是,由于引物略微向内偏离 tDNA 序列的末端,因此能从 tDNA-PCR 指纹图谱中推导出可以在高严谨条件下扩增的引物。在一组相关的实验物种间,最具有明显差异的 tDNA-PCR 长度多态性被选择再次扩增,并从两端进行测序。原始引物 3′端部分的序列仍然在保守的 tRNA 基因中,并可用来设计同源性很好的引物。在 PCR 中使用这些新引物可鉴定从属到种或亚种的各分类成员的基因间长度多态性(tRNA-ILP)。这些引物若在高度严谨的 PCR 条件下,即使有外源 DNA 的污染,仍然能用于医学诊断流行病学的研究,因为在流行病学领域,要培养各种感兴趣的生物体并不容易,tRNA-ILP 其产物的长度是不同种系(种)细菌所特有的。在这个特殊的实验中,引物是根据产物约 160 bp 的 tDNA 序列得到的。DNA 基因序列和在聚簇中的这些基因的排列进化得相当缓慢,所以,对于相同属内的几乎任一个种来说,与两个特殊的相邻tRNA基因具有同源的 PCR 引物都会获得阳性信号。

PCR 作为一种分析工具所具有的用途看起来正在随着其方法学上每一个新花样而不断地增长。利用寡核苷酸引物能以不完全匹配方式来引发 DNA 合成的优点,研究者已将 PCR 技术构建基因组 DNA 指纹图谱。基因组 DNA 指纹图谱可用于遗传作图、菌株鉴定和种群特性分析。将 AP-PCR 法用到 RNA 上,又提高了检测和克隆差异表达的基因的能力。由于在方法上相对简单和迅速,使以 PCR 为基础的分子生物学方法有可能完成一些用原来的方法难以实现的实验。

8.6.3　AP-PCR 在微生物菌体鉴别中的应用

在系统发生分析和群体生物学研究中,AP-PCR 方法产生的多态性指纹图谱可作为形态学的特征加以分析。使用这一方法根据 AP-PCR 对酿脓链球菌菌株的分组与根据它们表面抗原类型的分组相对应。原则上,通过指纹图谱所表现的基因型特征能够对群体生物学的许多问题加以研究。例如,不同种类的连锁不平衡性,如二倍体中固定的杂合型,可能有助于解决诸如克隆系形成能力的问题。通过重新构建细菌病原菌的种系发生和鉴定个别系统发育群的多态性,可以对群体间的遗传和生态的相互作用进行研究。

当用 AP-PCR 采集的布氏疏螺旋体菌株进行扩增分析时,发现根据 DNA 同源性标准其在物种水平上彼此互不相同,这为解释该病在临床上的不同表现提供了重要依据。像大多数细菌一样(除大肠杆菌外),布氏疏螺旋体和其他螺旋体的群体生物学研究正处于起步之中。在另一组实验中,用 AP-PCR 对由医院得到的对二甲氧苯青霉素有抗性的葡萄球菌(S. aureus)(MRSA)的感染物进行研究,以确定这种抗性涉及多少菌株。在此研究中,AP-PCR 用以对经质粒分析后仍含混不清的问题加以研究。AP-PCR 能够区分亲缘关系很近而没有其他明显标记的菌株之间的差异。

通常情况下,AP-PCR 能够用以检测任何两个有足够差异的 DNA 之间的多态性。在两个差异模板间产生的 AP-PCR 扩增多态性条带大致与它们的遗传距离相等。在人类中可检测到与癌症相关的杂合性丢失现象。

8.7　变性梯度凝胶电泳技术(DGGE)

DGGE 技术是由 Fischer 和 Lerman 于 1979 年最先提出的用于检测 DNA 突变的一种电泳技术。它的分辨精度比琼脂糖电泳和聚丙烯酰胺凝胶电泳更高,可以检测到一个核苷酸水平的差异。1985 年,Muzyers 等人首次在 DGGE 中使用"GC 夹板"和异源双链技术。1993 年,Muzyers 等人首次将 DGGE 技术应用于分子微生物学研究领域,并证实了这种技术在揭示自然界微生物区系的遗传多样性和种群差异方面具有独特的优越性。DGGE 的主要发展阶段见表 8.4,其中许多操作今天已普遍使用。

表 8.4　变性梯度凝胶电泳的发展阶段

电泳系统发明	Fisher 和 Lerman1979 年
分离仅有一个碱基之差的 DNA 双链	Fisher 和 Lerman1983 年
于基因组 DNA 中检测出地中海贫血突变	Muzyers 等 1985 年
使用异源双链技术	Muzyers 等 1985 年
首次使用" GC 夹板"技术	Muzyers 等 1985 年
预测解链行为及计算机分析程序出现	Lerman 和 SilVerstein1987 年
" GC 夹板"技术与 PCR 技术相连接	Sheffield 等 1989 年
非标记检测法问世	Sheffield 等 1989 年

8.7.1 DGGE 技术的基本原理

DNA 分子双螺旋结构是由氢键和碱基的疏水作用共同作用的结果。温度、有机溶剂和 pH 值等因素可以使氢键受到破坏，导致双链变性为单链。如果对 DNA 分子不断加热或采用化学变性剂处理，两条链就会开始分开（解链）。首先解链的区域由解链温度（Melting Temperature）较低的碱基组成。GC 碱基对比 AT 碱基对结合得要牢固，因此 GC 含量高的区域具有较高的解链温度。同时影响解链温度的因素还有相邻碱基间的吸引力（称作"堆积"）。解链温度低的区域通常位于端部，称为低温解链区（Lower Melting Domain）。如果端部分开，那么双螺旋就由未解链部束在一起，这一区域便称作高温解链（High Melting Domain）（图 8.8）。

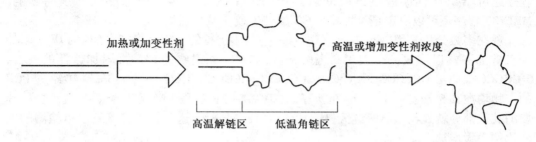

加热或加变性剂　　　高温或增加变性剂浓度

高温解链区　　低温角链区

图 8.8　DNA 双链的变性过程

随着温度和变性剂浓度的升高，DNA 双链就会完全分开。它们一旦解链，在聚丙烯酰胺凝胶中的电泳行为将发生很大的变化。因此，将 PCR 扩增得到的等长 DNA 片段在含有变性剂梯度的凝胶中进行电泳，序列不同的 DNA 片段就会在各自相应的变性剂浓度下变性，发生空间构型的变化，导致电泳的速度急剧下降，以至停留在相应变性剂梯度凝胶中，如图 8.9 所示。最终，如果一双链在其低温解链区碱基错配（异源双链），而与另一等同的双链相比差别仅在于此，那么，含有错配碱基的双链将在低得多的变性剂浓度下解链。事实上，样品通常含有突变、正常的同源双链以及配对的异源双链，后者是在 PCR 扩增时产生的。而含有错配的双链（图 8.9 中的 3 和 4 道）通常可以远远地与两个同源双链（图 8.9 中 1 和 2 道）分开，这种分离效果使该方法灵敏度升高。

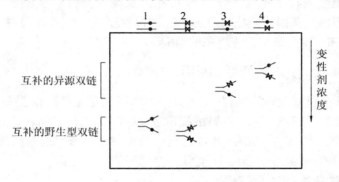

互补的异源双链

互补的野生型双链

变性剂浓度

图 8.9　DGGE 技术原理示意图

为使仅有一个碱基之差的不同分子取得最好的分离效果,必须先选择所要研究的DNA范围以及电泳样品的变性剂的浓度梯度。可以做正交变性梯度实验进行经验性的解决。变性剂的梯度应选在曲线斜率大的部分,因为这时多数分子处于部分变性状态,这使得落入低温解链区的不同分子达到最佳分离效果。

为了提高 DGGE 的检测敏感性,通常在一侧引物的 5′端设计增加一段富含 GC 的区域(GC –Clamp,其长度通常为 30～50 个核苷酸),避免了 DNA 的完全解链,从而提高了不同碱基的检出率,使相差一个碱基的序列也能分辨分离。

为防止样品分析之前对目标 DNA 片段的经验性分析占去大量时间,已在 Leonard Lerman 实验室设计了一项计算机程序,程序名叫 MELT87 和 SQHTX,它可以模拟和任何已知序列 DNA 解链温度有关的解链行为。以碱基序列为基础,程序可以给出解链图像。程序还可给出最佳凝胶电泳时间以及任何碱基改变对解链图像产生的预期影响。MELT87 程序还可以决定是否将多聚 GC 加到 3′或 5′端的引物上。

现在多数分析是用“GC 夹板”(GC clamp)技术进行的。它是将富含 GC 的 DNA 附加到双链的一端以形成一个人工高温解链区,如在一条引物的 5′端加附加这样的夹板,5′CGCCCGCCGC GCCCCGCGCC CGTCCCGCCG CCCCCGCCCG–引物–3′,这样经过 PCR 的产物均在其 5′端有一个 40 bp 的夹子,在 DGGE 分析过程中形成高温解链区。这样,片段的其他部分就处在低温解链区,从而可以对其进分析。这一技术使该方法可检测的突变比例大大增加。

为了能用最小量的电泳分析对更长 DNA 片段作突变和多态性的筛查,在过去的一段时间里人们已经做了大量努力,其中一则很好的例子是可以将其用于未扩增的人类基因组 DNA。实验用 4 种碱基切割酶之一对 DNA 进行消化,然后用变性梯度凝胶电泳技术进行电泳和印迹转移。用放射性物质标记的 DNA 探针对 DNA 进行检测。因为使用了“GC 夹板”技术或异源双链技术,所以该方法可用多种探针对薄膜进行多次检测。虽然此实验只检测出了 60% 的突变,但可用另外其他酶对此作部分补偿。用第一种酶检测不出位于高温解链区的突变,但或许用另一种酶作用时可使其落入低温解链区从而得以检测。更深入的一次筛查更多 DNA 的方法有对 CFTR 基因的特定外显子进行多种途径分析是将多个样品加到一个电泳道上进行电泳。另一方法对此进行了更大的改进,将苯丙氨酸羟化酶基因的外显子放在同一凝胶条件的不同电泳道上进行电泳,而不是将 13 个外显子放到不同凝胶条件下电泳。这一方法称为宽幅度变性梯度凝胶电泳(Broadrange DGGE)。将基因组或基因片段分离后进行变性梯度凝胶电泳再在另一方向上进行普通电泳,同样可以在一次分析中检查更多的 DNA。

8.7.2　DGGE 技术操作要点和系统优化

利用 DGGE 分析复杂样品时,获得高分辨率的图谱是重要的前提条件。影响 DGGE 分辨率的因素很多,如 DNA(或 RNA)的提取、PCR 扩增、电泳时间、电泳温度、凝胶浓度、变性剂梯度、染色方法等,在 DGGE 操作过程中的每一个环节都会对后续分析产生影响。因此,为了获得 DGGE 的最大分辨率,必须对全部环节进行优化。

8.7.2.1　样品总 DNA 提取

环境样品组成复杂,除含有微生物细胞外,还含有复杂的有机物质和无机盐类,这些杂质去除不干净将会对 DNA 后续分析产生重大影响。

由于不同环境的物理和化学特性的差异,针对不同生境的微生物群落需要选择不同的 DNA 提取方法。如何使所有细胞裂解、充分释放 DNA、有效去除杂质,建立高效可靠的 DNA 提取方法成为研究者关注的热点。当前主要使用超声波法、基于 SDS 的裂解法、改进的化学裂解法、微波法、冻融+玻璃珠+溶菌酶+SDS 和土壤提取 DNA 试剂盒法等6 种活性污泥 DNA 提取方法。

检验选择的 DNA 提取法是否合适主要有以下标准:

(1)DNA 的得率。在 DNA 不发生降解的前提下,DNA 的得率越高说明选择的 DNA 提取方法效率越高。

(2)能否进行 PCR 扩增以及扩增的重复性好坏。PCR 扩增时模板浓度必须>0.5 ng,否则不能得到 PCR 扩增产物。

(3)制备 DNA 花费时间的长短。有时需要对样品进行快速、批量处理,这时就要选择试剂盒等省时、易操作的 DNA 提取法。

影响 DNA 的提取效率的主要因素有:细胞是否充分裂解、核酸是否降解及 DNA 纯化过程中损失程度等因素。根据实际情况可以选择一种或几种裂解法使微生物细胞充分裂解。

8.7.2.2　样品16S rDNA 片段的 PCR 扩增

PCR 扩增是 PCR-DGGE 技术中至关重要的步骤。PCR 全过程包括三个基本步骤,双链 DNA(模板 DNA)加热变性为单链(变性);在低温下引物与模板 DNA 单链互补配对(退火);在适宜温度下 Taq DNA 聚合酶催化引物沿着模板 DNA 延伸(延伸)。反复进行变性、复性和延伸的循环,从而使扩增 DNA 产量呈指数上升,经25~30 个循环后,扩增倍数可达 10^6 倍。

通常采用 16S rDNA 中的保守区作为引物进行 PCR 反应。这是由于 16S rDNA 具有以下几个特点:①16S rDNA 约为 1 500 个核苷酸长,序列长短适中,适合用于分类学上的研究;②任何一种原核生物体都具有 16S rDNA;③16S rDNA 非常保守;④16S rDNA 不会在不同的个体间进行基因交换,各物种具自己的独特序列;⑤目前已有相当完备的 16S rDNA基因资料库,经过 GenBank 和 Ribosomal Database Project(RDP)基因资料库对比分析,并可进行亲源关系分析、鉴定等。Yu 等人研究了 16S rDNA 不同可变区 V1、V3、V5、V6、V8 及 V1-V3、V3-V5、V6-V8 区的 PCR 扩增产物及其 DGGE 结果。结果表明扩增 V3 区及 V3-V5 区的引物为最佳引物选择。V3 区的 PCR-DGGE 条带数最多,分离效果最好。如果需要较长的扩增产物,则选择 V3-V5 区。

8.7.2.3　变性聚丙烯酰胺凝胶的制备

DGGE 技术中,为了最大限度反应微生物群落结构,让基因片段取得最好的分离效果,必须先选择所要研究的基因片段范围,并根据所研究片段大小选择电泳时凝胶和变性剂(尿素和甲酰胺的混合物)的浓度梯度。当片段大小在 200 bp 左右时,一般采用 8% 的凝胶,片段在 500 bp 时用 6% 的凝胶。为提高分辨效果,也可以采用梯度凝胶进行分离,对于 200 bp 的片段,可以采用 6%~12% 的丙烯酰胺凝胶。变性剂的梯度范围要根据垂直 DGGE 实验来确定,垂直实验曲线斜率较大的部分代表解链区域的 T_m(解链温度)值,此时低温解链区的不同分子达到最佳分离状态。通常选择水平胶的变性剂梯度范围为 30%(相当于 T_m 范围在 10 ℃左右),对于不同的样品还需要进行调整。

8.7.2.4　电泳温度与时间的确定

最佳解链温度是由平行凝胶电泳实验确定的,在聚丙烯酰胺凝胶中对 DNA 片段进行 DGGE 分析时,通常要求电泳的温度要低于样品解链区域的 T_m 值。对于大多数 DNA 片段,50 ~ 65 ℃ 是比较适合的,但对于复杂多样的环境样品而言,解链温度通常比较复杂,研究者多选择在 60 ℃ 左右进行优化。

电泳时间取决于样品的片段大小、凝胶浓度、变性剂梯度、电泳时的电压等因素,一个条件的改变都可能引起电泳时间的不同,可以用时间进程法来优化出最佳电泳时间。Muyzer 和 Smalla 建议利用时间进程实验(Time Travel Experiment)来确定最佳的电泳时间。具体方法是将待测样品以恒定的时间间隔在同一块凝胶上进行电泳,以获得样品最大分辨率的时间为最佳电泳时间。

8.7.2.5　电泳

经过电泳和染色可以很好地分辩 1 ~ 2 μg 的样品。当温度平衡到 60 ℃ 后,移去梳子,加入混合有缓冲液的样品,电压控制在 60 ~ 160 V 之间,电泳完后需要进行染色才能呈现出带型和指纹图谱,最常用的是溴化乙锭染色法和银染法。由于聚丙烯酰胺对溴化乙锭(Ethidium Bromide,EB)具有熄灭作用,因此导致灵敏度降低,人为缩小了微生物多态性,导致分析误差。同时 EB 是强致变剂,不利于身体健康。银染法是通过银离子(Ag^+)与核酸形成稳定的复合物,再使用还原剂(如甲醛)使银离子(Ag^+)还原成银颗粒,把核酸电泳带染成黑褐色,其灵敏度比 EB 高 200 倍,是目前最灵敏的方法。但银染法不易回收 DNA,无法进行后续的杂交分析。近年来,相继出现了 SYBR Gold、SYBR Green Ⅰ 和 SYBR Green Ⅱ 等新一代荧光核酸凝胶染料,这类染料的背景极低,可以更好地观察微量的条带。致突变性远低于 EB 数倍甚至数 10 倍,几乎具有银染的超高灵敏度。由于该染料渗透入凝胶的速度极快,无须脱色,因此使染色过程更加简便,节省时间。虽然这种染料价格比较昂贵,但还是一类具有良好应用前景的荧光染料。显色后,凝胶上的条带可以在回收后用于测序,也可直接进行凝胶的杂交分析。

8.7.2.6　DGGE 图谱分析

获得 DGGE 图谱后,为了了解不同样品中微生物群落结构特点及种群多样性,往往需要对图谱进行分析,过去主要是利用一些凝胶分析软件(包括 Gel - Pro Analyzer、Quantity One 和 ImageTool 等)对图谱中条带的位置和强度进行简单分析。由于上述方法所得信息量有限,近年来,多尺度降维分析(Multidimensional Scaling,MDS),主成分分析(Principal-Component Analysis,PCA)以及遗传聚类分析(Hierarchical Cluster Analysis,HCA)等数据分析方法被广泛用于 DGGE 图谱分析,其中利用主成分分析来法分析 DGGE 图谱呈上升趋势。除了这些方法外,一些其他的数理统计方法也被用于 DGGE 图谱的分析。Gafan 等人利用 Shannon-Wiener 指数、遗传聚类分析和 Logistic 回归曲线 3 种方法对 DGGE 图谱进行分析,认为 Logistic 回归曲线可以对 DGGE 图谱进行有效的分析。

8.7.2.7　条带序列分析

DGGE 图谱只能直接反映样品中微生物的多样性,不能直接反映样品中的群落结构组成。为了了解微生物群落结构组成、特定环境中主要微生物生理类群以及它们之间的系统发育关系,往往需要对 DGGE 图谱中的优势条带进行序列测定,再将序列测定结果放到 GenBank 中对比以获得这些微生物的分类学及系统发育学信息。

8.7.3 方法改进

在 PCR 反应过程中加入"GC 夹板"而不是应用含有"GC 夹板"的特定引物,这一方法也有可能减少耗费。由一端进行 PCR 反应的引物有:带有 15 bp 碱基接头的引物和由 15 bp 接头和 35 bp"GC 夹板"构成的接头/夹式引物。当然这就要求一个用特定引物扩增,另一个用带有"夹板"的引物扩增,而且要用校读多聚酶(Proof Reading Polymerase)以防止引入人为突变。

去除"GC 夹板"或用化学"夹板"代替可能都会使操作简便。此外,"GC 夹板"由连接补骨脂的多个碱基 A 替代,经过扩增,它就会与新加上去的配对碱基 T 结合在一起,经光照射后与末端共价连接在一起。现已对此方法进行了深入的研究。DNA 片段中特定突变通常会产生特定的异源双链和同源双链图,所以检测人员要能够区分所检测到的突变是否为以前所描述的突变。但是,两个或更多突变产生的双链图可能比较相像,所以要确定检测出的突变是否为新发现的突变,就可以通过再次分析前加入已知突变样品而予以解决。如果已知突变与所检测到的突变相同,那么就会产生复合双链图,这种方法可以不用进行序列分析而对突变作出鉴定。Russ 和 Medjugorac(1995 年)报道过用恒温平板代替培养槽。最后,从安全角度出发,Guldberg 等人(1994 年)介绍了一种方法,将甲酰胺从恒变性剂凝胶电泳中去掉,他们还推测可以将变性剂从变性梯度凝胶电泳中去掉。从此方法发展早期开始,RNA:RNA 和 DNA:RNA 双链就被不时地用来进行分析研究。

8.7.4 DGGE 技术应用的局限性及应对措施

理论上,只要选择的电泳条件如变性剂梯度、电泳时间、电压等适当,DGGE 技术便可区分一个碱基差异的 DNA 片段。但是 Vallaeys 等人发现 DGGE 法并不能对样品中所有的 DNA 片段进行分离。Muyzer 等人指出 DGGE 法只能对微生物群落中数量上大于 1% 的优势种群进行分析。此外在 DGGE 实际操作中,由于所包含的步骤多,并且每一环节的操作均有可能造成分析结果的偏差,以致最终导致分析结果的不准确。影响结果的原因可归纳为以下几个方面:

(1)DNA 的提取

由于 PCR-DGGE 技术是建立在环境样品的总遗传信息分析的基础上,因此 DNA 提取质量的好坏,直接影响着后续分子实验操作。然而对于复杂环境样品 DNA 提取通常需要经过样品预处理、细胞裂解、DNA 沉淀等环节,以上过程易造成菌种数量的改变和 DNA 含量的变化,由此引起分析偏差。

(2)PCR 扩增

①PCR 人工产物:利用 PCR 扩增复杂样品的靶基因时,因 DNA 聚合酶识别的错误、DNA 点突变等原因,可能会产生一些人工序列(Artifactual Sequence),如嵌合体(Chimeras)、异源双链(Heteroduplexes)和单链 DNA 等,这些人工序列在 DGGE 凝胶板上的出现,致使对样品中微生物种类评估过高。通过重复 PCR 或对谱带序列测定可以排除嵌合体;异源双链产生的几率要比嵌合体低,PCR 扩增产生的单链 DNA 在进行垂直DGGE 时将形成横贯于"S"形曲线陡峭部分的亮线而得以区别。

②DNA 聚合酶的影响：目前用于 PCR 反应中的 DNA 聚合酶有多种，性质差异很大。DNA 聚合酶的质量和保真性对扩增产物产生较大影响，罗海峰等人利用 DGGE 比较了 *Taq* DNA 聚合酶、*Tsg* DNA 聚合酶和 *Pfu* DNA 聚合酶对 PCR 扩增产物的忠实性，结果以 *Pfu* DNA 聚合酶的扩增效果最好。

③靶基因的拷贝数：16S rRNA 基因是目前用于菌株鉴定的主要分子指标，过去 DGGE 分析多选用 16S rRNA 的可变区域，由于 16S rRNA 基因在染色体上存在多个拷贝，致使同一种细菌在 DGGE 图谱中可能出现多条带，由此高估了样品中微生物的种类。为了减少基因拷贝数的影响，Rantsiou 和 Renouf 选用单拷贝的 RNA 聚合酶亚单位基因 rpoB 作为靶基因，对食品发酵中乳酸菌的菌群组成和菌群的适时变化进行分析，避免了基因拷贝数的影响，收到了很好的实验效果。此外，PCR 扩增时，模板浓度和模板被污染的程度，也会导致 PCR 扩增结果的差异。

(3)染色及 DGGE 图谱分析

有时染色后的 DNA 谱带强度较弱或不清晰，可以加大 DNA 的进样量。鉴于凝胶进样孔的容量有限，可以对 PCR 产物浓缩后进样。在观察和比较 DGGE 指纹图谱时，对于明亮程度差异的谱带，在排除点样误差外，还应考虑基因扩增效率的偏嗜性。

(4)共迁移

若选用的实验条件不当，则可能会出现不同序列 DNA 片段发生共迁移的现象，即同一条带含有不同种类细菌的现象，这样就低估了环境样品中的微生物种类。降低共迁移发生的措施：一种方法是选用不同引物扩增目的基因，然后比较 DGGE 谱带的差异；另一种方法是对相应的 DGGE 条带割胶后用不带 GC 序列的引物进行扩增，其 PCR 产物序列测定后验证。

另外，DGGE 技术不能提供有关微生物活性的信息。因此，需要与其他分子生物学技术结合后，才能进一步发挥 DGGE 技术的效能，更好地诊断和评价复杂微生物群落的种群结构、动态学及群落结构关系。

尽管 DGGE 技术具有以上局限性，但其重现性强、可靠性高、速度快，能够弥补传统方法分析微生物群落的不足，已成为现代微生物学领域一种重要研究手段。最近，在 DGGE 基础上发展起来的双梯度 DGGE、依赖培养的 DGGE 等，能使 DNA 形成的谱带更清晰、更真实，因此，在对复杂环境样品的微生物多样性研究中仍然是一种很好的技术手段。

环境中存在的大量微生物中，仅有 1% ~ 15% 可通过传统的培养方法在培养皿上进行培养和进一步分离，而绝大多数细菌要求非常严格的营养条件并且难以培养，因此，依赖于纯培养进行微生物多样性分析时其结果往往具有局限性。

20 世纪 90 年代引入分子生物学技术之后，将环境微生物领域带入一个革命性的新时代。PCR-DGGE 技术作为一种指纹分析技术，克服了传统培养技术的局限性，直接利用微生物的 16S rDNA(真菌 18S rDNA)或一些特殊的功能基因在遗传水平上研究生物处理系统中微生物的多样性和种群动态变化等。

单链构象多态性(Single Strand Conformation Polymorphism，SSCP)是指等长的单链

DNA 因核苷酸序列的差异而产生构象变异,在非变性聚丙烯酰胺中的表现为电泳迁移率的差别,单链 DNA 构象分析对 DNA 序列的改变非常敏感,常常一个碱基差别都能在 SSCP 分析中显示出来,利用 PCR 技术定点扩增基因组 DNA 中某一目的片段,将扩增产物进行变性处理,双链 DNA 分开成单链,再用非变性聚丙烯酰胺凝胶电泳分析,并根据条带位置变化来判断目的片段中是否存在突变。

8.8　SSCP 技术

SSCP 方法的产生最早可追溯到 1984 年,日本金泽等人对获得的大肠杆菌突变 ATPase 基因进行了电泳分析,用限制酶 *Taq* I 或 *Hpa* II 消化克隆 DNA 片段产生小片段,标记小片段的 5′末端,变性使双链 DNA 变成单链,再经中性聚丙烯酰胺凝胶电泳分离,放射自显影检测 DNA 单链的迁移情况。结果发现,含点突变的 DNA 小片段的聚丙烯酰胺凝胶中的单链电泳迁移率与相应正常的 DNA 小片段的单链电泳迁移率明显不同。相同长度的 DNA 片段之间即使仅相差一个碱基,其在中性聚丙烯酰胺凝胶中电泳的迁移率也会不同,该发现为基因变异的检测提供了一条全新思路。

1989 年,Orita 等人发现,单链 DNA 片段呈复杂的空间折叠构象,这种立体结构主要由其内部碱基配对等分子内相互作用力来维持。当一个碱基发生改变时,或多或少地会影响其空间构象,这种现象被称为 SSCP。

空间构象有差异的单链 DNA 分子在聚丙烯酰胺凝胶中受排阻大小不同。因此,通过非变性聚丙烯酰胺凝胶电泳(PAGE),可以非常敏锐地将构象上有差异的分子分离开,这是此方法用来分离不同 DNA 片段的理论基础所在。

SSCP 方法最初采用放射性同位素 ^{32}P 标记,末端标记法使 PCR 扩增产物带有同位素标记物,该方法具有污染大、程序复杂的缺点。随后,非同位素标记的 SSCP 法应运而生。Noumi J 等人建立荧光标记 PCR-SSCP,即用经荧光标记的引物进行 PCR 扩增后在自动测序装置进行 SSCP,由于保证恒温和自动检测,大大提高了 SSCP 的分辨效果和检测的自动化程度。另外,多重荧光标记、毛细管电泳荧光标记 PCR-SSCP 分析的应用都大大提高了检出率。Sommer S. S. 等人创立了限制性内切酶指纹 SSCP。该技术利用限制性内切酶解决了随着 DNA 片段长度的增加检测的灵敏度降低的问题,确保了 1 kb 片段内几乎所有突变的检测,延长了 SSCP 对 DNA 片段的检测长度,提高了突变基因的检出率。Maruya E. 等人建立了低离子强度 PCR-SSCP 技术(PCR-LIS-SSCP)。该技术提高了变性 DNA 的单链生成率,从而大大提高了 SSCP 的灵敏度。此外,PCR-rSSCP 分析、双脱氧指纹分析都提高了 PCR-SSCP 检测结果的多态性以及更高的灵敏度。毛细管电泳技术与 SSCP 的结合,更是实现了高速度、高效率和自动化分析。因此,非同位素标记的分析 SSCP 法是一种简单、安全、快速有效的分析点突变的方法。

最近,SSCP 又发展了 RNA-SSCP 分析,基本原理是 RNA 有着更多精细的二级和三级构象,这些构象对单个碱基的突变很敏感,从而提高了检出率,其突变检出率可达 90% 以上。

8.8.1　基本原理

8.8.1.1　SSCP 技术的基本原理

SSCP 是一种以 PCR 为基础,基于 DNA 构象差别而进行快速、灵敏、有效检测基因点突变的方法。在不含变性剂的中性聚丙烯酰胺凝胶中,单链 DNA 迁移率除了与 DNA 长度有关外,主要取决于 DNA 单链所形成的空间构象,这种构象由 DNA 单链碱基顺序决定,其稳定性靠分子内局部顺序的相互作用(主要是氢键)来维持。相同长度的单链 DNA 因其顺序不同或单个碱基有差异,所形成的构象就会不同,PCR 产物经变性后进行单链 DNA 凝胶电泳时,每条单链处于一定的位置,靶 DNA 中若发生碱基缺失、插入或单个碱基置换时,就会出现泳动变位,从而提示该片段有基因变异存在,如图 8.10 所示。

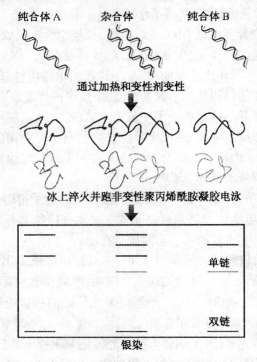

图 8.10　PCR-SSCP 分析基本原理示意图

进一步的研究表明,DNA 单链构象同双链一样包括一级结构和空间结构,而发夹结构(Hair-pin-loop)是其中最主要的空间结构。因此当突变发生后,如造成发夹结构消失或增加,该链的空间构象随着改变,在电场中的迁移率也会改变,从而确定基因突变和进行 DNA 多态性分析。

8.8.1.2　PCR-SSCP 技术的优势

单链凝胶电泳时,互补单链迁移率不同,一般形成两条单链带,但是一种 DNA 单链有时可形成两种或多种构象,检出三条或四条单链带不足为奇,也有学者认为,如果只有一条带或两条以上的带,说明电泳的温度需要调速,为了区分单链和双链,可通过设置分子量标准和不变性模板对照来实现。在某些情况下,某一条单链可能与双链带具有相同的迁移率,进而,为了辨别单链的正、负性,可用不对称 PCR 产物进行实验。在结果观察上,有学者用光密度计扫描图谱,以克服人眼观察时存在的误差。

作为一种检测 DNA 序列变异的手段,PCR-SSCP 法与传统的 PCR 方法相比具有以下优点:

(1)原理和操作简单,不需要特殊仪器,技术容易掌握,PCR 产物变性后无需处理就可直接电泳;

(2)实验步骤少、周期短,整个过程可在 1~2 d 内完成,最快可在 1.5 h 内得到结果;

(3)成本低,所用试剂价格低廉,可用非同位素法检测;

(4)适于大样本筛查,在测序之前,如能采用本法筛选出需测序的 DNA 样本,可大大避免盲目测序带来的人力、物力和时间上的浪费,加快测序工作的进度;

(5)PCR-SSCP 分析对 DNA 原始材料纯度要求不高,且所需量较少,为该技术在研究和实际操作中的应用提供了极大方便;

(6)能够根据已有的资料设计 PCR 引物即可进行 PCR-SSCP 分析,无需事先知道待测 DNA 片段的序列;

(7)可检测任何(包括已知的和未知的)DNA 位点上的多态性和突变,且检测灵敏性高,可以提高基因突变的检测范围,即能够检测出 1 bp 的小缺失和点突变。

8.8.1.3 PCR-SSCP 技术存在的问题及解决办法

虽然 PCR-SSCP 技术有以上优势,但是作为一种发展历史不长的分子生物学分析方法,不可避免会存在一些不完善之处,主要表现为以下几点:

(1)不能对 DNA 序列变异进行精确的定位,而只能对其进行初筛,需要结合序列分析才能确定变异的位置及内容;对大于 300 bp 的 DNA 片段,随着 DNA 片段长度的增加,检测的敏感性逐渐降低;依其序列不同,表现出复杂的图谱,不适于作 SSCP 分析。

(2)虽然从理论上讲 PCR-SSCP 法可以检测任何位点上的碱基变异,但实际应用中可能会遇到相当比例的假阴性结果,在通常的条件下,有些突变可能未被检出,因而该技术不能明确证明有没有突变。

(3)多种因素如电泳温度、离子强度(即电泳缓冲液浓度)、凝胶浓度、甘油的浓度和交联剂亚甲基双丙烯酰胺的浓度直接或间接影响 PCR-SSCP 分析结果,不同的实验条件甚至可能导致完全不同的结果。

(4)在室温、通风、冷却条件下进行电泳,少量片段的条带难以分离。PCR-SSCP 法检测基因可能产生假阴性结果是由于点突变引起的空间构象变化甚微,迁移率相差无几所致,因此,在实验时通过设置阳性对照,摸索电泳条件,可在很大程度上避免假阴性结果的产生。另外,根据研究目的的不同,可在方法上对 PCR-SSCP 技术进行改进,从而解决其本身存在的缺点。例如,荧光标记 PCR-SSCP(F-SSCP)既可以保证电泳时恒温,又可以实现自动化测序;新开发出的一种可以增强突变检出率的凝胶(MDE),它可以摆脱 PCR-SSCP 技术对电泳条件优化的繁琐步骤;将 PCR-SSCP 技术与变性梯度凝胶电泳(DGGE)、随机扩增多态性 DNA(RAPD)等结合起来,既提高了检出率,也促进了其他方法的工作进度。

8.8.2　SSCP 技术的操作步骤

8.8.2.1　PCR 产物的准备

进行 PCR 时,设计的引物的特异性要强,这样才能保证扩增出特异的产物。提高复性温度、缩短复性时间、热启动或改用两温循环,均能在很大程度上提高 PCR 产物的特异性。非特异扩增会严重干扰 PCR-SSCP 分析,甚至无法分析。

对于需先进行逆转录,而后再进行 PCR 扩增的,逆转录时,RNA 宜先变性,而后最好在高温下(如 70 ℃)进行逆转录,这样不但可提高 cDNA 的产量,更重要的是可提高 cDNA 产物的特异性,从而提高后续 PCR 产物的特异性。

在产物准备上,有的学者用 Asymetric PCR 产物作 SSCP 分析,以克服变性不彻底和电泳时两条单链的复性以及减少两条单链时对分析带来的干扰,或帮助判明单链的正、负性,但并未见比普通 PCR 产物有优越性。PCR-SSCP 分析时,代表基因变异的泳动变位不一定在两条链都表现出来。因此,普通 PCR-SSCP 更有机会将基因变异检测出来。

RNA-SSCP(RSSCP)是 PCR-SSCP 的重大发展。RNA 分子中五碳糖 2′-OH 有助于碱基和糖基、糖基之间氢键的形成,RNA 分子由于有短的发夹结构,形成很稳定的二级结构,且形成的构象种类多,对碱基变异敏感。因为一个变异可能改变一个条带的迁移率,所以,多条带的形成更有助于变异的检出。电泳前,RSSCP 不必变性样品,染色可用 EB 进行。RSSCP 时,需要将 DNA 转录为 RNA,为保证 RNA 不被降解和保持合成的 DNA 长度的一致,实验要求更加严格,这样一来,SSCP 已不再简便。因此,为提高检出率,PCR-SSCP 分析时应尽可能采用小于 300 bp 的 PCR 产物,优化电泳条件,仍可得到满意结果。

8.8.2.2　DNA 样品变性预处理

为了提高 DNA 样品变性的效果和均一性,往往在热变性的基础上添加一些化学变性剂,如甲酰胺,既能降低双链 DNA 的熔炼温度(T_m),同时提高完全变性的频率。高浓度甲酰胺(95%)可使双链 DNA 熔链温度下降 60 ℃。因此,可在热变性前向样品中加入变性剂,以确保 DNA 链的完全解离与伸展。在毛细管 SSCP 操作中,在热变性之前通常用变性剂甲酰胺来稀释待测 DNA 样品。

除使用甲酰胺外,氢氧化钠作为 pH 值调节剂也经常被加入到 DNA 样品溶液中,以辅助提高 DNA 的变性效果。其效应机理可能是高 pH 值使得 DNA 序列充分变性,还可能影响 SSCP 构象异构体的迁移速率。氢氧化钠的加入必然对样品溶液的 pH 值和离子强度产生很大的影响。DNA 溶液的离子强度对注入毛细管中 DNA 的量的影响不同。以流体力学方式注入 DNA 片段,离子强度不影响 DNA 的量;而以动力学方式注入 DNA 片段,则对离子强度的变化很敏感,实际上通常采用这种注入方式。若在高盐溶液中,DNA 的浓度就低,就要增加样品注入量,而导致分析中的信噪比降低,对检测不利。因而氢氧化钠的加入要适量,不仅要考虑 DNA 样品的变性,还要考虑后续电泳及其结果。一般在高盐溶液中注入的 DNA 的浓度就要相对低些。

8.8.2.3　PCR 产物单链凝胶电泳

(1)电泳装置

最初,PCR-SSCP 分析采用的是测序装置,以便使电泳过程中产生的热量能均匀散开,同时也提供 DNA 单链有足够的泳动长度以增加被分辨的机会。但近年来不少学者用

Phastsystem 和 Minigel 也同样取得了满意结果。并且 Phastsystem 可提供电泳过程中的恒温控制,能保证结果的重复性。

（2）凝胶的配制

0.5×TBE、5% ~8% 凝胶适合于大多数电泳条件,也有学者用高至 20% 的凝胶;用梯度胶进行电泳的,也有报道,梯度胶的优点之一是 DNA 链的电泳速度比均一浓度胶高一倍,从而电泳时间较短,对于一些 PCR 产物,两者的分辨率基本一样。但是,对于某些 PCR 产物,尤其是差别很细微的,梯度胶或许可提高它们的分辨率。凝胶中丙烯酰胺和甲基双丙烯酰胺的比例一般采用 49∶1;采用 39∶1 的也有成功的报道。凝胶中一般加入 5% 甘油(弱变性剂),也有不加甘油的。

（3）PCR 产物的稀释和上样

Hongyo 等人的研究表明,5 μL PCR 产物进行 1∶4 或 1∶6 稀释后(每道上样 20 ~ 30 μL),可产生很窄细的条带。少于 3∶6 稀释的,会产生大量双链带和模糊条带,这可能是因为在高 DNA 浓度时,DNA 的完全复性和部分复性的快速动力学所致。但是,全体的上样量,还依 PCR 产物中 DNA 的浓度而定。

（4）上样缓冲液及变性剂

上样缓冲液有用甲酰胺的,也有用 Ficoll 的。样品变性剂一般用甲酰胺测序终止液,也有用氢氧化甲基汞的,也有报道用氢氧化钠的。

由于突变引起的单链 DNA 迁移率变化与电泳操作条件之间确实存在密切关系,但目前还不能从理论上预测这种关系。因此,通过改变缓冲液或优化操作温度是提高 SSCP 灵敏度的基本策略。平板凝胶 SSCP 分析中,常用由 Tris-硼酸盐-EDTA(Tris-borate - EDTA,TBE)和 5% ~10% 甘油组成的低 pH 值电泳缓冲液系统。甘油能强化突变引起的电泳迁移率变化,这可能是由于甘油与 Tris-硼酸发生了反应,降低了电泳的 pH 值。另外,低 pH 值抵消了核酸主链磷酸基团的负电荷,碱基之间的相互作用就更强,碱基差异对构象的影响更明显。

与平板 SSCP 操作不同,在毛细管电泳 SSCP 中,低 pH 值缓冲液并不一定最好。Ren 等人在对 CBS(Cystathionineβ-Synthase)基因中的 6 个单碱基突变的检测中发现,不同的突变位点的 pH 值最适检测范围不同。这表明缓冲液 pH 值对 SSCP 分析具有重要影响,而且不同的片段对 pH 值有不同的最适检测范围。对 pH 值的不同依赖性可能与片段的序列有关,特别是碱基中芳香环的烯醇式结构变化,会影响所带电荷数及构象的变化。Ozawa 等人研究表明,毛细管 SSCP 的关键是筛分介质聚合物的浓度和缓冲液,把常规的 TBE 缓冲液改为 TG(Tris-Glycine,Tris-甘氨酸)时,提高了分辨率,降低了电泳时间。

为了提高分辨率,在平板胶的电泳缓冲液中还可加入变性剂(包括甲酰胺、脲、羟甲基水银、SDS、PEG),使单链 DNA 片段的带更狭窄,背景更清楚。这可能是使凝胶处于适宜的变性环境中,SSCP 构象异构体的数目减少,因而使得 DNA 带型更清晰。

（5）电泳缓冲液

0.5×TBE 缓冲液适用于大多数电泳条件,用 TAE、TGE 作为缓冲液的,也有报道,但 TAE 缓冲液产生的带型不够理想。

（6）电泳温度

温度对单链 DNA 的构象影响很大,是 SSCP 操作的关键技术之一。使用多个操作温度,灵敏度就会提高。不同的样品、不同的缓冲溶液以及不同的聚合物成分都会有不同的最适温度。单一温度下检测率在 67% ~100% 的多个突变,若在多个温度的结合下检测,检出率都可达 100%。另外在低黏度 3% 羟乙基纤维素中,进行温度梯度电泳,突变检测的灵敏度可达 100%。然而对于实现高通量而言,还是单一温度有利于操作。

Li 等人经实验研究,总结出用 DNA 序列的组成估算最适温度的公式,即

$$T_s = \frac{80 \times \dfrac{C}{A+1}}{k + \dfrac{C}{A+1}}$$

式中,C 为碱基 C 的数目;A 为碱基 A 的数目;k 为系数,由 DNA 的碱基组成及其序列决定,具体数值由实验确定。该公式计算的 T_s 值与实验所得值仅相差 1 ~2 ℃,因此可在公式计算的基础上,由实验确定 T_s 值,以最大限度优化温度条件。无疑,该公式为对提高 SSCP 分辨率具有一定的指导作用。

电泳一般采用室温电泳,不过对不同的 PCR 产物需要摸索各自最佳的电泳温度。为了严格控制电泳温度,可采用恒温板电泳,为避免产热过大,电泳可在冷库中进行,或用电风扇吹玻板,以帮助散热。

（7）电泳参数

为避免大电流,采用恒功率电泳,电泳时间参考 PCR 产物长短、凝胶浓度、甘油浓度和温度。

（8）显色与检测

平板 SSCP 的检测主要是用 DNA 嵌合染料染色(银染或其他荧光试剂染色)或放射性同位素标记,使结果可视化,在紫外灯下观察,用凝胶成像仪记录结果或压片曝光。染色比放射性同位素安全、方便,目前广泛应用,但灵敏度不如放射性同位素高。在毛细管 SSCP 分析中,早期主要为紫外光(260 nm)检测,但其缺点是无法分辨不同 DNA 链,需要移去与其互补的单链 DNA 以提高其灵敏度。现在基本被荧光法所取代,可以在 PCR 扩增的同时进行荧光标记,也可以在 PCR 扩增之后标记,降低分析费用。如果每条单链用不同荧光标记的引物,则可区分两条互补的 DNA 链,用于多路 PCR 扩增多个片段,从而提高分析通量。将待测的 DNA 片段以特殊的引物扩增,PCR 扩增后由于链的特异性分别接合不同荧光标记的 dNTP。未接合的 dNTP 用碱性磷酸酶或 Klenow 酶降解掉,使最终检测到的峰简化。

8.8.3　SSCP 技术的注意事项

8.8.3.1　重复性

影响 SSCP 重复性的主要因素为电泳的电压和温度。这两个条件保持不变,SSCP 图谱可保持良好的重复性。一般 SSCP 图谱是二条单链 DNA 带,但有时有的 DNA 片段可能只呈现一条 SSDNA 带,或者三条以上,这主要是由于两条单链 DNA 之间存在相似的立体构象。三条以上的 SSCP 图谱是由于野生型 DNA 片段和突变型 DNA 片段共同存在的结果。

8.8.3.2　靶 DNA 序列长度的影响

在实验中发现 SSCP 对短链 DNA 或 RNA 的点突变检出率要比长链的高,这可能是由

于长链 DNA 和 RNA 分子中单个碱基的改变在维持立体构象中起的作用较小的缘故。而有人认为在 DNA 链较短的（400 bp 以下）情况下，DNA 的长度不会影响 SSCP 的效果，他们仔细选择了实验条件，发现 354 bp 的 DNA 中点突变的检出率仍可达到 90% 以上。

8.8.3.3 电泳电压和温度的影响

为了使单链 DNA 保持一定的稳定立体构象，SSCP 应在较低温度下进行（一般在 4 ~ 15 ℃之间）。在电泳过程中除环境温度外，电压过高也是引起温度升高的主要原因，因此，在没有冷却装置的电泳槽上进行 SSCP 时，开始的 5 min 应用较高的电压（250 V），以后用 100 V 左右电压进行电泳。这主要是由于开始的高电压可以使不同立体构象的单链 DNA 初步分离，而凝胶的温度不会升高，随后的低电压电泳可以使之进一步分离。在实验中应根据具体实验条件确定电泳电压。

8.8.3.4 DNA 片段中点突变位置的影响

点突变在 DNA 和 RNA 中的位置对 SSCP 检测率的影响，取决于该位置对维持立体构象作用的大小，而不是仅仅取决于点突变在 DNA 链上的位置（有研究认为点突变在 DNA 链中部要比在近端容易被 SSCP 检测出来）。

8.8.3.5 SSCP 的结果断定

由于在 SSCP 分析中非变性 PAG 电泳不是根据单链 DNA 分子和带电量的大小来分离的，而是以单链 DNA 片段空间构象的立体位阻大小来实现分离的，因此，这种分离不能反映出分子量的大小。有时正常链与突变链的迁移率很接近，很难看出两者之间的差别。因此一般要求电泳长度在 16 ~ 18 cm 以上，以检测限为指标来判定结果。检测限是指突变 DNA 片段与正常 DNA 片段可分辨的电泳距离差的最小值，大于检测限则判定链的迁移率有改变，说明该 DNA 序列有变化，小于检测限则说明链之间无变化。例如，一般检测限定为 3 mm，那么当两链间距离在 3 mm 以上，则说明两链之间有改变。另外，检测限不能定得太低，否则主观因素太大，易造成假阳性结果。此外，SSCP 分析中其他条件，如 PCR 产物的上样量、PAG 的交联度以及胶的浓度等，都应根据具体实验进行选择确定。总之，SSCP 分析法是一种快速、简便、灵敏的突变检测方法，适合临床实验室的要求，它可以检测各种点突变，短核苷酸序列的缺失或插入。随着 SSCP 分析不断完善，它将成为基因诊断研究的一个有力工具。

8.9 其他分子标记技术

8.9.1 特异引物的 PCR 标记

特异引物 PCR 标记所用的引物是针对已知序列的 DNA 区段而设计的，具有特定核苷酸序列，引物长度通常为 15 ~ 24 个核苷酸，故可在常规 PCR 的复性温度下进行扩增，对基因组 DNA 的特定序列区域进行多态性分析。根据引物的来源可分为 SSR、SCAR、STS 标记等。

8.9.1.1 SSR 标记

SSR（Simple Satellites Repeat）又称微卫星 DNA，它的基本重复单元是由几个核苷酸

组成的,重复次数一般为 10~50。同一类微卫星
DNA 可分布在基因组的不同位置上。由于基本单元
重复次数的不同形成了基因座位的多态性,如图
8.11所示。每个 SSR 座位两侧一般是相对保守的单
拷贝序列,因此可根据两侧序列设计一对特异引物
来扩增 SSR 序列;经过聚丙烯酰胺凝胶电泳,比较扩
增带的迁移距离,就可知不同个体在某个 SSR 座位
上的多态性。可以看出,检测 SSR 标记的关键在于
必须设计出一对特异的 PCR 引物,为此,必须事先了

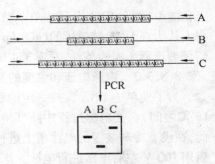

图 8.11　SSR 多态性示意图

解 SSR 座位两侧的核苷酸序列,寻找其中的特异保守区。首先建立 DNA 文库,筛选鉴定
微卫星 DNA 克隆,然后测定这些克隆的侧翼序列。也可通过 GenBank、EMBL 和 DDBJ 等
DNA 序列数据库搜索 SSR 序列,省去构建基因文库、杂交、测序等繁琐的工作。但后者获
得的 SSR 信息量往往不如基因组文库的多。最后,根据 SSR 两侧序列在同一物种内高度
保守的特性设计引物。可见,开发新的 SSR 引物是一项费时耗财的工作。SSR 标记引物
序列开发如图 8.12 所示。

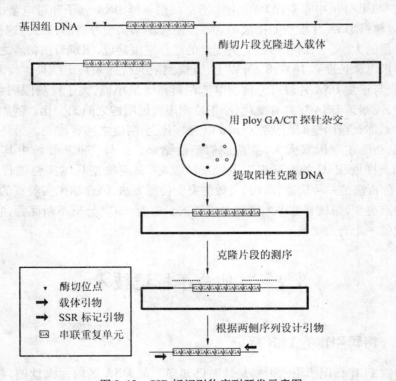

图 8.12　SSR 标记引物序列开发示意图

　　SSR 具有以下一些优点:①一般检测到的是一个单一的多等位基因位点;②微卫星呈
共显性遗传,故可鉴别杂合子和纯合子;③所需 DNA 量少。采用 SSR 技术分析微卫星
DNA 多态性时必须知道重复序列两端的 DNA 序列的信息,如不能直接从 DNA 数据库查
询,则首先必须对其进行测序。

8.9.1.2　序列特异扩增区域 SCAR 标记

SCAR 标记是在 RAPD 技术基础上发展起来的。由于 RAPD 的稳定性较差,为了提高 RAPD 标记的稳定性,在对基因组 DNA 进行 RAPD 分析后,将目标 RAPD 片段(如与某目的基因连锁的 RAPD 片段)进行克隆,并对其末端测序,根据 RAPD 片段两端序列设计特定引物,通常为 24 bp,以此引物对基因组 DNA 片段再进行 PCR 特异扩增,这样就可把与原 RAPD 片段相对应的单一位点鉴别出来。

SCAR 比其他利用随机引物的方法在基因定位和作图中应用更大,因为其具有更高的重现性。SCAR 标记是共显性遗传的,待检 DNA 间的差异可直接通过有无扩增产物来显示,这甚至可省略电泳的步骤。

8.9.1.3　STS 标记

STS 标记是根据单拷贝的 DNA 片段两端的序列,设计一对特异引物,扩增基因组 DNA 而产生的一段长度为几百 bp 的特异序列。STS 标记采用常规 PCR 所用的引物长度,因此 PCR 分析结果稳定可靠。RFLP 标记经两端测序,可转化为 STS 标记。STS 在基因组中往往只出现一次,从而能够界定基因组的特异位点。用 STS 进行物理作图,可通过 PCR 或杂交途径来完成。STS 标记可作为比较遗传图谱和物理图谱的共同位标,这在基因组作图上具有非常重要的作用。

8.9.1.4　CAPS 标记

酶切扩增多态性序列(Cleaved Amplified Polymorphism Sequences,CAPS)是特异引物 PCR 与 RFLP 相结合而产生的一种 DNA 标记,它实际上是一些特异引物 PCR 标记(如 SCAR 和 STS)的一种延伸。当 SCAR 或 STS 的特异扩增产物的电泳谱带不表现多态性时,一种补救办法就是用限制性内切酶对扩增产物进行酶切,然后再通过琼脂糖或聚丙烯酰胺凝胶电泳检测其多态性。用这种方法检测到的 DNA 多态性就称为 CAPS 标记。它揭示的是特异 PCR 产物 DNA 序列内限制性酶切位点变异的信息,也表现为限制性片段长度的多态性。

CAPS 是一类共显性分子标记,其优点是避免了 RFLP 分析中膜转印这一步骤,又能保持 RFLP 分析的精确度。另外,由于很多限制性内切酶均可与扩增 DNA 酶切,所以检测到多态性机会较大。

8.9.2　ISSR 标记

简单序列重复区间(Inter Simple Sequence Repeat,ISSR)DNA 标记技术是 Zietkiewicz 等人提出的,该技术检测的是两个 SSR(Simple Sequence Repeat)之间的一段短 DNA 序列上的多态性。其原理是根据真核生物基因组中广泛存在的简单重复序列,设计出各种能与 SSR 序列结合的 PCR 单一引物,对两个相距较近、方向相反的 SSR 序列之间的 DNA 区段进行扩增。ISSR 标记技术所用的 PCR 引物在 20 个核苷酸左右,因此,PCR 扩增时退火温度可在 52 ℃左右进行,保证了 PCR 扩增的可重复性。同时 ISSR 标记还具有多态性水平高,DNA 用量少,成本低等特点。该项技术可用于品种的鉴定或居群遗传学研究,也可作为构建遗传图谱的工具。

8.9.3　T-RFLP 方法

末端限制性片断长度多态性 T－RFLP（Terminal Restriction Fragment Length Polymorphism）研究方法是利用一定的标记引物对样品中 DNA 进行特异扩增，然后进行限制性内切酶酶切，检测末端限制片断的多样性，主要应用于微生物群落组成和结构、微生物系统发育及其菌种鉴定等研究，是一种应用比较广泛的微生物生态学研究方法。PCR技术的发明和不断完善，不仅为分子生物学的发展作出了巨大的贡献，同时也为分子微生物生态学的发展和分析技术的建立提供了有力工具。

8.9.4　PCR-DGGE 方法

变性梯度凝胶电泳（Denaturing Gradient Gel Electrophoresis，DGGE）技术是由 Fischer和 Lerman 于 1979 年最先提出的用于检测 DNA 突变的一种电泳技术。1993 年，Muzyer等人首次将 DGGE 技术应用于微生物生态学研究，并证实了这种技术在研究自然界微生物群落的遗传多样性和种群差异方面具有明显的优越性。

另外一个是基于相同原理的技术称为温度梯度凝胶电泳（Temperature Gradient Gel Electrophoresis，TGGE）。在一个较短时间内，DGGE 和 TGGE 都已经成为了很流行的微生物生态学研究方法，在很多实验室成为常规技术。它们用于剖析群落复杂性，研究微生物群落中的种群动力学，监控加富培养，比较 DNA 提取方法，筛选冗余克隆文库，确定 rRNA操纵子的微观不均一性。

第9章　荧光原位杂交技术

荧光原位杂交(Fluorescence in Situ Hybridization, FISH)技术是近年来生物学领域新兴的分子生物学技术,是 20 世纪 80 年代末期在原有的放射性原位杂交技术的基础上发展起来的一种非放射性原位杂交技术。自 1988 年 GioVannoni 首先利用放射性标记 rRNA 寡核苷酸探针探测细菌以来,随着安全性较强的荧光技术的发展,1989 年 DeLong 首次应用荧光标记寡核苷酸探针探测独立的微生物细胞。此项技术即荧光原位杂交技术,通过在环境样品上直接原位杂交,既可测定不可培养微生物的形态特征及丰度,又可原位分析其空间及数量分布,由于 FISH 具有测定过程不破坏细胞及其形状、特异性强、分辨率高、安全、快速等优点,正在环境微生物领域中逐渐被广泛应用。

9.1　荧光原位杂交的基本原理

9.1.1　FISH 技术的产生与发展

继 1969 年 Gall 和 Pardue 利用放射性同位素标记 DNA 探针检测细胞制片上非洲爪蟾细胞核内 rRNA 成功之后,同年 Pardue 等人又以小鼠卫星 DNA 为模板体外合成 RNA,成功地与中期染色体标本原位杂交,从而开创了 RNA-DNA 原位杂交技术,为宏观的细胞学与微观的分子生物学研究架起了一座桥梁。1974 年,Evans 第一次将染色体显带技术和原位杂交技术结合提高了基因定位的准确性。1981 年,Roumam 首次报道了荧光素标记的 cDNA 原位杂交,同年 Langer 等人用生物素标记核苷酸制备探针。1986 年,Cremer 与 Licher 等人分别证实了荧光原位杂交(FISH)技术应用于间期核检测染色体非整倍体的可行性,从而开辟了间期细胞遗传学研究。

20 世纪 90 年代,FISH 在方法上逐步形成了从单色向多色、从中期染色体 FISH 向粗线期染色体 FISH 再向 fiber-FISH 的发展趋势,灵敏度和分辨率也有了大幅度的提高。

9.1.1.1　多色荧光原位杂交(M-FISH)

"M"分别代表"Multicolor"、"Multiplex"和"Multitarget"3 种类型。M-FISH 的最大特点是可利用不同颜色的荧光分子标记不同的探针。同时对不同的靶 DNA 在同一标本上进行定位,即一次杂交检测多个靶位。Cremer 等人用生物素和汞或氨基乙酰荧光素(AFA)标记探针建立了双色 FISH 技术。1990 年,Nederlof 等人提出用 3 种荧光素探测 3 种以上的靶位 DNA 序列,创建了多色 FISH 方法。以下几种方法是在多彩色 FISH 基础上发展起来的新技术。

(1)染色体描绘(Chromosome Painting)是用全染色体或区域特异性探针,通过多彩色 FISH 使中期细胞特异染色体和间期核呈现不同荧光颜色的条带,从而分析染色体的方法,常用于识别染色体重组、断裂点分布、鉴别染色体外核物质的起源。

（2）反转染色体描绘（Reverse Chromosome Painting）是用筛选出的畸变染色体与正常染色体杂交来分析畸变染色体的方法,它不仅能区分标志染色体的来源,而且能分辨间隙易位和复杂的标志染色体。

（3）多彩色原位启动标记（Multicolor Primed in Situ Labeling,Mulifcolor PRINS）是用寡核苷酸作为引物,原位 PCR 扩增待测序列,并在此过程中掺入荧光素直接或间接标记的核苷三磷酸,使扩增出的序列都得以标记。通过几轮这样的扩增,使待检的几个序列的原位扩增产物标记上不同荧光素,实现同时对多个微小缺失和突变等染色体微小改变的检测。这种方法已用于检测特异性 α 卫星序列在染色体和间期核内的定位。

（4）比较基因组杂交（Comparative Genomic Hybridiaztion,CGH）的基本原理是对待检测的 DNA（如肿瘤细胞 DNA）和相应的正常细胞 DNA 进行不同颜色的标记（如肿瘤细胞 DNA 标记为红色,正常细胞 DNA 标记为绿色）,然后在存在抑制的情况下对正常细胞的中期染色体进行杂交。与 FISH 相比,CGH 在一次实验中能对肿瘤样品中整个基因组中的 DNA 扩增和缺失等变异获得整体认识,并描绘出相应的 CGH 核型图,可在物种间进行染色体同源性比较,从而弥补了常规 FISH 只适于小部分肿瘤的不足。微切割（Microdissection）和 PCR 技术与 CGH 的结合使其越来越广泛地应用于多种肿瘤研究。但 CGH 不能检测 DNA 的结构重排如反转和转座,并且其灵敏度和分辨率都有一定的限制。要对那些微弱变化进行定量分析,高分辨率的显微装置和专业化图像分析系统是至关重要的。

（5）光谱染色体自动核型分析（Spectral Karyotyping,SKY）是一项显微图像处理技术。首先由 Dr. Thomas Ried 实验室于 1996 年发表在 Science 上。在染色体核型排序的应用上,SKY 可同时分辨人类的 22 对染色体及 XY 性染色体或老鼠的 21 种不同染色体,并以各种颜色呈现出来。该方法结合了傅里叶频谱、电荷耦合设备成像和光学显微方法,同时计量样本在可见光和近红外范围内所有点的发射频谱,因而可以使用多个荧光染料的频谱重叠的探针。与一般荧光原位杂交不同的是其同时使用 24 种染色体的涂染探针;而杂交的靶 DNA 可以是疾病标本或细胞系的中期染色体,这一点与比较基因组杂交（CGH）使用正常外周血淋巴细胞中期染色体不同。

（6）交叉核素色带分析（Cross-Species Color Banding,Rx-FISH）是一种使用来源于较少的长臂猿的染色体涂染探针分析人类染色体的核型分析方法。长臂猿和人类 DNA 有 98% 的同源序列,但是相对于人类染色体,长臂猿染色体有广泛的重排。3 种荧光色以不同的结合方法标记 26 条长臂猿染色体,和人类染色体杂交,可以出现 8 种条带模型。18 条染色体出现可重复的条带模型,剩余的 6 条呈单色涂染。Rx-FISH 鉴别不同染色体之间的异位不如 M-FISH/SKY 灵敏,但如果重排区域内有两条或更多的色带。Rx-FISH 鉴别染色体内重排有独特的优势。Rx-FISH 可作为一种辅助技术使用,但该技术的商业探针还未获得,所以它的使用仍受限制。

9.1.1.2　DNA 纤维荧光原位杂交技术（DNA fiber-FISH）

Wiegant 和 Heng 等人首先利用化学方法染色体进行线性化,再以此线性化的染色体 DNA 作为载体进行 FISH,使 FISH 的分辨率显著提高,就是最初的 DNA 纤维-FISH。理想的制备的 DNA 长度应与完全自然伸展的 DNA 纤维相近,并且断裂点应尽量少。最近几年,先后发展了几种不同制备 DNA 纤维的方法。与其他载体上的 FISH 相比,在 DNA 作图方面,fiber-FISH 主要有如下主要优点:①高分辨率,能进行定量分析;②模板要求不高;③只需分析少量的 DNA 分子(<10 个);④灵敏度高,可达 200 bp,500 bp 左右的靶序列都可被有效地定位;⑤可把 μm 级的长度结果直接转换为探针大小 kb,大大加速了物理图谱的构建进程。

9.1.1.3 组织微阵排列技术

Microarray 可以在一次实验中检测出数百个基因在一个细胞中的表达情况(包括降低和增高)。Tissue array 则在一次实验中能检测出一个基因在数百个细胞中的表达情况。Tissue microarray 是由 Tissue microarray 区域中 500～1000 单个肿瘤组织联合筒状活检构成的,将活检组织切成 200 多片用于 DNA、RNA 探针。单个杂交提供单个载玻片上所有样本的信号,以后的切片可以用其他探针或抗体分析。同一个组织样本切片的多重叠区域可以形成数千张切片。组织和 cDNA 微阵排列技术相结合可以提供一种有力的体内鉴定基因的方法,可以对癌症或其他疾病的分子改变作出重要评估。

9.1.1.4 荧光免疫核型分析和间期细胞遗传学

FICTION 是一种将免疫核型分析和原位杂交相结合的方法,这种方法可以同时显示异种细胞群中单个肿瘤细胞的免疫表型和一定的基因改变。FICTION 和形态学有关,可以对档藏材料进行回顾性研究。FICTION 诊断快速,可以再现,适合 FISH 分析前或分析后没有所需以前细胞标本的细胞学样本。FICTION 可用于分析血液肿瘤的系谱以获得对肿瘤病理组织更好的了解。

9.1.1.5 其他方法

随着科学技术的不断发展,FISH 技术也日趋完善,除上述方法外,还有很多方法也在临床有广泛应用。例如,ring-FISH 利用多聚核苷酸探针,第一次允许检测质粒上的单个基因或基因片段以及单个细胞中的核酸。因为这种方法的杂交信号特征包含一个像光晕、圆圈形状的荧光聚集在细胞周边,所以我们称之为 ring-FISH;subtelorn-eric-FISH 在检测端粒方面显示出不可比拟的优越性;re-FISH 可以对同一种样本进行复杂 DNA 探针再杂交达 4 次之多,为通过过滤荧光显微术的传统条带提供了新的广阔应用。高分辨率 FISH 可以使分辨率达几个碱基,使基因绘图更加精确,也使疾病的诊断更加准确。

9.1.2 FISH 技术的基本原理及特点

FISH 的基本原理是用标记了荧光的核酸探针和与待检材料中未知的单链核酸退火杂交,通过观察荧光信号在染色体上的位置来反映相应基因的情况。根据碱基互补配对的原则,可以利用核酸分子杂交技术直接探测溶液中、细胞组织内或固定在膜上的同源核酸序列。

所谓核酸探针是指能识别特异核苷酸序列的带标记的一段单链 DNA 或 RNA 分子,只与被检测的特定核苷酸序列结合,不与其他系列结合。对微生物探测的 FISH 技术中使用的 S-rRNA 寡核苷酸探针,一般是进行了荧光标记 20 bp 左右的特异性核苷酸片段上。利用该探针与固定的组织或细胞中特定的核苷酸序列进行杂交。分子杂交是 DNA 的变性和与带有互补的同源单链退火配对形成双链结构的过程。而上述过程并不需要 DNA 或 RNA 的提纯、扩增等繁琐步骤,实用性较强。

FISH 技术作为一种非放射性检测体系。具有如下优点：

（1）FISH 采用非放射性的生物素标记探针，不存在辐射型污染问题。

（2）荧光探针经济、稳定。一次标记后可在 2 年内使用，且只要具有荧光显微镜，一般常规的实验室均可进行。

（3）该技术基于抗体、抗原鉴定特异性识别与结合等特点，实验周期短、特异性好、灵敏度高、定位准确。定位长度在 1 kb 的 DNA 序列的灵敏度与放射性探针相当。

（4）多色 FISH 可同时检测多种序列，应用范围极其广泛。

9.2　FISH 技术的主要步骤及操作要点

9.2.1　主要步骤

核酸杂交以碱基配对原理为基础，利用寡核苷酸探针与靶细胞专一性结合进行生物分析。核酸杂交的基本实验步骤为：样品预处理、细胞固定、杂交（其专一性和严格性依赖于杂交温度和时间、盐浓度、探针长度及其浓度）、洗脱（去除与靶细胞没有结合的和非专一性结合的物质）以及检测。

（1）样品预处理

革兰氏阳性细菌用 50% 乙醇溶液，革兰氏阴性细菌用 4% 多聚甲醛处理，再以磷酸盐缓冲液洗脱两次，悬浮于等体积的磷酸盐缓冲液与 100 % 乙醇的混合液中，储存于 -20 ℃备用。有些样品还需要一些特殊处理。

（2）细胞或组织固定、脱水

取预处理后的样品 2～10 mL 均匀点于特制的载玻片上，于 45 ℃条件下干燥，使样品固定在载玻片上，然后分别在 50%、80% 和 100 % 的乙醇水溶液（体积分数）中各脱水 3 min，自然干燥。常用的固定液有 FAA（Formalin-Acetic Acid）、Paraformaldehyde（低聚甲醛）、Glutaraldehyde（戊二醛）。

脱水采用梯度脱水法，用 8 个梯度依次脱水，自然干燥，见表 9.1。

表 9.1　梯度脱水

级别 Dgree	1	2	3	4	5	6	7	8
DEPC 水 DEPCwater	40	30	15	0	0	0	0	0
无水乙醇 Ethanol	50	50	50	25	25	0	0	0
叔丁醇 Tert-butyl alcohol	10	20	35	50	75	100	100	100

（3）将探针与固定材料上的靶序列（DNA 或 RNA）进行杂交

取 9 mL 相应液体与 1 mL 荧光染料标记的探针混合，在杂交炉中于 46 ℃杂交 1.5～3 h。在进行杂交的同时，准备洗脱缓冲液，并于 48 ℃水浴保温。

（4）未杂交探针的清洗

用 48 ℃水浴保温的清洗液及冰浴的超纯水清洗，充分除去未杂交的探针和杂交缓冲液，尽量降低背景值。

（5）检测杂交的结果

待上述操作完成后，加少量对苯二胺-甘油溶液覆盖样品，防止荧光淬灭，再封片。结果用荧光显微镜或激光共聚焦显微镜（CLSM）观察、照相并进行分析。另外利用流式细胞仪可以对每一个靶细胞探针杂交物的荧光强度进行定量测定。

根据不同的实验目的和研究对象，每一步骤的要求和细节会有所变化。对于微生物FISH 实验而言，解决好如下关键步骤的技术问题是获得科学结果的保证。

9.2.2　操作要点

9.2.2.1　核酸探针的准备

核酸探针是指能与特定核苷酸序列发生特异互补杂交，而后又能被特殊方法检测的被标记的已知核苷酸链。根据来源和性质可将核酸分子探针分为基因组 DNA 探针、cDNA 探针、RNA 探针以及人工合成的寡核苷酸探针几类。可以针对不同的研究目的选用不同的核酸探针，选择的基本原则是探针应具有高度特异性。

核酸探针的制备是 FISH 技术关键的一步，影响着该技术的应用与发展。近年来，随着 DNA 合成技术的发展，可以根据需要合成相应的核酸序列，因此，人工合成寡核苷酸探针被广泛采用。这种探针与天然核酸探针相比具有特异性高、容易获得、杂交迅速、成本低廉等优点。

寡核苷酸探针是根据已知靶序列设计的。一般应遵循如下的设计原则：①探针长度为 10 ~ 50 bp，越短则特异性越差，太长则延长杂交时间；②G+C% 应在 40% ~ 60%，否则降低特异性；③探针不要有内部互补序列，以免形成"发夹"结构；④避免同一碱基连续重复出现；⑤与非靶序列区域同源性小于 70%。目前，已有大量寡核苷酸探针被设计合成，并且建立了有关探针的数据库，研究者可以很方便地通过互联网查询所需的探针或设计探针的资料和软件。例如，LoyA.，HornM.，WangerM. 等人建立的 probeBase 寡核苷酸数据库，就可以提供以 rRNA 为目标的寡核苷酸探针的相关资料以及检验探针专一性的软件系统。

设计或选定的寡核苷酸探针可以用 DNA 合成仪很方便地合成，然后用荧光素进行标记。常用的荧光素有：异硫氰酸荧光素（FITC）、羧基荧光素（FAM）、四氯荧光素（TET）、六氯荧光素（HEX）、四甲 6 羧罗丹明（TAMRA）、吲哚二羧菁（Cy3，Cy5）等。这些荧光素具有不同的激发和吸收波长，一般当选择两种以上的探针同时杂交时，要给这几种探针分别标记不同的荧光素。目前，有人在多彩色荧光原位杂交实验中，采用混合调色法和比例调色法，仅用 2 ~ 3 种荧光素就可以给 4 ~ 7 种探针标记上不同的颜色。探针的合成与标记可以根据条件自己进行或选择相应的生物技术公司来完成。标记好的探针通常放在 -20 ℃ 避光保存。使用前，将探针稀释到 5 ng/mL 的质量浓度，分装备用。

9.2.2.2　杂交样品的准备

对于微生物原位杂交，首先涉及的是微生物样品的收集。既要求尽可能多地收集到样品中的微生物，又要尽量减少样品中杂质对杂交结果的影响。因此，无论是来自人工培养基的，还是自然环境的，或是污水处理设备的微生物样品，必须先经过打碎、离心、清洗等处理步骤。目的是使微生物细胞与杂质分离、除去杂质、收集细胞。可以用灭菌玻璃珠震荡将样品打碎，1 000 r/min 离心 2 min，取上清液，将上清液 5 000 ~ 8 000 r/min 离心

2 min,弃上清液,再用 PBS 将收集到的微生物冲洗一次。上述过程每一步可重复 2～3 次。

然后,需要对收集的样品进行固定和预处理。这一步要求微生物细胞保持形态基本不变,同时要增大细胞壁的通透性,保证探针顺利进入与 DNA 或 RNA 进行杂交。一般先用 4% 多聚甲醛溶液固定,4 ℃过夜。如果不能马上进行杂交实验,可将固定好的样品暂时放在 50% 乙醇/PBS 溶液中,−20 ℃保存。杂交实验前,用 PBS 液清洗,离心收集。用蛋白酶 K,37 ℃消化 30 min,减少蛋白质对杂交的影响。

9.2.2.3　杂交

这一步首先涉及配制杂交液。一般的荧光原位杂交液的组成成分有:氯化钠、Tris-Cl 缓冲液、SDS 或 Trionx−100、甲酰胺以及硫酸葡聚糖。SDS 和 Tritonx−100 的作用是去污,二者取一即可。硫酸葡聚糖的作用是增加探针的相对浓度。甲酰胺的浓度直接影响杂交的特异性,因此,需根据不同的探针和杂交温度加以选择。一般情况下,甲酰胺的浓度和杂交温度越高,探针的特异性越强;反之,探针的特异性降低。探针在杂交前加入杂交液中,使其终质量浓度为 0.5 ng/mL。

杂交在载玻片上进行,取经过预处理的样品涂于载片,充分干燥后,加杂交液。在微生物 FISH 实验中,样品与杂交液的比例大约为 1:2,通常是 10 μL 样品加 20 μL 杂交液。由于杂交温度较高,杂交液又很少,容易蒸发干燥,因此,需使用密闭湿盒。

杂交完成后,要用洗脱液将多余的探针除去。常用洗脱液为 SET 或 SSC,洗脱温度低于 50 ℃。洗脱是否充分会影响杂交结果的准确性,因此,常采用多梯度、多次的洗脱方法。如果检测同一样品中的多种微生物,往往需要使用两种以上的探针,只要在洗脱后,在新的杂交液中再加入其他 16S rRNA 探针溶液,按上述步骤杂交即可。

9.2.2.4　结果观察和分析

荧光镜检时显微镜的质量及滤片的选择,对满意结果的获得至关重要。特别是滤片系统,应严格按照表所列的荧光激发辐射光波长,选择最适的激发/阻挡滤片组合。

摄影记录系统由于固态电荷耦联扫描装置及图像分析仪的应用,可以很大程度降低背景赭色。应用激光共轭聚焦显微镜,可以通过对染色体标本的不同平面进行断层扫描,并将得到的结果经计算机处理,获得高质量的图像结果。

9.2.3　FISH 技术存在的问题

9.2.3.1　FISH 检测的假阳性

FISH 检测的精确性和可靠性依赖于寡核苷酸探针的特异性,因此探针的设计和评价十分重要。在每次 FISH 检测中都要设置阳性对照和与靶序列相似具有几个错配碱基的探针作为阴性对照。对于一些培养条件要求苛刻的和暂时未被培养的微生物,首先应该用杂交(如点杂交)分析探针的特异性,以确定探针设计的合理性。否则就要重新分离菌株,然后重新设计探针。

此外,微生物本身的荧光会干扰 FISH 检测,目前在一些霉菌和酵母中发现这种自身荧光现象,此外一些细菌(如假单孢菌属、军团菌属、世纪红蓝菌、蓝细菌属)和古细菌(如产甲烷菌)也存在这样的荧光特性。这种自身荧光的特性使应用 FISH 分析环境微生物变得复杂。环境样品(如活性污泥和饮用水)中天然的可发荧光的生物或化学残留物总是存在于微生物周围的胞外物质中。尽管自身的背景荧光利于复染,但经常是降低信噪比,同时掩饰了特异的荧光信号。通过分析样品的自身背景荧光和避免其对 FISH 检测的影响是很困难的,微生物的培养基、固定方法和封固剂对荧光的信号强度均有很大的影响。使用狭窄波段的滤镜和信号放大系统可降低自身背景荧光,不同的激发波长对自身背景荧光强度也有影响。因此,在检测未知混合菌群时要进行防止自身背景荧光的处理,以防止假阳性的发生。

9.2.3.2 FISH 检测的假阴性

假阴性结果主要是由于探针渗透不足导致的,常发生在革兰氏阳性菌的研究中,PNA探针结构较 DNA 探针简单,穿透力强,可直接检测金黄色葡萄球菌而不需酶的预处理。造成假阴性的原因主要有以下几方面:

(1)特异性低

FISH 的精确性和可靠性很大程度上依赖探针的特异性。在每次实验中,阳性对照及与待检菌株相近的有几个碱基误配的阴性对照是必需的。对于可养菌和难以培养的微生物,利用斑点印迹杂交方法来检查其特异性是很有帮助的。探针的特异性和灵敏性也取决于杂交条件,杂交和洗脱温度、变性剂的浓度等都要进行优化。在一定温度范围内提高杂交温度可以提高探针特异性;杂交时间过短会造成探针结合不完全,杂交时间过长会增加非特异性着色;杂交洗脱液中 NaCl 浓度过高可降低探针的特异性。

(2)低 rRNA 丰度

虽然大多数细菌含有高的 rRNA 丰度,但 rRNA 丰度变异不仅仅发生在种属间,也发生在同一菌不同生长阶段,休眠、代谢不活跃、生长缓慢的细菌含有低的 rRNA 丰度,这将导致低强度信号或假阴性结果。为检测低生长速率的细菌,可使用高亮度的荧光染料 Cy3 或Cy5 和多重探针标记,以及应用信号放大系统或多聚核苷酸探针等来增强杂交信号。

(3)信号衰减

许多荧光信号一旦被激发,几秒钟或几分钟后即迅速衰减。为克服此类难题,可选择窄波段的荧光滤光片,信号稳定荧光染料及抗衰减荧光媒介油。防褪色的封固剂也是十分重要的。

此外,在 FISH 检测中为了分析假阴性问题,可使用阳性对照探针 EUB338 和不产生信号的非特异性阴性探针 NON338。

9.3 FISH 探针和标记技术

9.3.1 FISH 探针

核酸杂交技术是利用寡核苷酸探针来检测互补的核酸序列。探针可以针对 DNA,也可以针对 RNA。根据细菌的种属和细胞的生理状态不同,细胞内核糖体的数目会发生变化,并且核糖体与细胞的生长速率直接相关。利用对 rRNA(主要是 16S rRNA 和23S rRNA)序列专一的探针进行杂交,已经成为微生物鉴定的标准方法。目前已对2 500多种细菌的 16S rRNA 进行了测序,在系统发育水平上得到了大量的有用信息。

　　探针是能够与特定核苷酸序列发生特异性结合的、已知碱基序列的核酸片段。它可以是长探针(10~1 000 bp),也可以是短核苷酸片段(10~50 bp),可以是从 RNA 制备的 cDNA 探针,也可以是 PCR 扩增产物或人工合成的寡核苷酸探针。探针既可以用放射性核苷酸标记,也可以用非放射性分子标记。核酸杂交试验并不要求探针与靶核酸序列之间百分之百地互补。有限数目的非互补碱基对的存在是可以接受的。

　　一些寡核苷酸探针可以从市场上买到。为了保证杂交反应较高的专一性,探针长度一般为 15~30 个碱基。早期的原位杂交(In Situ Hybridization,ISH)利用放射性标记探针进行杂交物的检测。目前关于 rRNA 的原位杂交研究几乎都是利用荧光标记的核苷酸探针进行检测。

　　用于 FISH 探针的 DNA 可来自质粒、噬菌体、黏粒、PAC、BAC 或 YAc 等多种载体,原则上大于 1 kb,以便于杂交和在荧光显微镜下辨认。DNA 的质量直接影响探针标记的效率,但按常规方法抽提的 DNA,其质量已足以用于探针标记,不需进行特殊处理。

　　杂交所用的探针大致可以分为 3 类:

　　(1)染色体特异重复序列探针

　　例如卫星、卫星Ⅲ类的探针,其杂交靶位常大于 1 Mb,不含散在重复序列,与靶位结合紧密,杂交信号强,易于检测。

　　(2)全染色体或染色体区域特异性探针

　　由一条染色体或染色体上某一区段上极端不同的核苷酸片段所组成,可由克隆到噬菌体和质粒中的染色体特异大片段获得。

　　(3)特异性位置探针

　　由一个或几个克隆序列组成。

9.3.2　FISH 探针标记技术

　　FISH 探针按标记方法可分为直接标记和间接标记。

　　用生物素(Biotin)或地高辛(Digoxingenin)标记称为间接标记。间接标记是采用生物素标记的 dUTP(Biotin-dUTP)经过缺口平移法进行标记,杂交之后用耦联有荧光素的抗体进行检测,同时还可以将荧光信号进行放大,从而可以检测 500 bp 的片段。间接标记的探针杂交后需要通过免疫荧光抗体检测方能看到荧光信号,因而步骤较多,操作繁琐,其优点是在信号较弱或较小时可经抗原抗体反应扩大。

　　直接用荧光素标记 DNA 的方法称为直接标记法。直接标记法是将荧光素直接与探针核苷酸或磷酸戊糖骨架共价结合,或在缺口平移法标记探针时将荧光素核苷三磷酸掺入。直接标记法在检测时步骤简单,但由于不能进行信号放大,因此灵敏度不如间接标记法。由于直接标记的探针杂交后可马上观察到荧光信号,省去了繁琐的免疫荧光反应,不再需要购买荧光抗体,也由于近年来荧光的亮度和抗淬灭性的不断改进和提高,直接标记的荧光探针越来越成为首选。

9.4　常用的 FISH 技术

　　FISH 技术常用的目标分子 rRNA,通常将它作为 FISH 检测的靶序列。大部分 FISH 探针的靶序列为 16S rRNA,因为它在活性微生物体内具有较高拷贝数,分布广泛、功能稳定,而且它在系统发育上具有适当的保守性。也有将 23S rRNA、16S rRNA 和 23S rRNA 基因间隔区作为靶序列的。根据待测微生物体内 16S rRNA 中的某段特异性序列,设计相应的寡核苷酸探针,就可实现对目标微生物的原位检测,而选取在分子遗传性质上保守性不同的特异序列,就可在不同水平(如域、属、种等)上进行检测。如今因特网上的公用数据库包括了绝大部分培养微生物的 16S rRNA 序列和许多直接从环境中得到的微生物 DNA 序列。近年来,广泛应用寡核苷酸探针或核酸肽(PNA)探针的 FISH 技术对特异微生物进行了鉴定和定量分析。

9.4.1 寡核苷酸探针 FISH 技术

FISH 技术的探针要求具有较好的特异性、灵敏性和良好的组织渗透性。根据需要合成的寡核苷酸探针可识别靶序列内一个碱基的变化,能够用酶学或化学方法进行非放射性标记。表 9.2 中列举了 rRNA 为靶序列,FISH 检测的一些微生物的寡核苷酸探针。最常用的寡核苷酸探针一般是 15~30 bp,短的探针易于结合到靶序列,但一般很难被标记。探针的荧光标记分为间接标记和直接标记。直接荧光标记是最常用的方法,通过荧光素与探针核苷或磷酸戊糖骨架共价结合,或是掺入荧光素-核苷三磷酸,一个或更多荧光素分子直接结合到寡核苷酸上,在杂交后可直接检测荧光信号。在寡核苷酸的 5′末端或 3′末端加入一个带长碳链的氨基臂或巯基臂,活性的氨基和巯基进一步与荧光素反应,通常氨基臂或巯基臂加在寡核苷酸的 5′末端,杂交时不会影响氢键的形成。间接荧光标记是指将标记物(如地高辛、生物素)连接到探针上,然后利用偶联有荧光染料的亲和素、链亲和素或抗体进行检测的方法。化学方法在合成过程中通过氨基臂连接在探针 5′末端,酶法用末端转移酶将标记物连接到寡核苷酸探针 3′末端。FITC(荧光素-异硫氰酸)通过 18~23 s 间隔物偶联到寡核苷酸与直接连接到探针相比可增加信号强度。通过两端标记探针增加荧光信号经常被报道。一个荧光分子在 3′末端,4 个分子在 5′末端,用相应的间隔物防止荧光熄灭。

表 9.2 FISH 杂交中应用的寡核苷酸探针

探针	序列	特异性	靶位点
ARCH915	GTGCTCCCCCGCCAATTCCT	Archaea	16S rRNA,915~934
EUB338	GCTGCCTCCCGTAGGAGT	Eubacteria	16S rRNA,338~355
EUB338-Ⅱ	GCAGCCACCCGTAGGTGT	*Planctomycetales*, *Verrucomicrobia*	16S rRNA,338~355
EUB338-Ⅲ	GCTGCCACCCGTAGGTGT	Non-sulfur bacteria	16S rRNA,338~355
NHGC	TATAGTTACGGCCGCCGT	Low% G+C Bacteria	23S rRNA,1901~1918
HGC69a	TATAGTTACCACCGCCGT	High% G+C gram-positiVe bacteria	23S rRNA,1901~1918
ALF1b	CGTTCG(CT)TCTGAGCCAG	α-Proteobacteria	16S rRNA,19~35
ALF968	GGTAAGGTTCTGCGCGTT	α-Proteobacteria, some δ-Proteobacteria	16S rRNA,968~985
BET42a	GCCTTCCCACTTCGTTT	β-Proteobacteria	23S rRNA,1027~1043
GAM42a	GCCTTCCCACATCGTTT	γ-Proteobacteria	23S rRNA,1027~1043

续表 9.2

探针	序列	特异性	靶位点
SRB385	CGGCGTCGCTGCGTCAGG	δ-Proteobacteria, some gram-positiVes	16S rRNA,385-402
SPN3	CCGGTCCTTCTTCTGTAGGTAA CGTCACAG	*Shewanella putrefaciens*	16S rRNA,477-506
CF319	TGGTCCGTGTCTCAGTAC	*Cytophaga-FlaVobacterium* cluster	16S rRNA,319-336
BACT	CCAATGTGGGGGACCTT	Bacteroides cluster	16S rRNA,303-319
PLA46	GACTTGCATGCCTAATCC	Planctomycetales	16S rRNA,46-63
Aero	CTACTTTCCCGCTGCCGC	*Aeromonas*	16S rRNA,66-83
ANME-1	GGCGGGCTTAACGGGCTTC	ANME-1	16S rRNA,862-879
Preudo	GCTGGCCTAGCCTTC	*Preudomans*	23S rRNA,1432-1446
BAC303	CCAATGTGGGGGACCTT	*Bacteroides-PreVotella*	16S rRNA,303-319
CF319a	TGGTCCGTGTCTCAGTAC	*Cytophagai-FlaVobacterium*	16S rRNA,319-336
HGC69a	TATAGTTACCACCGCCGT	Actinobacteria	23S rRNA,1901-1918
LGC354a	TGGAAGATTCCCTACTGC	Low% G+C *Firmicutes*	16S rRNA,354-371
LGC354b	CGGAAGATTCCCTACTGC	Low% G+C *Firmicutes*	16S rRNA,354-371
LGC354c	CCGAAGATTCCCTACTGC	Low% G+C *Firmicutes*	16S rRNA,354-371
DSV698	GTTCCTCCAGATATCTACGG	*DesulfoVibrionaceae*	16S rRNA,698-717
DSB985	CACAGGATGTCAAACCCAG	*DesulfoVibrionaceae*	16S rRNA,985-1004
MX825	TCGCACCGTGGCCGACACCTAGC	*Methanosaeta*	16S rRNA,825-847
MS821	CGCCATGCCTGACACCTAGCGAGC	*Methanosarcina*	16S rRNA,821-844

9.4.2 肽核酸(PNA)探针 FISH 技术

PNA(Peptide Nucleic Acid)即核酸肽,是一种不带电荷的 DNA 类似物,其主链骨架是由重复的 N-(2-氨基乙基)甘氨酸以酰胺键聚合而成,碱基通过亚甲基连接到 PNA 分子的主链上。PNA 分子骨架上所携带的碱基能与互补的核酸分子杂交,而且这种杂交与相应的 DNA 分子杂交相比结合力及专一性都较高。由于 PNA/DNA 分子之间没有电荷排斥力,使其杂交形成双螺旋结构的热稳定性高,这种杂交的结合强度和稳定性与盐浓度无关。PNA 是由碱基侧链和聚酰胺主链骨架构成,所以它不易被核酸酶和蛋白酶识别从而降解。

PNA 探针是 rRNA 靶序列的最理想的探针,在低盐浓度条件下二级结构的 rRNA 不稳定,使探针更易于接近靶序列。PNA 探针的最大优势是能够接近位于 rRNA 高级结构区域中的特异靶序列,极大提高了 PNA-FISH 检测的灵敏性,而 DNA 探针不具备这一特性。由于 PNA 与核酸之间具有高亲和力,因此,以 rRNA 为靶序列的 PNA 探针通常比 DNA 探针短,一般长度为 15 个碱基的 PNA 探针比较适宜。这样短的探针具有较高的特异性,即使是一个碱基的错配也会不稳定,表 9.3 中列举了微生物 FISH 检测中的一些 PNA 探针。

研究表明,PNA 探针与 DNA 探针相比能有效的辨别一个碱基的差别。Worden 等人用 FISH 分析海洋浮游细菌时应用 PNA 探针使信号强度与 DNA 探针相比提高 5 倍。Prescott 等人应用 PNA-FISH 直接检测和鉴定生活用水过滤膜上的大肠杆菌。

表 9.3　FISH 杂交中应用的 PNA 探针

探针	序列(5′→′3)	T_m/℃	特异性
EuUni-1	CTG CCT CCC GTA GGA	70.3	Eucarya
BacUni-1	ACC AGA CTT GCC CTC	66.2	Eubacteria
Eco16S06	TCA ATG AGC AAA GGT	68.9	Escherichia. coli
Pse16S32	CTG AAT CCA GGA GCA	70.2	*Pseudomonas. aeruginosa*
Sta16S03	GCT TCT CGT CCG TTC	61.8	*Staphyloccous. aureus*
Sal23S10	TAA GCC GGG ATG GC	73.9	*Salmonella*

9.4.3　多彩 FISH 技术

近几年来,很多学者致力于以不同染色的标记探针和荧光染料同时检测出多个靶序列的研究,最新的多彩 FISH 技术可以同时用 7 种染色进行检测,如 Reid 等人已经成功地应用 7 种不同标记的探针进行了七色彩的荧光原位杂交,探针的设计见表 9.4。1992 年,科学界已经能够在中期染色体和间期细胞同时检测 7 个探针。科学家们的目标是实现 24 种不同颜色来观察 22 条常染色体和 X、Y 染色体。荧光原位杂交法提高了杂交分辨率,可达 100～200 kb。此法除了应用于基因定位外,还有多种用途,已日益发展成为代替常规细胞遗传学的检测和诊断方法,在此不多论述。

表 9.4　七色彩重复序列探针的标记

探针	DNTP				荧光	颜色
	Fluorescein-11-dUTP	Rhodamine-4-dUTP	Coumarin-4-dUTP	dATP,dCTP,dGTP		
1	1			1	绿色	绿色
2		1		1	红色	红色
3			1	1	蓝色	蓝色
4	1/2	1/2		1	绿+红	黄色或橙色
5	1/2		1/2	1	绿+蓝	蓝绿色
6		1/2	1/2	1	红+蓝	紫色
7	1/3	1/3	1/3	1	绿+红+蓝	白色

Leitch 等人曾首次利用多彩 FISH 技术对黑麦的重复 DNA 序列进行了检测和定位。据报道,Nederlof 等人用 3 种荧光染料标记探针,每个探针具有多个半抗原可以检测多种荧光染料,成功地检测了 3 个以上的靶序列。Perry-O'keefe 等人应用 4 种 PNA 探针的多

彩 FISH 技术对铜绿假单孢菌、金黄色葡萄球菌、沙门氏菌和大肠杆菌进行了检测。

为同时观察 Multicolor FISH,应注意以下问题:

(1)采用多波峰的滤镜;

(2)混合的荧光染料应该具有狭窄的散射峰,以防止探针间光谱重叠,从而去除背景和避免褪色(bleed-through)等问题;

(3)在检测低丰度靶序列时,应采用光稳定的高亮度染料。

多彩 FISH 中常使用具有狭窄波段滤镜的表面荧光显微镜检测。近年来,广视野消旋表面荧光显微镜大大改进了细菌群落空间分布的数字分析效果。

第 10 章　基因差异表达研究技术

众所周知,基因是最基本的遗传单位,基因的表达具有时空性。基因差异表达的变化是调控细胞生命活动过程的核心机制,通过比较同一类细胞在不同生理条件下或在不同生长发育阶段的基因表达差异,可为分析生命活动过程提供重要信息。系统研究在一定分化时期或功能状态下的细胞全套基因表达谱是分子生物学研究的重要内容。同时以差异表达为基础的基因克隆技术迅速发展,一次克隆多个差异表达的基因片段已成为可能。基因差异表达研究对我们认识生命活动的多样性,了解生命过程,提供了重要的理论基础。

10.1　差别杂交与扣除杂交

10.1.1　差别杂交

差别杂交也称差别筛选,属于核酸杂交的范畴。适用于分离特定组织中表达的基因、细胞周期特定阶段表达的基因、受生长因子调节的基因、特定发育阶段表达的基因、参与发育调节的基因,以及经特殊处理而被诱发表达的基因。

10.1.1.1　基本原理

应用差别杂交技术研究基因的差异表达需要两种不同状态的细胞群体,如不同组织的细胞群体;不同发育阶段的细胞群体;未经任何处理(对照组)与经过特殊处理(实验组)的细胞群体。在这些情况下可制备得到两种不同的 mRNA 提取物。以上述第三种情况为例说明差别杂交的基本原理。

分别提取对照组和实验组的总 RNA,进一步分离纯化 mRNA,反转录为 cDNA,构建实验组的 cDNA 文库。分别以对照组和实验组的 mRNA(或 cDNA)为探针(放射性标记,^{32}P),与实验组菌落克隆平板的转印膜杂交,曝光后,进行比较。以实验组 mRNA(或 cDNA)为探针进行的杂交所有菌落均呈阳性反应,放射性自显影后呈现黑色斑点;以对照组 mRNA(或 cDNA)为探针进行的杂交除目的基因以外的其他菌落均呈阳性反应,放射性自显影后呈现黑色斑点。对照原平板挑选出含有目的基因的菌落,测序分析,如图10.1所示。

10.1.1.2　应用

差别杂交技术已成功地用于生长因子调节基因(Growth Factor-Regulated Gene)的克隆。血清中含有生长因子,用血清处理静止期的细胞,便会迅速诱发生长因子调节基因的表达。分别提取静止期细胞培养物(对照组)和经血清激活 3 h 的细胞培养物(实验组)的 mRNA,实验组比对照组多出了生长因子调节基因的 mRNA 类型。将实验组的 mRNA

反转录成 cDNA,克隆入 λ 噬菌体载体,构成 cDNA 文库。转印两份硝酸纤维素滤膜(A、B)。A 滤膜与实验组(血清激活细胞)制备的 cDNA 探针杂交,B 滤膜与对照组(静止期细胞)制备的 cDNA 探针杂交。将两个放射自显影图片进行比较,找出只与实验组探针杂交而不能与对照组探针杂交的噬菌斑位置,这些克隆即可能是带有生长因子调节基因的 DNA 编码序列。对照原平板挑选出含有目的基因的菌落,测序分析。

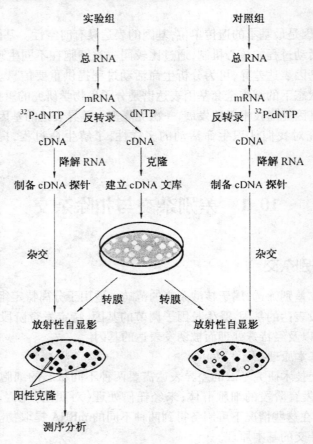

图 10.1　差别杂交基本原理示意图

10.1.1.3　局限性

(1)灵敏度较低,对于低丰度的 mRNA 尤为突出。因为杂交探针是 mRNA 反转录成的 cDNA,能与目的基因核苷酸序列完全互补的仅占很低的比例,低丰度的 mRNA 的 cDNA 很难用这种方法检测出来。

(2)重复性较差。这种方法需要大量的杂交滤膜,鉴定大量的噬菌斑或克隆片段,耗资耗时,而且两个平行转移滤膜的 DNA 保有量是有差别的,致使两个滤膜的杂交信号强度不一致,还需进行点杂交,进一步鉴定阳性克隆。

10.1.2　扣除杂交

差别杂交对于低丰度 mRNA 的 cDNA 克隆的分离是相当的困难。为了提高差别杂交的筛选效率,在差别杂交基础上发展出了扣除杂交技术。扣除杂交亦称扣除 cDNA 克隆,是通过构建富含目的基因序列的 cDNA 文库,并应用扣除杂交筛选法得以实现的。

10.1.2.1　基本原理

扣除杂交技术是除去那些共同存在的或非诱发产生的 cDNA 序列,使目的基因序列得到有效富集,从而提高了分离的敏感性。

如果某基因只在 A 细胞中表达,不在 B 细胞中表达。分别提取 A、B 两种细胞群体的 mRNA,将 A 细胞群体的 mRNA 反转录成 cDNA,与过量的 B 细胞群体的 mRNA 杂交,将杂交混合物过羟基磷灰石柱,mRNA-cDNA 杂交分子结合在柱上,A 细胞群体中特异表达的 cDNA 和 B 细胞群体过量的 mRNA 流出,将 mRNA 降解后即获得 A 细胞特异表达的目的基因,克隆入 λ 噬菌体载体,转化大肠杆菌,构建 cDNA 扣除文库。同时制备扣除 cDNA 探针,筛选文库,得到 A 细胞特异表达的目的基因,如图 10.2 所示。

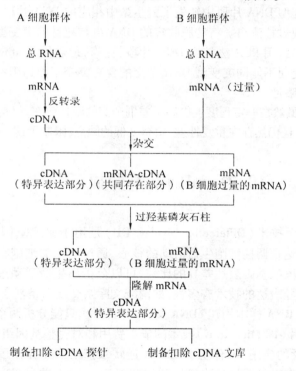

图 10.2　扣除杂交基本原理示意图

10.1.2.2　应用

利用扣除杂交技术成功克隆了 T 细胞受体(T-cell receptor, TCR)基因。T 细胞和 B 细胞都能够识别特异的抗原,均来自共同的前体细胞。但 T 细胞不能识别游离的抗原,只能识别细胞表面的抗原,这种识别特异性是由 TCR 基因决定的。TCR 基因只在 T 细胞中表达,不在 B 细胞中表达。分别制备 T 细胞和 B 细胞的 mRNA,将 T 细胞 mRNA 反转录成 cDNA,与过量的 B 细胞 mRNA 杂交,能在 T 和 B 两类细胞中同时表达的 T 细胞基因的 cDNA 分子(约占 98%),都能与 B 细胞的 mRNA 退火,形成 cDNA-mRNA 杂交分子,T 细胞特有的、不能在 B 细胞中表达的 cDNA(约占 2%),不能形成 cDNA-mRNA 杂交分子,处于单链的状态,此外还有过量的 B 细胞 mRNA 分子。将此种杂交混合物通过羟基磷灰石柱,cDNA-mRNA 杂交分子结合在柱上,而游离的单链 cDNA 和过量的 mRNA 流出。降解 mRNA,回收 T 细胞特异的 cDNA,转变为双链 cDNA 之后,与 λ 噬菌体载体重组,转染大肠杆菌寄主细胞,得到 T 细胞特异 cDNA 高度富集的扣除文库。同时制备扣除的 cDNA 探针,筛选文库,即分离得到 T 细胞的 TCR 基因。

利用扣除杂交法技术也可以分离缺失突变基因。分别制备野生型和缺失突变型的核 DNA,野生型核 DNA 用 Sau3A 酶消化,缺失突变型核 DNA 随机切割,并用生物素(Biotin)标记缺失突变的 DNA 酶切片段,作为探针。用过量的此种探针,同 Sau3A 酶切的野生型核 DNA 片段混合,变性、退火,野生型 DNA 片段与生物素标记的突变型 DNA 探针杂交。将杂交反应混合物通过生物素结合蛋白质柱(Avidin Column)。大部分野生型 DNA 片段都与生物素标记突变型 DNA 探针杂交,被结合到柱上。少部分野生型 DNA 片段不能与探针杂交,因为突变型 DNA 片段中缺失了野生型中相应的 DNA 片段,所以没有相应的探针与之杂交,经洗脱过柱流出。将洗脱收集的 DNA 再与超量的突变型探针杂交,再过柱。如此多次重复富集后,用 PCR 法扩增 DNA 片段,克隆,最后用 Southern 杂交法鉴定出只同野生型 DNA 杂交而不能同突变型 DNA 杂交的含有突变基因的阳性克隆。

10.1.2.3　局限性

扣除杂交技术虽然在一定程度上提高了差别杂交的筛选效率,但是操作较为复杂,回收的 cDNA 量有限,而且仍然存在重复性差、敏感度低的缺点,限制了这一技术的广泛应用。

10.2　mRNA 差异显示技术

mRNA 差异显示技术(Differential Display,DD)是用于研究基因的差异表达的新方法。基因的差异表达是调控细胞生命活动的核心,通过同一类细胞在不同生理条件下或在不同生长发育阶段的基因表达差异的比较,可以分析出生命活动过程的多样性和复杂性。研究基因组差异表达的技术有多种,如消减文库杂交技术是基于 cDNA 文库的构建,但由于需要大量的 RNA 样本构建 cDNA 文库,并且一次只能分析两个平行的样本而限制了其发展;DNA 芯片(即 Microarray)技术的成本费用和对完整基因组 DNA 序列信息的依赖性,限制了其广泛的应用;还有基于 mRNA 逆转录扩增的差异显示技术和对全部表达蛋白展示分析的双向电泳质谱技术等。相比较而言,mRNA 差异显示技术可以在基因组序列未知的情况下开展大规模、多样本平行的基因组差异表达分析,方法灵敏、简便、经济,具有较好的普适性。

10.2.1　基本原理

mRNA 差别显示技术根据大多数真核细胞 mRNA 3′ 端具有 poly(A)尾结构,且 poly(A)5′上游的碱基只有 3 种可能(U、G、C),利用这一特定序列结构,P. Liang 等人设计了 12 种含有 oligo(dT)的寡聚核苷酸引物(3′-锚定引物,anchored primer)5′-T_{11}MN 或 5′-T_{12}MN,反转录 mRNA,合成 cDNA 的第一条链。其中 M 为除了 T 以外的其他 3 种脱氧核苷酸(dA、dG 或 dC),N 为任意一种脱氧核苷酸(dA、dT、dG 或 dC),MN 共有 12 种排列方式,形成 12 种 3′-锚定引物。

为扩增 poly(A)上游 500 bp 以内所有可能性的 mRNA 序列,还需在 5′端设计另一种 10 bp 长的随机引物,称为 5′随机引物,这种 5′随机引物可以随机地与 mRNA 的不同部位结合。如果用 12 种 3′-锚定引物和 20 种 5′随机引物构成 240 组引物对,以 cDNA 第一条链为模板进行 PCR 扩增,能产生 20 000 条左右的 DNA 条带,每一条都代表一种特定的 mRNA 类型。这 240 组引物对的扩增产物($2.0×10^4$)大体涵盖了一定发育阶段某种细胞类型中所表达的全部 mRNA。回收不同组织或不同细胞群体所特有的差别表达条带中的 DNA,扩增至所需要的量,进行杂交或直接测序,对差异条带鉴定分析,最终获得差异表达的目的基因。基本原理如图 10.3 所示。

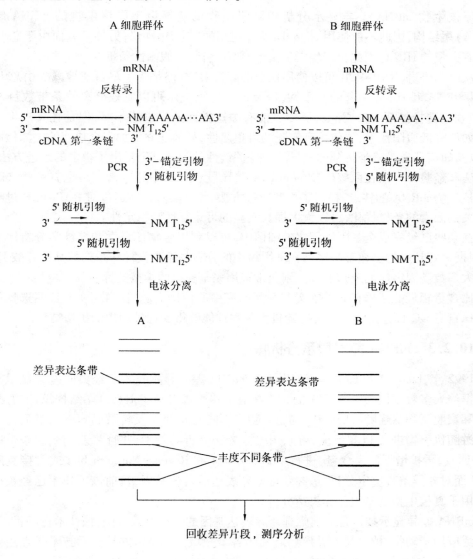

图 10.3　mRNA 差别显示技术基本原理示意图

1994 年,Ito 等人将 3′-锚定引物 3′端的两个固定碱基变为一个固定碱基,使原来的 12 种 3′-锚定引物兼并成 3 种($5′T_{12}G3′$,$5′T_{12}A3′$,$5′T_{12}C3′$),大大简化了实验步骤。后来研究人员在 3′–锚定引物引物和 5′ 随机引物末端分别加上了限制性内切酶识别位点（如 Hind III 酶切位点），5′ 随机引物长度变为 13 bp。用 8 种 5′ 随机引物与 3 种 3′–锚定引物（18 个 bp）组成 24 种引物对，进行反转录 PCR，计算机同源性分析表明，同样能覆盖某种类型细胞中表达的全部 mRNA。

美国 Beckman 公司推出了一种 Genomyxlrna 测序／差异显示系统。该系统分辨率高，每次可进行 24 孔模板测定，获得 650 个碱基序列，分辨大小为 2 ~ 3 kb。

10.2.2　原核生物 mRNA 差异显示分析中随机引物的选择

原核生物 mRNA 差异显示分析中随机引物的选择由于原核生物的 mRNA 缺少 poly（A）尾结构，因此不能使用 oligo dT 这样通用的"锚定引物"；另外一方面由于总 RNA 中含有大量的 rRNA，因此会产生大量由于 rRNA 引起的假阳性条带。

从原理上讲，RAP–PCR 可以使用任意的随机引物，但是为了尽可能地减少由总 RNA 中大量 tRNA 和 rRNA 引起的假阳性，以及产生电泳技术可以有效分离的条带数目，"随机"引物的选择是至关重要的。虽然目前有关这方面的报道还不多，但是在真核生物中针对如何降低假阳性率，如何提高实验的可重复性，如何建立更加安全快速的电泳检测方法，以及如何高通量确证得到的差异片段等关键性的问题已经提出了很多的改进方法，这些方法和经验都可以在原核生物的 mRNA 差异显示分析中加以借鉴。也有一些文献针对原核生物 mRNA 的特点，提出了一些改进方法，并且实验证明通过对 RAP–PCR 过程中一些关键因素的条件优化，可以大大提高实验的可重复性和稳定性。

在某些已经完成全基因组测序的细菌中，可以利用生物信息学和统计学分析序列信息，根据一定长度的寡核苷酸序列在基因组中的分布频率来设计一系列的寡核苷酸引物；对于大多数基因组序列未知的细菌则通常采用完全随机的策略选择引物，并尽量参考 GC 百分比含量相近的菌株在 mRNA 差异显示研究中所使用的随机引物，实验证明选择那些和菌株自身 GC 百分比含量相近的随机引物往往能够得到比较理想的扩增结果。

10.2.3　mRNA 差异显示分析特点

1992 年，Liang P 和 Pardee 首先报道了 mRNA 差异显示技术。经典的差异显示技术是根据绝大多数真核细胞 mRNA 的 3′端具有的多聚腺苷酸 Poly（A）尾结构设计的，采用一套寡聚脱氧胸腺嘧啶（oligo dT）锚定引物将不同的 mRNA 反转录成 cDNA，然后与不同的上游随机引物进行 PCR 反应，再采用电泳方法分析其差别，并且将差别表达条带中的 DNA 回收，再扩增至所需含量，进行 Northern blot 或 Reverse Northern blot 或直接克隆测序，从而对差异条带鉴定分析，最终获得差异表达的目的基因，目前该项技术已经被广泛地应用于真核生物的基因差异表达分析。

mRNA 差异显示技术是目前筛选差异表达基因的一种有效方法，该技术自问世以来，已广泛应用于动物、植物及人类疾病研究的各个领域。mRNA 差异显示技术优点主要体现在：

（1）可同时比较两种或两种以上不同来源的 mRNA 样品间基因表达的差异；

（2）重复性较好，同一 mRNA 样品，用同一组引物扩增的产物显示带重复率大于 95%；

（3）运用了 PCR、聚丙烯酰胺凝胶电泳两种普遍使用的技术，简单、方便；

（4）应用 PCR 扩增技术，使得低丰度 mRNA 的鉴定成为可能，而且灵敏度很高。

不足之处表现在：

（1）假阳性率很高，可达 70%，这是其致命弱点；

（2）Northern 筛选步骤还不够完善，由于最初是直接利用反转录 cDNA 为探针进行 PCR 扩增，这只能适合于 mRNA 量较多的情况，而且只适用每条差异带纹只有一种 cDNA 组成的情况，否则扩增产物便是多种 cDNA 的混合物，并由于兼并引物倒数第二个碱基的简并使得某些差别带纹不能被检测出来；

（3）以 poly(A) 为引物的 PCR 扩增只适合真核生物的 mRNA 差别显示。

10.3 代表性差异分析技术

代表性差异分析（Representation Difference Analysis，RDA）技术由美国冷泉港实验室的 N. Lisitsyn 和 M. Wigler 于 1993 年提出的，用来检测两个个体之间 DNA 多态性的差异。后来 M. Hubank 等人应用 RDA 技术克隆差异表达基因，创建了 cDNA-RDA 技术。目前代表性差异分析技术已广泛应用于分离编码产物未知的基因。

10.3.1 基本原理

代表性差异分析技术是通过比较基因组之间的差异来分离和鉴定突变基因或差异表达基因。应用该技术进行基因克隆或基因差异表达分析时需要两种差异来源的 DNA，即含目的基因的 DNA（检测 DNA，tester DNA）和不含目的基因的 DNA（驱动 DNA，driver DNA）。将这两种差异来源的 DNA 分别用识别 4 碱基序列的限制性内切酶消化，形成两种带有黏性末端的 cDNA 群体，平均长度为 256 bp。将两种 cDNA 群分别接上寡聚核苷酸接头，并以接头为引物进行 PCR 扩增，将 PCR 产物用上述同一种限制性内切酶消化，切除接头。在 tester DNA 片段末端连接上新的接头（含有同一种限制性内切酶酶切位点），然后将 tester DNA 与过量的 driver DNA 混合杂交，driver DNA 过量的目的是使 tester DNA 群体中特异性 DNA 序列没有遗漏的可能。补平末端，以新接头为引物进行 PCR 扩增，由于形成的 3 种杂交体中只有自身退火形成的 tester-tester 两端均能和引物配对，扩增产物呈指数递增；tester-driver 杂交体只能是单引物扩增，扩增产物为单链 DNA 分子，呈线性递增；driver-driver 杂交体分子两端没有与新引物配对的区域，无法进行扩增；用 Mung Bean Nuclease 去除单链 DNA 分子，差异双链 cDNA 便完成第一轮富集。实验中使用过量 Driver DNA 目的是充分使 Tester DNA 中和 Driver DNA 序列相同的片段杂交，形成异源双链。

10.3.2 基本步骤

以 cDNA-RDA 为例简要说明其基本步骤：

（1）确定分析体系，获得 cDNA 群体

选择两个用于 RDA 分析的体系，提取总 RNA，合成双链 cDNA。

（2）制备 tester DNA 和 driver DNA

用识别 4 个碱基的限制性核酸内切酶分别酶切消化两种 cDNA 群体,形成带有黏性末端的片段,连接上含有该酶酶切位点的寡核苷酸连接物,PCR 扩增,然后用同一内切酶切下连接物,对于驱动组来说,已制成了 driver DNA;对于检测组,还应再连上另一种含有该酶酶切位点的连接物,制成 tester DNA。tester DNA 和 driver DNA 各自代表了两种细胞 cDNA 的一部分,由一系列小片段 DNA 组成,降低了 cDNA 的复杂度。

（3）液相杂交

将 tester DNA 和 driver DNA 按适当比例(1∶200～1∶100)混合,在适当的缓冲体系中高温变性,67 ℃复性约 20 h,此时,90% 的单链 DNA 已复性成稳定的双链结构。杂交后共有 4 种类型的 DNA 片段:tester DNA 的自身复性;tester DNA 和 driver DNA 复性成异源双链;driver DNA 的自身复性;一些单链的 tester DNA 和 driver DNA。

（4）特异片段的富集

将上述液相杂交液用 S1 核酸酶处理,除去单链 DNA。这时只有 tester DNA 两端带有接头,将其两端填平后,以填平的末端和原接头序列设计引物,进行 PCR 扩增。以此 PCR 产物作为 tester DNA 再次与过量的 driver DNA 杂交,重复三轮杂交后即能充分富集出 tester DNA 表达而 driver DNA 不表达的 cDNA 片段。

10.3.3　代表性差异分析技术的特点

RDA 是在基因组减法杂交基础上建立的,其突出的优点在于它具有代表性并且具有更高的富集效率。在基因组的 RDA 中,应用同一种限制性核酸内切酶,将两组相关而复杂的基因组 DNA 分别消化分解成短段片段的 driver DNA 和 tester DNA 样本,使原本因过长而不能扩增的基因组 DNA 减少了复杂性,成为代表全基因组信息且可以扩增的短片段 DNA,即所谓的"代表性"。此外,它的代表性还表现在将两个基因组 DNA 之间限制性核酸内切酶位点的不同转化为 tester DNA 和 driver DNA 样本之间 DNA 序列的不同,从而易于分离因突变、插入、重排等原因造成的内切酶位点改变的片段。RDA 的富集效率一方面来源于它降低了基因组 DNA 的复杂性,另一方面在于利用了 PCR 扩增的动力学富集效应。

10.4　抑制性扣除杂交技术

抑制性扣除杂交(Supression Subtractive Hybridization,SSH)技术是一种基因克隆的新方法,它是由 L. Diatchebko 于 1996 年在 RDA 的基础上建立起来的,主要用于研究细胞生殖、发育、分化、癌变、衰老及程序死亡等生命过程有关基因的差异表达以及差异表达相关基因的克隆。

10.4.1　基本原理

SSH 技术是以抑制 PCR 为基础的 DNA 扣除杂交方法,它将 tester DNA 单链标准化步骤和消减杂交步骤结合为一体,使 SSH 显著增加了获得低丰度表达差异 cDNA 的概率,简化了对消减文库的分析。

抑制 PCR 是利用链内复性优先于链间复性的原理,使非目标序列片段两端的长反向重复序列在复性时产生"锅柄样"结构而无法与引物配对,从而选择性地抑制了非目标序列的扩增。同时,根据杂交的二级动力学原理,丰度高的单链 cDNA 复性时产生同源杂交速度要快于丰度低的单链 cDNA,从而使得丰度存在差异的 cDNA 相当含量趋于基本一致。

10.4.2　基本步骤

SSH 技术的具体过程为:

(1)制备 tester DNA 与 driver DNA

与 RAD 相同,酶切后得到 Tester 与 Driver 样本的平末端 cDNA 片段。

(2)连接接头

将 tester cDNA 均分两份,分别接上接头 1(adaptor 1)和接头 2(adaptor 2)。接头设计上,adaptor 由一长链(40 nt)和一短链(10 nt)组成的一端是平端的双链 DNA 片段,长链 3′端与 cDNA 5′端相连。长链外侧序列(约 20 nt)与第一次 PCR 引物序列相同,而内侧序列则与第二次引物序列同。此外,接头上含有 T7 启动子序列及内切酶识别位点,为以后连接克隆载体和测序提供方便。

(3)第一次扣除杂交

用过量的 driver DNA 样品分别与两份 tester DNA 样品进行第一次扣除杂交,分别得到 4 种产物。这种不充分杂交使得单链 cDNA 分子在浓度上基本相同。同时由于 tester cDNA 中与 driver cDNA 序列相同片段大都形成异源双链分子,使得 tester cDNA 中差异表达基因得到第一次富集。

(4)第二次扣除杂交

混合两份杂交样品,同时加入新的变性 driver cDNA 进行第二次扣除杂交。此次杂交只有第一次杂交后经扣除和丰度均等化的单链 tester cDNA 能与 driver cDNA 形成双链分子。这一次杂交进一步富集了差异表达的 cDNA,并且还形成了两个 5′端分别接不同接头的双链分子。

(5)第一次 PCR

在上述产物中加入一对分别与接头 1、接头 2 外端序列相同的引物,PCR 扩增,只有两端有不同接头的双链 cDNA 分子才能呈指数扩增,而两端连有相同接头的 cDNA 分子,由于末端形成"锅柄样"结构抑制了 PCR,不能呈指数扩增。从而,第一次 PCR 使差异表达 cDNA 序列得到显著的扩增。

(6)第二次 PCR

选用一对分别与接头内侧序列相同的引物进行第二次 PCR,基于 PCR 抑制效应的存在,可以特异性扩增代表了差别表达的 cDNA 片段。

(7)差异片段的初步筛选

将上述的 PCR 产物插入到适当载体上,转化细菌。经 X-gal 蓝白斑初步筛选出具有插入的克隆,再经探针杂交找出具有差别表达的 cDNA 片段。然后对这些 cDNA 片段进行序列测定、序列同源性分析等,完成基因的克隆、鉴定。

10.4.3　SSH 技术的特点

10.4.3.1　优越性

(1)假阳性率低

Stein 等人研究发现,与 DDRT-PCR 的高假阳性率相比,SSH 的阳性率可高达 94%,这是由它的两步杂交和两次 PCR 所保证的。

(2)高敏感性

RDA 中,低丰度的 mRNA 一般不易被检出,而 SSH 方法所做的均等化和目标片段的富集,保证了低丰度 mRNA 也能被检出。

(3)速度快、效率高

一次 SSH 反应可以同时分离几十或几百个差异表达基因。

10.4.3.2　局限性

(1)mRNA 需要量大

SSH 技术需要几微克量的 mRNA,如果量不够,低丰度的差异表达基因的 cDNA 很可能会检测不出来,这也是 SSH 技术不能被广泛应用的主要障碍。

(2)获得的 cDNA 片段长度有限

SSH 技术所获得的 cDNA 是经过限制酶消化的 cDNA,不是全长的 cDNA。这个局限可以通过 3′RACE 和 5′RACE 获得全长的 cDNA。

(3)所研究的材料差异不能太大

(4)两次扣除杂交所用的 driver cDNA 都是过量的,可能会导致 tester cDNA 中某些表达丰度有差别的 cDNA 被掩盖。这一局限可通过调整第一次扣除杂交中供试样品 tester cDNA 的含量,或在第二次扣除杂交中不加供试样品 tester cDNA 等方法克服。

总之,SSH 技术由于操作简单,无需昂贵的实验仪器,已成为目前寻找有差别表达的基因的适用方法。

第11章　生物芯片技术

11.1　生物芯片的分类

　　生物芯片(Bioehip)技术是20世纪90年代初期发展起来的一门新兴技术,它通过微加工技术制成能够快速并行处理多个生物样品并对其所包含的各种生物信息进行解析的微型器件,从而达到分析和检测的目的。生物芯片技术是一项涉及生物、化学、医学、精密加工、光学、微电子技术、信息等领域的综合性高新技术,主要有两种类型:一类为微阵列芯片(Microarray Chip),是借助定点固相合成技术或探针固定化技术将核酸或蛋白质等生物材料按阵列分布固定于固相载体上,再基于核酸杂交或免疫结合的原理对生物样品进行测定;另一类为芯片实验室,即利用微加工技术在固相载体上刻蚀出基于不同目的而形状各异的生物样品微型反应池和类似于毛细管电泳的分离和检测系统。生物芯片最早主要用于核酸等生物样品的制备、分离、反应和检测,但目前已经在生命科学、药物科学、农业科学和环境科学等各相关领域得到广泛的应用。

　　1991年,美国Affymetrix公司制作了检测多肽和寡聚核苷酸的微阵列芯片,使生物芯片技术开始受到重视。此后,利用双色荧光探针杂交系统的cDNA芯片在基因表达谱的研究中获得广泛应用。随着人类基因组测序工作的完成,蛋白质组的研究成为必然的发展趋势,蛋白芯片技术将对于揭示众多蛋白质的结构和功能发挥重要作用。毒理芯片(ToxChip)技术是在基因组技术和DNA微阵列技术基础上发展起来的分子生物学技术,它将使科学家能在分子水平上评价外界有毒物质的毒性状况。1998年,美国国立环境卫生科学研究所(National Institute of Environmental Health Sciences,NIEHS)启动了环境基因组计划(Environmental Genome Project,EGP),旨在快速高效地对化学物质进行环境风险评价。将基因芯片技术用于水质检测,可以同时快速检出多种致病菌,而且特异性强,灵敏度高,操作简便。利用抗原抗体结合反应的免疫分析原理可以制成免疫芯片,实现对生物毒素、农药、兽药和激素等小分子环境化学污染物的多种成分的同时检测。

　　20世纪90年代以后,芯片分析技术在分析科学领域获得空前发展。1990年,Manz及其合作者在5 mm×5 mm的硅片上刻蚀了液相色谱柱,并提出了集成采样、分离、衍生、检测等分析全过程的"微型全分析系统(Micro Total Analytical System,MTAS)"的思想,也被称为芯片实验室(lab-on-a-chip)或微流控芯片。应用微流控芯片可一次自动实现包括取样、预处理、样品转移、化学反应、待测物分离、测定、样品分离和数据处理等所有分析步骤,不仅减少了试剂、载体用量,节约了监测成本,减少了污染,而且分析高效、可靠,操作简单。R W. Murray在美国Analytical Chemistry杂志撰文指出,芯片实验室技术为包括环境科学在内的多种学科的研究带来了挑战和机遇。目前,微流控芯片已经用于环境中多种离子态和气态污染物的检测。1998 年,程京及其合作者报道了利用芯片实验室系统检测血液中混有的大肠杆菌的分析全过程,成为生物芯片技术的一次突破。生物芯片技术正在朝着建立高度整合的芯片实验室系统迈进。

1997 年,美国商界权威刊物 Fortune 如此评述生物芯片技术:"微处理器在 20 世纪使我们的经济结构发生了根本改变,给人类带来了巨大的财富,并改变了我们的生活方式。然而,生物芯片给人类带来的影响可能会更大,它可能从根本上改变医学行为和我们的生活质量,从而改变世界的面貌。"以高通量、平行化、微量化、自动化、低成本为特点的生物芯片技术必将在包括环境科学在内的各相关学科的研究中发挥出巨大的应用潜力。

根据集成在基质上的探针种类及制作不同,可以将生物芯片分为基因芯片、蛋白芯片、芯片实验室、毒理芯片、酶芯片及生物组织芯片等。

11.1.1　基因芯片

基因芯片(Gene Chip,DNA Chip)又称 DNA 微阵列(DNA Microarray),是指按照预定位置固定在固相载体上很小面积内的千万个核酸分子所组成的微点阵阵列。是开发最早、技术最成熟、最先实现商品化、应用最广泛的一类生物芯片。

基因芯片技术与传统测序技术相比,它的突出优点是整个检测过程快速高效。由于探针阵列具有高度的序列多样性,可同时对大量基因、乃至整个基因组进行扫描分析,从而使人们在一个更高层次上全面研究基因的功能,分析不同基因之间的相关性。该技术已在 DNA 序列测定、基因表达分析、基因组研究、基因诊断、药物研究与开发、军事、法医鉴定、工农业生产、食品与环境监测等方面得到广泛应用。

11.1.2　蛋白质芯片

蛋白质芯片技术是继基因芯片后发展起来的生物检测技术,是蛋白质组学研究中除了酵母双杂交、双向电泳技术、质谱技术等之外的一种重要的工具。它是一种高通量、微型化和自动化的研究蛋白和蛋白、蛋白和 DNA 或 RNA、蛋白和小分子等相互作用的技术方法。蛋白质微阵列,类似于 DNA 芯片,即在固相支持物表面高密度排列探针蛋白或抗体,可特异地和样品中的待测的分子结合,然后用 CCD(Charged-Coupled Device)照相技术或激光扫描系统获取数组图像,最后用专门的计算机软件包进行图像分析、结果定量和解释。利用这项技术可同时对多种蛋白质进行检测分析,使用常规方法需上千次才能完成的分析在蛋白质芯片上仅需一次就可以完成,并且检测到的平行数据误差更小、更准确,这对于高通量基因表达的研究具有非常重要的意义。

蛋白质芯片是最具发展潜力的一类生物芯片。目前主要分为两种:第一种称为亲和表面芯片(High Affinity Biochemical Surfaces),是较为常用的一种,其原理就是将大量的蛋白质、蛋白质检测试剂或检测探针以预先设计的方式固定在玻片、硅片及纤维膜等固定载体上组成密集的阵列,利用抗原/抗体、受体/ 配体和特异的蛋白/蛋白相互作用的原理,捕获特异的和特殊修饰的蛋白质。这种芯片上,蛋白质点阵的点间距为 4.5 mm,点的直径为 250 μm,可以检测 250 nmol 或 10 pg 的待测蛋白质。第二种称为微型化凝胶电泳板,即样品中的待测蛋白在电场作用下通过芯片上的微孔道进行分离,然后经喷射进入质谱仪中来检测待测蛋白质的分子量及种类。相比而言,第一种具有更为广阔的应用前景。

由于蛋白质芯片的探针蛋白特异性高、亲和力强,所以对生物样品的要求较低,故可简化样品的前处理,甚至可直接利用生物材料(血样、尿样、细胞及组织等)进行检测,而且它以蛋白质代替 DNA 作为检测目的物,蛋白质是基因表达的最终产物,因而它比基因芯片更进一步地接近生命活动的物质层面,有着比基因芯片更加直接的应用前景。蛋白质芯片能同时检测生物样品中与某种疾病或环境因子损伤可能相关的全部蛋白质含量的变化情况,即表型指纹,对监测疾病的进程和预后及判断治疗效果有重要意义。

11.1.3　细胞芯片

细胞作为生物有机体结构和功能的基本单位,其生物学功能容量巨大。利用生物芯片技术研究细胞,在细胞的代谢机制、细胞内生物电化学信号识别传导机制、细胞内各种复合组件控制以及细胞内环境的稳定等方面,都具有其他传统方法无法比拟的优越性。目前,细胞芯片在国内外已有报道,一般指的是充分运用显微技术或纳米技术,利用一系列几何学、力学、电磁学等原理,在芯片上完成对细胞的捕获、固定、平衡、运输、刺激及培养等精确控制,并通过微型化的化学分析方法,实现对细胞样品的高通量、多参数、连续原位信号检测和细胞组分的理化分析等研究目的。

新型的细胞芯片应满足以下 3 个方面的功能:第一,在芯片上实现对细胞的精确控制与运输;第二,在芯片上完成对细胞的特征化修饰;第三,在芯片上实现细胞与内外环境的交流和联系。

11.1.4　组织芯片

组织芯片技术是一种不同于基因芯片和蛋白芯片的新型生物芯片。它是将许多不同个体小组织整齐地排布于一张载玻片上而制成的微缩组织切片,从而进行同一指标(基因、蛋白)的原位组织学的研究。组织芯片最大的便利之处在于可以对大量组织标本同时进行检测,只需一次实验过程即可完成普通实验所需的几十至几百次相同的实验操作,缩短了检测时间,减少了不同染色玻片之间人为造成的差异,使得各组织或穿刺标本间对某一生物分子的测定更具有可比性。

11.1.5　芯片实验室

芯片实验室也称微全分析系统,是指把生物和化学领域中所涉及的样品制备、生物与化学反应、分离检测等基本操作单位集成或基本集成在一张微型芯片上,用以完成不同的生物或化学反应过程,并对其产物进行分析的一种技术。它是通过分析化学、微机电加工(MEMS)、计算机、电子学、材料科学与生物学、医学和工程学等交叉来实现化学分析检测即实现从试样处理到检测的整体微型化、自动化、集成化与便携化这一目标。

芯片实验室的特点有以下几个方面:

(1)集成性

一个重要的趋势是集成的单元部件越来越多,且集成的规模也越来越大。所涉及的部件包括:与进样及样品处理有关的透析、膜、固相萃取、净化;用于流体控制的微阀(包括主动阀和被动阀)、微泵(包括机械泵和非机械泵);微混合器、微反应器,当然还有微通道和微检测器等。

（2）高通量、分析速度极快

Mathies 研究小组在一个半径仅为 8 cm 长的圆盘上集成了 384 个通道的电泳芯片。他们在 325 s 内检测了 384 份与血色病连锁的 H63D 突变株（在人 HFE 基因上）样品，每个样品分析时间不到 1 s。

（4）能耗低，物耗少，污染小

每个分析样品所消耗的试剂仅几微升至几十个微升，被分析的物质的体积只需纳升级或皮升级。Ramsey 最近报道，他们已把通道的深度做到 80 nm，这样其体积达到皮升甚至更少。这样不仅能耗低，原材料和试剂及样品（生物样品和非生物样品）极少（仅为通常用量的百分之一甚至万分之一或更少），从而使需要处理的化学废物极少，也就是说，大大降低了污染。

（5）廉价，安全

无论是化学反应芯片还是分析芯片，由于上述特点随着技术上的成熟，其价格将会越来越廉价。针对化学反应芯片而言，由于化学反应在微小的空间中进行，反应体积小，分子数量少，反应产热少，又因反应空间体表面积大，传质和传热的过程很快，所以比常规化学反应更安全。而分析芯片因污染小，而且可采用可降解的生物材料，所以更环保和安全。

11.2　生物芯片的制作

11.2.1　基因芯片的制作

11.2.1.1　基因芯片的原理

基因芯片是指按照预定位置固定在固相载体上很小面积内的千万个核酸分子所组成的微点阵阵列。在一定条件下，载体上的核酸分子可以与来自样品的序列互补的核酸片段杂交。如果把样品中的核酸片段进行标记，在专用的芯片阅读仪上就可以检测到杂交信号。基因芯片技术由于同时将大量探针固定于支持物上，所以可以一次性对样品大量序列进行检测和分析。虽然基因芯片技术从本质上与传统核酸印迹杂交（Southern Blotting 或 Northern Blotting）相同，只是探针密度极高而已，但它解决了 Southern Blotting 和 Northern Blotting 等技术操作繁杂、自动化程度低、操作序列数量少、检测效率低等不足。

11.2.1.2　基因芯片分类及制作

根据基因芯片上固定的探针不同，可以将基因芯片分为寡核苷酸芯片及 cDNA 芯片等类型。

（1）基片上原位合成寡核苷酸点阵芯片

目前，将寡核苷酸固定到固相支持物上总体上有两种方法：即原位合成与合成点样。支持物有多种，如玻璃片、硅片、聚丙烯膜、硝酸纤维素膜、尼龙膜等，但需经特殊处理。原位合成的支持物在聚合反应前其表面要衍生出羟基或氨基（视所要固定的分子为核酸或寡肽而定），并与保护基建立共价连接；点样用的支持物其表面要带上正电荷以吸附带负电荷的探针分子，通常需包被以氨基硅烷或多聚赖氨酸等。

原位合成法主要为光引导聚合技术，它不仅可以用于寡聚核苷酸的合成，也可以用于合成寡肽分子。光引导聚合技术是照相平版印刷技术（Photolithography）与传统的核酸、多肽固相合成技术相结合的产物。半导体技术中曾使用照相平板技术法在半导体硅片上制作微型电子线路。固相合成技术是当前多肽、核酸人工合成中普遍使用的方法，技术成熟且已实现自动化。二者的结合为合成高密度核酸探针及短肽阵列提供了一条快捷的途径。

　　以合成寡核苷酸探针为例，该技术主要步骤为：首先使支持物羟基化，然后用光敏保护基团将其保护起来。每次选取适当的蔽光膜（Mask）使需要聚合的部位透光，其他部位不透光。这样，光通过蔽光膜照射到支持物上，受光部位的羟基解保护。因为合成所用的单体分子一端按照传统固相合成方法活化，另一端受光敏保护基的保护，所以发生偶联的部位反应后仍旧带有光敏保护基团。因此，每次通过控制蔽光膜的图案（透光与不透光）决定哪些区域应被活化，以及所用单体的种类和反应次序就可以实现在待定位点合成大量预定序列寡聚体的目的，运用这种方法制作的芯片探针密度可高达 10^6 个/cm^2，探针间隔为 5～10 μm，具体制作过程如图 11.1 所示。

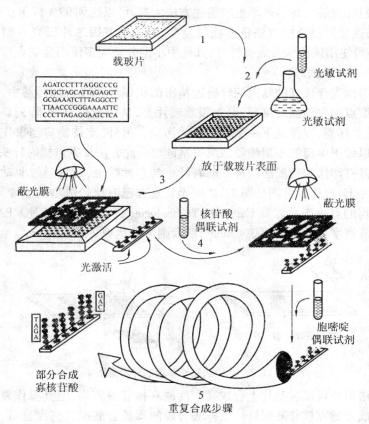

图 11.1　光导原位合成法制作 DNA 芯片

　　该方法的主要优点是可以用很少的步骤合成极其大量的探针阵列。例如，合成 48 个探针的 8 聚体寡核苷酸序列仅需 4×8＝32 步操作，8 h 就可以完成。如果用传统方法合成然后点样，其工作量的巨大将是不可思议的。同时，用该方法合成的探针阵列密度可以高

达 10^6 个/cm²。不过,尽管该方法看来比较简单,实际上并非如此。主要原因是,合成反应每步产率比较低,不到95%,而通常固相合成反应每步的产率在99%以上。因此,探针的长度受到了限制,而且由于每步去保护不是很彻底,杂交信号比较模糊,信噪比降低。为此有人将光引导合成技术与半导体工业所用的光敏抗蚀技术相结合,以酸作为去保护剂,使每步产率增加到98%。原因是光敏抗蚀剂的解离对照度的依赖是非线性的,当照度达到特定的阈值以上时,保护剂就会解离。所以,该方法同时也解决了由于蔽光膜透光孔间距离缩小而引起的光衍射问题,有效地提高了聚合点阵的密度。另据报道,利用波长更短的物质波(如电子射线)去除保护可以使点阵密度达到 1 010 点/cm²。

除了光引导原位合成技术外,有的公司如美国 Incyte Pharmaceuticals 等使用压电打印法(Piezoelectric Printing)进行原位合成,其装置与普通的彩色喷墨打印机并无两样,所用技术也是常规的固相合成方法。该方法是将墨盒中的墨汁分别用4种碱基合成试剂所替代,支持物经过包被后,通过计算机控制喷墨打印机将特定种类的试剂喷洒到预定的区域上。冲洗、去保护、偶联等则同于一般的固相原位合成技术。如此类推,可以合成出长度为 40～50 个碱基的探针,每步产率也较前述方法为高,可以达到99%以上。

尽管如此,通常原位合成方法仍然比较复杂,除了在基因芯片研究方面享有盛誉的 Affymetrix 等公司使用该技术合成探针外,其他中小型公司大多使用合成点样法。

(2)点样法制作基因芯片

点样法是将预先合成好的基因探针通过精密的机械装置吸入加样器中,然后将样品以比较高的密度点加在硝酸纤维膜、尼龙膜或玻片上,从而制得 DNA 阵列。每次加样结束后,都要清洗加样器,以保证下一个样品不受污染。另外,支持物应当事先进行特定处理,例如,包被以带正电荷的多聚赖氨酸或氨基硅烷。此方法根据点样时针头是否与芯片接触而分为直接打印法和喷墨法两种。前者针头与芯片接触,后者通过驱动装置定量的将样品喷于芯片上,操作示意图如图 11.2 所示。现在已有比较成型的点样装置出售,如美国 Biodot 公司的点膜产品以及 Cartesian Technologies 公司的 PixSys NQ/PA 系列产品。前者产生的点阵密度可以达到 400 点/cm²,后者则可以达到 2 500 点/cm²。

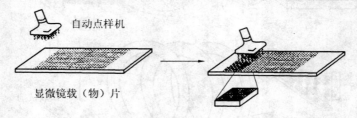

自动点样机

显微镜载(物)片

图 11.2　点样法制作基因芯片示意图

光刻合成法虽然可以在基片上合成高密度的寡核苷酸阵列,但其操作复杂、耗时、成本高且只能合成短的寡核苷酸探针。点样法合成的寡核苷酸探针密度虽低,但其操作简单、成本低、探针的长度比前者大得多,目前许多公司均采用点样法进行芯片制作。

11.2.2　蛋白质芯片的制作

蛋白质芯片,是一种高通量、微型化和自动化的研究蛋白和蛋白、蛋白和 DNA 或 RNA、蛋白和小分子等相互作用的技术方法。蛋白质微阵列,类似于 DNA 芯片,即在固相支持物表面高密度排列探针蛋白或抗体,可特异地和样品中的待测的分子结合,然后用CCD(Charged-Coupled Device)照相技术或激光扫描系统获取数组图像,最后用专门的计算机软件包进行图像分析、结果定量和解释。利用蛋白质芯片发现新的蛋白并且阐明其功能,寻找与疾病有关或直接引发疾病的新蛋白,在蛋白质芯片上筛选与这些疾病蛋白有关的新药并发现新的药物靶标和生物标记物,这些都已经成为当前蛋白研究的重点课题,而蛋白质芯片的研究起着重要的作用。

11.2.2.1　载体的选择

用于连接、吸附或包埋各种生物分子使其以水不溶状态行使功能的固相材料统称为载体。制作蛋白质芯片的载体材料必须符合下列要求:①载体表面必须有可以进行化学反应的活性基团,以便于蛋白分子进行偶联;②使单位载体上结合的蛋白分子达到最佳容量;③载体应当是惰性的并且有足够的稳定性,包括物理的、化学的和机械的稳定性;④载体具有良好的生物兼容性。蛋白阵列的制作会用到各种载体,最常用的有硝化纤维、磺化聚二氟乙烯(PVDF)膜、硅树脂、玻璃和塑料。硝化纤维和PVDF膜是传统的Western Blotting和基因库筛选技术的自然延伸,而玻璃和塑料等不渗透的载体具有可以加快抗原抗体反应的进程、提高重复性、减少背景信号等优点。许多人选择经过处理的显微镜载玻片来固定生物分子(蛋白、肽或抗体),因为载玻片廉价、处理简便而且具有足够的稳定性和惰性。尽管载玻片有吸附非特异性蛋白的性质,但通过几种预处理和使用阻断剂可以减少背景信号。因此在准备蛋白阵列的时候,表面化学是很关键的。

11.2.2.2　载体的活化

要固定生物分子,载体必须经过处理以活化表面的活性基团。氨基、硫醇基和醛基的活化方法已经成熟。如含醛基的硅烷可以通过偶联醛基直接连接蛋白质。羟基的活化方法主要是用含有环氧基团的有机烷氧基硅烷处理,通过环氧基团进一步偶联或衍生化。

11.2.2.3　探针蛋白的制备

对以阵列为基础的蛋白质芯片来说,所应用抗体或蛋白的收集是很关键的。蛋白质芯片的探针,可根据研究目的的不同,选用某些特定的抗原、抗体、酶和受体等。单克隆抗体由于具有高度的特异性和亲和性,是比较好的一种探针蛋白。用其构筑的芯片可用于检测蛋白质的表达丰度及确定新的蛋白质。传统的杂交瘤细胞技术用于单克隆抗体的研制所需时间长,制约了抗体阵列密度的发展,而基因工程抗体则给蛋白质芯片的发展带来了新的机遇。噬菌体抗体库技术就是典型的代表,它可以同时有效地处理大量的分子,而且抗体分子不经过动物的阴性选择,能从任一种属获得少有的抗体专一性和提高亲和力。最近de Wildt等人用scFv抗体制作微阵列,阵列化的抗体在数周乃至数月后保持稳定。也可用其他的蛋白质文库制作探针蛋白,如全合成人重组抗体库、噬菌体肽库和噬菌体表达文库等。

11.2.2.4　探针蛋白在载体上的固定

为了在固相支持物上固定蛋白并且同时保持活性和折叠构象,现已经发展了两种主要的方法来达到这个目的:①利用聚丙烯酰胺凝胶能够吸附容纳4 000 000 u大小的蛋白质分子,而且其吸附的蛋白能够保持原来的活性,然而有反应速率较低和芯片准备步骤复杂等缺点;②通过化学键来固定蛋白的技术提供了另外一种选择,准备步骤较为简单以及能与多种仪器联合使用,使这项技术比凝胶捕获方法更容易接受。例如,MaeBeath和

Sehreiber 采用了预先用含乙醛的特殊试剂处理的显微镜载玻片,用高精确印迹蛋白的机械手点纳升量体积的蛋白质于载玻片上(点阵密度为 1 600 点/cm²),乙醛与点阵于载玻片上的蛋白质的伯级胺起反应形成 Sehiff 碱从而使蛋白质连接到载玻片上,再用小牛血清白蛋白(BSA)处理载玻片表面,然后用 N,N'−二琥珀酰胺基碳酸盐溶液 N,N'−disuccinimidyl carbonate 活化 BSA 的赖氨酸、谷氨酸残基,使其易与印迹蛋白的表面胺作用形成共价脲连接或酰胺连接,印迹的肽或小分子蛋白则可在载玻片 BSA 单分子层表面保持立体构象,易于与溶液中的大分子起反应。

另外一种使用较少的方法是使用亲和力吸附系统,在这个系统中抗体和抗原应当具有足够的亲和力以形成稳定的复合物。另外,抗体不应该干涉抗原的功能和结合的位点;抗体也能够用木瓜蛋白酶来消化,形成用二硫连接的包含两个 Fab 片段的 F(ab′)2 的片段。把其他功能基团引进感兴趣的抗原则给予了更多的亲和力吸附的可能性。例如,引进了 6×HIS 基团的蛋白可以被 NTA(Nitrilotriacetic Acid)基团捕获。亲和力捕获系统一般说来是可以应用的,但在某些情况下抗原需要修饰。

11.2.2.5　封闭

封闭液通常用含 BSA 的缓冲液,其目的不仅是封闭芯片上未结合配基的醛基,同时也在芯片表面形成一层 BSA 的分子层,减少以下步骤中其他蛋白的非特异结合。

11.3　生物芯片的检测

杂交信号的检测是 DNA 芯片技术中的重要组成部分。以往的研究中已形成许多种探测分子杂交的方法,如荧光显微镜、隐逝波传感器、光散射表面共振、电化传感器、化学发光、荧光各向异性等等,但并非每种方法都适用于 DNA 芯片。由于 DNA 芯片本身的结构及性质,需要确定杂交信号在芯片上的位置,尤其是大规模 DNA 芯片由于其面积小,密度大,点样量很少,所以杂交信号较弱,需要使用光电倍增管或冷却的电荷偶联照相机(Charged−Coupled Device Camera,CCD)、摄像机等弱光信号探测装置。此外,大多数 DNA 芯片杂交信号谱型除了分布位点以外,还需要确定每一点上的信号强度,以确定是完全杂交还是不完全杂交,因而探测方法的灵敏度及线性响应也是非常重要的。杂交信号探测系统主要包括杂交信号产生、信号收集及传输和信号处理及成像 3 个部分组成。

基因芯片由于所使用的标记物不同,因而相应的探测方法也各具特色。大多数研究者使用荧光标记物,也有一些研究者使用生物素标记,联合抗生物素结合物检测 DNA 化学发光。通过检测标记信号来确定 DNA 芯片杂交谱型。

11.3.1　荧光标记杂交信号的检测

使用荧光标记物的研究者最多,因而相应的探测方法也就最多、最成熟。由于荧光显微镜可以选择性地激发和探测样品中的混合荧光标记物,并具有很好的空间分辨率和热分辨率,特别是当荧光显微镜中使用了共焦激光扫描时,分辨能力在实际应用中可接近由数值孔径和光波长决定的空间分辨率,而传统的显微镜是很难做到的,这便为 DNA 芯片进一步微型化提供了重要的检测方法基础。大多数方法都是在入射照明式荧光显微镜

(Epifluoescence Microscope)基础上发展起来的,包括激光扫描荧光显微镜、激光共焦扫描显微镜、使用了 CCD 相机的改进的荧光显微镜以及将 DNA 芯片直接制作在光纤维束切面上并结合荧光显微镜的光纤传感器微阵列。这些方法基本上都是将待杂交对象以荧光物质标记,如荧光素或丽丝胶(Lissamine)等,杂交后经过 SSC 和 SDS 的混合溶液或 SSPE 等缓冲液清洗。

11.3.2　激光扫描荧光显微镜

探测装置比较典型,方法是将杂交后的芯片经处理后固定在计算机控制的二维传动平台上,并将一物镜置于其上方,由氩离子激光器产生激发光经滤波后通过物镜聚焦到芯片表面,激发荧光标记物产生荧光,光斑半径约为 5 ~ 10 μm。同时通过同一物镜收集荧光信号经另一滤波片滤波后,由冷却的光电倍增管探测,经模数转换板转换为数字信号。通过计算机控制传动平台 X–Y 方向上步进平移,DNA 芯片被逐点照射,所采集荧光信号构成杂交信号谱型,送计算机分析处理,最后形成 20 μm 像素的图像。这种方法分辨率高、图像质量较好,适用于各种主要类型的 DNA 芯片及大规模 DNA 芯片杂交信号检测,广泛应用于基因表达、基因诊断等方面研究。

11.3.3　激光扫描共焦显微镜

激光扫描共焦显微镜与激光扫描荧光显微镜结构非常相似,但是由于采用了共焦技术因而更具优越性。这种方法可以在荧光标记分子与 DNA 芯片杂交的同时进行杂交信号的探测,而无须清洗掉未杂交分子,从而简化了操作步骤,大大提高了工作效率。Affymetrix 公司的 S. P. A. Forder 等人设计的 DNA 芯片即利用此方法。其方法是将靶DNA 分子溶液放在样品池中,芯片上合成寡核苷酸阵列的一面向下,与样品池溶液直接接触,并与 DNA 样品杂交。当用激发光照射使荧光标记物产生荧光时,既有芯片上杂交的 DNA 样品所发出的荧光,也有样品池中 DNA 所发出的荧光,如何将两者分离开来是一个非常重要的问题。而共焦显微镜具有非常好的纵向分辨率,可以在接受芯片表面荧光信号的同时,避开样品池中荧光信号的影响。一般采用氩离子激光器(488 nm)作为激发光源,经物镜聚焦,从芯片背面入射,聚集于芯片与靶分子溶液接触面。杂交分子所发的荧光再经同一物镜收集,并经滤波片滤波,被冷却的光电倍增管在光子计数的模式下接收。经模数转换反转换为数字信号送微机处理,成像分析。在光电信增管前放置一共焦小孔,用于阻挡大部分激发光焦平面以外的来自样品池的未杂交分子荧光信号,避免其对探测结果的影响。激光器前也放置一个小孔光阑以尽量缩小聚焦点处光斑半径,使之能够只照射在单个探针上。通过计算机控制激光束或样品池的移动,便可实现对芯片的二维扫描,移动步长与芯片上寡核苷酸的间距匹配,在几分钟至几十分钟内即可获得荧光标记杂交信号图谱。其特点是灵敏度和分辨率较高,扫描时间长,比较适合研究使用。现在Affymetrix 公司已推出商业化样机,整套系统约 12 万美元。

11.3.4　CCD 相机的荧光显微镜

这种探测装置与以上的扫描方法都是基于荧光显微镜,但是以 CCD 相机作为信号接收器而不是光电倍增管,因而无须扫描传动平台。由于不是逐点激发探测,因而激发光照射光场为整个芯片区域,由 CCD 相机获得整个 DNA 芯片的杂交谱型。这种方法一般不采用激光器作为激发光源,由于激光束光强的高斯分布,会使得光场光强度分布不均,而荧光信号的强度与激发光的强度密切相关,因而不利于信号采集的线性响应。为保证激发光匀场照射,有的学者使用高压汞灯经滤波片滤波,通过传统的光学物镜将激发光投射到芯片上,照明面积可通过更换物镜来调整;也有的研究者使用大功率弧形探照灯作为光源,使用光纤维束与透镜结合传输激发光,并与芯片表面呈 50° 角入射。由于采用了 CCD 相机,因而大大提高了获取荧光图像的速度,曝光时间可缩短至零点几秒至十几秒。其特点是扫描时间短,灵敏度和分辨率较低,比较适合临床诊断用。

11.3.5　光纤传感器

有的研究者将 DNA 芯片直接做在光纤维束的切面上(远端),光纤维束的另一端(近端)经特制的耦合装置耦合到荧光显微镜中。光纤维束由 7 根单模光纤组成。每根光纤的直径为 200 μm,两端均经化学方法抛光清洁。化学方法合成的寡核苷酸探针共价结合于每根光纤的远端组成寡核苷酸阵列。将光纤远端浸入到荧光标记的靶分子溶液中与靶分子杂交,通过光纤维束传导来自荧光显微镜的激光(490 μm),激发荧光标记物产生荧光,仍用光纤维束传导荧光信号返回到荧光显微镜,由 CCD 相机接收。每根光纤单独作用互不干扰,而溶液中的荧光信号基本不会传播到光纤中,杂交到光纤远端的靶分子可在90% 的甲酸胺(Formamide)和 TE 缓冲液中浸泡 10 s 去除,进而反复使用。这种方法快速、便捷,可实时检测 DNA 微阵列杂交情况而且具有较高的灵敏度,但由于光纤维束所含光纤数目有限,因而不便于制备大规模 DNA 芯片,有一定的应用局限性。

11.3.6　生物素标记的杂交信号探测

以生物素(Biotin)标记样品的方法由来已久,通常都要联合使用其他大分子与抗生物素的结合物(如结合化学发光底物酶、荧光素等),再利用所结合大分子的特殊性质得到最初的杂交信号,由于所选用的与抗生物素结合的分子种类繁多,因而检测方法也更趋多样化。特别是如果采用尼龙膜作为固相支持物,直接以荧光标记的探针用于 DNA 芯片杂交将受到很大的限制,因为在尼龙膜上荧光标记信号信噪比较低。因而使用尼龙膜作为固相支持物的研究者大多是采用生物素标记的。

11.4　生物芯片在环境分析中的应用

基因芯片以其可同时、快速、准确地分析数以千计的基因组信息的本领而显示出了巨大的威力。这些应用主要包括基因表达检测、突变检测、基因组多态性分析和基因文库作图以及杂交测序等方面。通过 PCR 扩增检测靶基因,采用我们研制的寡核苷酸基因芯片与扩增产物在一定条件下进行杂交,杂交结果通过 ScanArray 3000 芯片扫描仪读取并与标准杂交图谱比较,从而判定样品中细菌的种属。并对分离的 20 株细菌进行基因芯片的杂交检测,同时用传统方法对这些菌株进行了鉴定,基因芯片检测结果与传统方法鉴定结果的一致性为 95%。基因芯片技术检测水和食品中常见致病菌具有快速、准确、易于操作等优点,值得推广应用。采用基因芯片技术可检测细菌及其毒素、真菌毒素、病毒、支原体、依原体、立克次氏体等微生物制剂,据悉,目前国外在积极研制用于生物制剂与化学制剂侦检的生物芯片。

另外,采用基因芯片技术研究营养素与蛋白和基因表达的关系,将为揭示肥胖的发生机理及预防打下基础。营养与肿瘤相关基因表达的研究包括:癌基因、抑癌基因的表达与突变;营养与心脑血管疾病关系的分子水平研究;营养与高血压、糖尿病、免疫系统疾病、神经、内分泌系统关系的分子水平研究。还可以利用生物芯片技术研究金属硫蛋白/金属硫蛋白基因及锌转运体基因等与锌等微量元素的吸收、转运与分布的关系;视黄醇受体/视黄醇受体基因与维生素 A 的吸收、转运与代谢的关系等。

蛋白芯片在食品分析方面也具有较好的应用前景。食品营养成分的分析(蛋白质)、食品中有毒、有害化学物质的分析,食品中污染的致病微生物的检测,食品中污染的生物毒素(细菌毒素、真菌毒素)的检测等大量工作几乎都可以用生物芯片来完成。另外,利用免疫芯片或酶芯片可检测各种蛋白毒素类生物制剂和侦检化学制剂。

ToxChip 目前已成为食品毒理学研究的热点。ToxChip 可帮助预防食品中污染物引起的疾病,还可用于新药的临床试验甚至建议合适的治疗剂量。也可以利用 ToxChip 进行环境污染物的检测、监测与环境质量评价;研究环境污染物对人体健康的影响、环境污染物的分布与转归、环境污染物治理效果评价、环境生物修复微生物的筛选与改造等。

综上所述,生物芯片作为生命科学研究的一种新的技术平台,日益受到人们的关注,已经广泛应用于生命科学研究的各个领域。可以预见,在不久的将来,随着生物芯片技术的不断完善,它将成为实验室中不可缺少的技术平台,将科研人员从繁重的常规操作中解脱出来。

生物芯片是 20 世纪 90 年代发展起来的集现代生物技术、信息技术、微电子技术和微机电技术为一体的高新技术。它主要是指通过微加工和微电子技术在固体芯片表面构建微型生物化学分析系统,以实现对生命机体的生物组分进行准确、快速、大信息量的检测。主要有两种类型:一类为微阵列芯片(Microarray Chip),是借助定点固相合成技术或探针固定化技术将核酸或蛋白质等生物材料按阵列分布固定于固相载体上,再基于核酸杂交或免疫结合的原理对生物样品进行测定;另一类为芯片实验室,即利用微加工技术在固相载体上刻蚀出基于不同目的而形状各异的生物样品微型反应池和类似于毛细管电泳的分离和检测系统。生物芯片主要特点是高通量、微型化和自动化,检测效率是传统检测手段的成百上千倍。经过十多年的发展,技术逐渐成熟,在功能基因组和系统生物学研究中得到了广泛的应用,并正在向疾病的分子检测、药物研发、用药指导、食品安全检测等应用领域发展。

第四篇 环境分子生物学技术的应用

第 12 章 环境分子生物学技术的应用

　　随着环境分子生物学技术的迅猛发展和环境微生物研究的深入,分子生物学技术在环境微生物中的应用越来越广泛,同时也越来越重要。这不仅扩大了环境微生物研究的广度,而且加大了研究的深度:包括对从自然界中挖掘到的具抗逆性、高降解能力的基因资源的分子水平的研究和操作,发掘难以降解芳香族化合物及衍生物的部分降解基因,重金属吸附基因的克隆并阐明序列结构和功能,或转入适当的宿主菌进行进一步研究等。随着越来越多微生物全部基因序列的解码,对各种细菌体内降解基因的分布和表达会有更深入的了解。这方面技术的成熟必将对环境微生物的研究有一个整体的、系统的认识,必将使研究更具有目标性和可控性。

12.1 PCR 技术在环境微生物研究中的应用

　　在众多的污染物中,生物污染(病原菌、病毒及其他一些有害生物)直接威胁着人类的健康。传统的检测方法需要对样品进行分离培养,往往要花上几天乃至数周的时间,而且有些致病菌或病毒难以人工培养,给检测带来困难,而 PCR 技术的应用,克服了上述不足。与传统生物检测方法相比,PCR 方法不仅检测时间短、灵敏度高,还可以检测出一些依靠培养法不能检测的微生物种类。PCR 方法已经在微生物检测中有了比较深入而广泛的研究,并取得了较好的应用成果。

　　随着分子生物学研究的不断深入,作为分子生物学研究的经典方法——聚合酶链式反应(PCR)也因不同领域的不同需要从各个方面得到完善和发展。微生物学许多领域的科学家们创造性地开发 PCR 的新类型和应用,环境微生物学领域也不例外。

　　PCR 技术可以用来扩增特异性 DNA 或 RNA 序列,在环境微生物领域中主要应用于某一特定环境中微生物区系的组成、结构及其动态的研究,或者对环境中特定种群,如致病菌、工程菌株的动态进行研究。应用 PCR 技术,可以检测 1 g 样品中 1~2 个细胞的微量微生物;可以跟踪检测遗传工程菌(GEMs);可以检测水、土壤和沉积物等环境中的指示种群和致病菌;PCR 技术可以用来测定基因表达,可以根据基因序列的诊断来检测特异性种群;还可以用来克隆基因,特别是对环境中无法人工培养的重要微生物基因的克隆。

应用 PCR 技术检测环境样品中的特定微生物类群,其基本步骤主要包括:①从环境样本中提取核酸;②PCR 扩增;③扩增产物的检测与分析。

12.1.1　环境样本核酸的提取及 PCR 扩增

12.1.1.1　环境样本核酸的提取

应用技术检测环境样本的第一步,就是必须从水样、土样或空气样本等环境样品中提取到纯化的 DNA 或 RNA,然后以此为模板进行 PCR 扩增。从环境样本中提取核酸的方法主要包括氯化铯-溴化乙锭超速离心、亲和层析、酚氯仿抽提、乙醇沉淀及聚乙烯聚吡咯烷酮处理等,有时是上述几种方法的结合。

一般说来,从水样中提取核酸比从土样或空气样品提取更简单一些。多数情况下是首先对水样进行过滤收集微生物细胞,然后用溶菌酶处理微生物使核酸从细胞中释放出来,也可以采用反复冻融的方法进行处理。Bej 等人发现通过上述处理得到的核酸粗液即可进行扩增,而不需进一步纯化以除去杂质。但多数情况下需通过酚氯仿抽提、高速离心及乙醇沉淀等进一步纯化,然后再以纯化的 DNA 或 RNA 样品进行扩增。Steffan 等人提出了一种较为理想的纯化方法,即在上述微生物细胞水解液中添加一定量的醋酸氨,使其终浓度为 2.5 mol/L,接着进行高速离心,然后取上清液进行乙醇沉淀。通过上述处理可除去样品中的大多数有机物杂质,得到较纯的 DNA 样品。

从土壤样本提取 DNA,目前主要采用以下两种方法:一是先从土样中分离微生物细胞,然后对分离的微生物细胞进行酶解及进一步的纯化 DNA,称为细胞抽提法;二是对土壤样本中的微生物连同土壤基质一起酶解,然后再纯化其中的 DNA,称为直接抽提法。

12.1.1.2　PCR 扩增

(1)预变性:94 ℃预变性 5~8 min。

(2)循环:93 ℃变性 30 s;55 ℃退火 30 s;72 ℃延伸 1 min;循环 25~30 次。

(3)延伸:72 ℃延伸 8 min。

12.1.2　扩增产物的检测与分析

经过 PCR 反应扩增以后,环境样品中 DNA 或 RNA 的量成百万倍的增加,因而通过适当的方法即很容易检测出来。通常将 PCR 扩增后的产物进行琼脂糖凝胶电泳,经过溴乙锭染色后,在紫外线灯下即可观察到清晰的电泳区带。如果样品中待测核酸 DNA 或 RNA 的量极少,电泳后无法直接从琼脂糖凝胶上观察到清晰的电泳带,必须借助通过 Souther 印迹分子杂交生物素标记的分子探针等,才能达到检测的目的。

12.1.3　PCR 在环境微生物检测中的应用

12.1.3.1　环境中致病菌与指标菌的检测

土壤、水和大气环境中都存在着多种多样的致病菌和病毒,它们与许多传染性疾病的传播和流行密切相关。因此,定期检测环境中致病菌的种类、数量和变化趋势等具有重要的实际意义。传统的分离培养方法不仅费时,而且一些难以人工培养的病原菌无法检测。PCR 技术的出现,克服了传统微生物检测方法的缺陷,准确、快速,只需 2~4 h 就能完成。

1992 年 Niederhauser 等人利用 PCR 技术检测了食品中的单核细胞增生利斯特氏菌（*Listeria monocytogenes*）——人类脑膜炎致病菌。该菌广泛存在于乳制品、肉类、家禽和蔬菜上，易感染孕妇、新生儿和免疫损伤的病人。传统的分离培养方法至少需要 5 d 才能知道有无利斯特氏菌的污染。而 PCR 技术通过对单核细胞增生利斯特氏菌中 hlyA 和 iap 基因的扩增，只需要几小时即可完成对该菌的检测。Niederhauser 等人采用这种方法检测了 100 个样品，其结果与传统的分离培养法相比，阳性检出率相同或高于分离培养法。

12.1.3.2　环境中的基因工程菌株（GEMs）的检测

随着现代生物技术的迅猛发展，遗传工程中改造或构建的许多基因工程菌不可避免地进入人类环境中。出于研究工作本身的需要和安全因素，检测环境中基因工程菌的动态显得十分重要。应用 PCR 技术对已知基因组结构和功能的基因工程菌进行检测，是非常方便的。

1989 年，Chaudry 等人应用 PCR 技术检测了环境中的工程菌株。他们将一工程菌株接种于经过过滤灭菌的湖水及污水中，定期取样，提取样品 DNA，进行 PCR 扩增，特异性地扩增其 0.3 kb DNA 片段（为该工程菌株的标记），然后用 0.3 kb DNA 方法检测。结果表明接种 10～14 d 后仍能用 PCR 方法检测出该工程菌株。

12.1.3.3　环境微生物基因的克隆

PCR 技术弥补了用常规基因克隆方法很难获得的细菌基因，这些基因与人类有着密切的关系和重要的意义。过去常用的基因克隆方法是首先借助 λ-噬菌体或柯氏质粒（Cosmid）载体建立一个生物基因库，然后用选择性平板法根据需要的表型（Phenotype）对基因库进行筛选，或者用特异性抗体、一定克隆顺序的基因探针来检测。现在通过 PCR 技术，可以既简单又方便地克隆和分析突变基因，或从不同的生物中克隆类似的基因，或对已知核苷酸序列的基因进行再克隆，或从自然环境中直接分离基因，或用来直接构建新的基因序列与表达序列。

12.2　原位生物修复微生物群体的 PCR-DGGE 分析

生物处理方法已经成为环境工程中废水、废气和固体废物处理的最重要的方法之一。因此，生物处理工艺中微生物群落的种群结构分析和动态性分析对于研究生化反应的机理、污染物降解和转化途径具有非常重要的意义，并为优化工艺运行条件，提高污染物处理效率提供理论依据。研究微生物多样性的传统方法是通过显微镜观察和分离培养，依据形态结构特征和生理生化特性等进行分类鉴定。但由于受到微生物可培养性的限制，目前只有极少部分微生物能够被分离和纯化。许多研究已经证实，通过传统的分离方法鉴定的微生物只占环境微生物总数的 0.1%～10%。因此，依赖于纯培养进行微生物多样性分析时其结果往往具有局限性。

20 世纪 90 年代引入分子生物学技术之后，将环境微生物领域带入一个革命性的新时代。PCR-DGGE/TGGE 技术作为一种指纹分析技术，克服了传统培养技术的局限性，直接利用微生物的 16S rDNA（真菌 18S rDNA）或一些特殊的功能基因在遗传水平上研究生物处理系统中微生物的多样性和种群动态变化等。

12.2.1　原位生物修复

生物修复技术在污染控制、净化环境、恢复受损生态系统等诸多领域中广泛应用,随着它应用范围的扩大,许多有确切定义的生物技术也被纳入其范围。目前,生物修复已经成为治理污染环境、提高环境质量的一个重要平台。

生物修复的概念包括广义和狭义两个方面,广义的生物修复是指一切以利用生物为主体的环境污染的治理技术。它包括利用植物、动物和微生物吸收、降解、转化土壤和水体中的污染物,以最大限度降低污染物的浓度,或将有毒有害的污染物转化为无害的物质,还可指稳定污染物,以减少其向周边环境的扩散。根据生物修复的主体分为植物修复、动物修复及微生物修复3种类型。根据生物修复的污染物种类,它可分为有机污染的生物修复和重金属污染的生物修复及放射性物质的生物修复等。狭义的生物修复是指通过微生物的作用清除土壤和水体中的污染物,或是使污染物无害化的过程。它包括自然的和人为控制条件下的污染物降解或无害化过程。

生物修复的技术种类很多,大致可分为原位生物修复和异位生物修复两类。

(1)所谓原位生物修复是指对受污染的介质(土壤、水体)不进行搬运或输送而在原位污染地进行的生物修复处理。其修复过程主要依赖于污染地自身微生物的自然降解能力和人为创造的合适降解条件。异位生物处理需要通过某种方法将污染对象转移到污染现场之外,再进行处理。通常污染物搬动费用较多,但处理过程容易控制。

(2)异位生物修复是指将污染介质(土壤、水体)搬动或输送到别处进行的生物修复处理。一般受污染土壤较浅,而易于挖掘,或污染地化学特性阻碍原位生物修复就采用异位修复。在处理位置上,前者强调污染物存在的初始空间分布,后者则稍作迁移,处理过程中后者则有更多的人为调控和优化处理。

生物修复同传统或现代的物理、化学修复方法相比,有许多优点:

①生物修复可以现场进行,这样减少了运输费用和人类直接接触污染物的机会;

②生物修复经常以原位方式进行,这样可使对污染位的干扰或破坏达到最小,可在难以处理的地方(如建筑物下、公路下等)进行,在生物修复时场地可以照常用于生产;

③生物修复可与其他处理技术结合使用,处理复合污染;

④降解过程迅速,费用低,只是传统物理、化学修复的30%~50%。

与所有处理技术一样,生物修复技术也有它的局限性,表现在以下几个方面:

①不是所有的污染物都适用于生物修复。有些化学品不易或根本不能被生物降解,如多氯代化合物和重金属;

②有些化学品经微生物降解后其产物的毒性和移动性与母体化合物相比反而增加;

③生物修复是一种科技含量较高的处理方法,它的运作必须符合污染地的特殊条件;

④项目执行时的监测指标除化学监测项目以外,还需要微生物监测项目。

12.2.2　原位生物修复技术

原位生物处理中的污染对象不需要移动,处理费用低,但处理过程控制比较困难。

12.2.2.1　原位不强化生物修复

原位不强化生物修复就是自然生物衰减(Natural Bioremediation),自然生物衰减也称为内源生物修复(Intrinsic Bioremediation)或自然生物修复(Natural Bioremediation)。生物衰减是发生在地下土壤、地下水中微生物主导的对污染物生物降解、生物转化的自然过程,这个过程使污染物浓度、质量、运动性和毒性都降低。除了生物作用,稀释、分散、挥发、固体表面的吸附以及化学反应也具有同样的能力。生物衰减是不需要机械或工程系统的非强迫性的修复过程,与其他修复方法相比。其最大的优点在于其成本效益(Cost-effective)优,易于为人接受。但修复时间过长,降解速度过慢又极大限制它的使用。这种修复方法已在修复 BTEX、氯代溶剂地下水污染处理中成功地得到证明,见表 12.1,也在许多地方被作为首选的方法,许多 UST(Underground Storage Sanks)所造成的地下水污染都采用这种方法,见表 12.2。

表 12.1　部分污染物适合的生物修复方法

原位生物修复方式	污染物类型				
	单环芳烃	氯代溶剂	硝基芳烃化合物	酚	PAHs
自然生物衰减	适	适	?	?	?
生物促进	适	适	?	适	?
电子供体传送	不	适	?	?	不
生物通气法	适	不	不	不	适
渗透性反应屏障异位	适	适	?	?	?
地耕处理	适	不	适	适	适
堆肥	适	不	适	适	适
生物泥浆过程	适	适	适	适	适

表 12.2　UST 污染地使用的修复技术

土壤修复技术	用于 UST 地/%	地下水修复技术	用于 UST 地/%
土壤洗涤	0.2	生物注射	2
生物通气	0.8	双相抽提	5
焚烧	2	原位生物修复	5
热解吸	3	空气注射	13
地耕法	7	抽出泵处理	29
土壤气提	9	自然衰减	47
生物堆垛	10		
自然衰减	28		
土壤填埋	34		

制约生物衰减过程的主要因素是氧(或者说氧的供应)。在石油烃等污染物的生物降解中微生物造成的氧消耗一般超过氧的补充,这在污染源附近污染物浓度很高的区域尤其如此。一般认为好氧降解的溶解氧质量浓度大约在 2 mg/L 左右,也有人认为氧质量浓度可以低到 0.2 mg/L。

如有可能还应监测可以指示衰减过程的其他化合物和生物标记物。对于用自然衰减修复地下水污染的目标能否达到修复以及存在的管理风险,研究人员、政策制定者以及公众仍然存在争议。

12.2.2.2　原位强化生物修复

自然生物修复过程缓慢而不彻底,一般受到营养物、氧和土著微生物降解能力等多因素影响。为了促进生物降解,使之达到工程化的水平,就必须对自然的降解过程进行强化,这就产生了原位强化生物修复。

(1)生物促进(Biostimulation)

生物促进主要是指向污染区提供充足均衡营养物,满足降解反应所需电子受(供)体(主要是 O_2、硝酸盐、乙酸盐等),促进生物降解,加速生物修复的强化原位生物修复技术。加入的营养物主要是氮(如氨、硝酸盐等)、磷(如磷酸盐等)和钾(如磷酸钾等)。氧的供应主要依赖于空气,注入纯氧、H_2O_2,或投入氧释放化合物。

生物促进加快修复过程的作用已得到证实。J. T. Wilson 等人研究了来源于 UST Michigan 的 BTEX 污染地下水生物促进修复情况。结果表明营养物(包括 NH_4Cl、磷酸氢二钠和磷酸钾)和 H_2O_2 的注入,大大促进了生物降解,BTEX 得到明显去除。在较短时间内其质量浓度从 1 200 mg/L 降低到 380 mg/L。

(2)提供电子供体(Electron Donor Delivery)

把电子供体注入地下水系统中是另一种原位生物强化,以促进或刺激氯代溶剂的化合物的生物转化。

(3)生物通气法(Bioventing)

生物通气法用于修复受石油烃等有机物污染的地下水水层上部通气层土壤,对生物通气法有两种稍有差异的理解。其一是通入空气主要目的是加速土层中的污染物降解,处理对象主要是不易挥发的污染物;其二是通入空气的目的除促进生物降解外,还加速挥发性污染物(或其中的挥发性成分)的挥发,然后挥发性气体被抽到地面进行处理。

(4)透过性反应屏障(Permeable Rective Barriers)

透过性反应屏障类似于一种反应器,含有反应多孔基质的固定屏障用各种方法置于地下。污染地下水直接通过反应屏障,这样使多孔基质和相应污染物进行反应,完成净化过程。透过性反应屏障可用于处理的污染物包括石油烃和氯化溶剂等。有的反应屏障并不一定是有形的设施,而是向某一区域注入氧气和营养物,在这个区域内有强烈的降解活动,也相当于一种屏障。

(5)植物修复

植物修复(Phytoremendiation)是利用绿色植物来转移、容纳或转化污染物使其对环境无害。植物修复的方式主要有去除和稳定污染物两种。并衍生出四种主要类型:植物提取(Phytoextraction)、植物挥发(Phytovolatization)、植物稳定化(Phytostabilization)和植物降解(Phytodegradation)。

（6）生物注射法

生物注射法（Biosparging）又称为空气注射法，用于修复受挥发性有机污染物污染的地下水及上部土壤。空气被加压后注射到污染地下水的下部。气流加速了地下水和土壤中有机物的挥发和降解。挥发性气体被抽到地面集中处理。

12.2.3　原位生物修复的特点

最早的原位生物修复技术是 1975 年 Raymond 提出的对汽油泄漏的处理，通过注入空气和营养成分使地下水的含油量降低，并由此取得了专利。此后，原位生物修复技术逐渐得到了重视。Sufita 在 1989 年提出了实施原位生物修复技术的现场条件，包括：①蓄水层渗透性好且分布均匀；②污染源单一；③地下水水位梯度变化小；④无游离的污染物存在；⑤土壤无污染物；⑥污染物易降解提取和固定。

原位生物修复如图 12.1 所示。原位生物修复的原理是通过加入营养盐、氧，以增加土著微生物的代谢活性，它依赖于处理对象的特性、污染物性质、氧的水平、pH 值、营养盐的可利用性、还原条件以及存在的能够降解污染物的微生物。

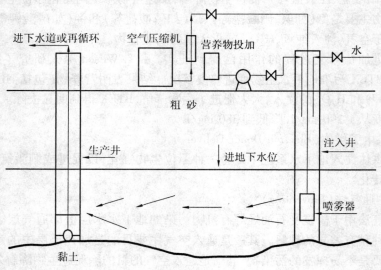

图 12.1　原位生物修复

原位修复的特点是：①成本低廉；②不破坏植物生长需要的土壤环境；③污染物转化后没有二次污染问题；④处理效果好，去除率可达 99% 以上；⑤操作简单。

12.2.4　适于原位修复的污染土壤和水体

12.2.4.1　适于原位修复的污染土壤

原位修复在污染产生的初始位置进行修复，具有费用低、操作简便等诸多优点。适于原位强化修复污染土壤的特点主要包括：①土壤透气性强，透气性强的土壤便于氧气和营养物等强化生物降解过程物质的注入和扩散，也便于收集地下污染物挥发；②污染面积大，污染状况基本稳定，污染物在污染土壤中迁移运动较慢，不会迅速污染周边环境；③污染物（如一般的石油烃）毒性较低，不是很强，不需要在短期内完全降解，允许长时间修复污染的土壤,不需人为强化,则可采用原位不强化修复,即自然生物衰减,或内源生物修复的技术方法。渗透较浅、分布区域较窄、较易修复的污染土壤一般采用植物修复、原位地耕处理。渗透性强的受石油烃污染土壤一般采用生物促进、生物通气法、生物注射法进行处理。

12.2.4.2　适于原位修复的污染水体

大多污染水体都可以在原位进行修复处理,少数可以用自然衰减的方法,大多需要在原位强化处理。

有的污染地下水的污染物毒性较小,浓度较低,地下水流动性强,同时污染区域有较强的天然生物修复能力,这部分地下水体可不用强化技术进行处理,不需通过设施进行工程处理。但仍需定时检测地下水中污染物浓度和毒性的变化,监测地下水的净化过程,同时还要防止污染面积的进一步扩大。

地表水污染常以污水塘形式存在,接收了各种污水的污水塘污染物多样,且浓度不同。这种水体一般可驯化出相应的降解微生物,并且具有较慢但稳定的降解速度,同时也有一定的净化能力。如果允许长修复时间,也可以让其自然净化从而实现自然原位修复。但一般情况下由于需要在有限时间内完成修复过程,这样就要进行强化修复,强化修复一般采用前述的生物促进方法,可在原位曝气充氧,加入营养物以创造良好的降解条件,特别是在地表水系中,可加入人工外源降解微生物或污泥进行生物强化,促进降解,加速生物修复过程。

当污染地下水的污染物浓度较低,污染范围较大,而且污染物的毒性一般时,我们可以采用原位强化的方法,污染地下水原位强化的方法可采用生物通气法。生物通气法使用空压机向地下水中充气,并用真空泵使抽气井中保持低压,从而促进空气进入地下区域,提高地下水中溶解氧的含量,加速有机污染物的生物降解。

对于那些受难降解污染物污染的地下水,除了压力充氧外,还可以加入外源微生物、化学表面活性剂来加大强化力度,从而进一步提高生物降解速率,加速生物修复过程。

对于流动的被污染地下水可以采用透过性反应屏障的方法处理,防止污染进一步扩大。当污染的地下水流过活性区域时,有机污染物就得到降解,从而达到净化地下水的目的。

12.2.5　生物修复微生物

生态系统中,微生物群落的结构包括种类组成、分布、种群数量动态等。这些群落都是微生物之间、微生物与环境之间长期相互作用和自然选择的结果。群落内部微生物间的关系相互协调,各个种群之间相互促进和相互制约。但生物群落也受到外部环境限制和影响,当外部环境发生改变,微生物会对其作出反应,微生物种类、各种群在群落中的地位等也会发生变化。适应性差的种类会减少数量甚至消失,而适应性强的种类会得到发展,以至成为优势种类占据整个生态环境。在受到环境污染压迫时,微生物群落的变化可从异氧菌数量、物种多样性、群落结构、功能等方面表现出来。

12.2.5.1　土著微生物

由于微生物的种类多、代谢类型多样,"食谱"广。凡自然界存在的有机物都能被微生物利用、分解。例如,假单孢菌属的某些种甚至能分解90种以上的有机物,可利用其中的任何一种作为唯一的碳源和能源进行代谢,并将其分解。对目前大量出现,且数量日益上升的众多人工合成有机物,虽说它们对微生物是"陌生"的,但由于微生物有巨大的变异能力,这些难降解甚至是有毒的有机化合物,如杀虫剂、除草剂、增塑剂、塑料、洗涤剂等,都已陆续地找到能分解它们的微生物种类。据报道,能够降解烃类的微生物有70多个属、200余种;其中细菌约有40个属。可降解石油烃的细菌即烃类氧化菌广泛分布于土壤、淡水水域和海洋。表12.3中列举了某些难降解有机物和重金属及其相应的降解转化微生物。

表12.3　难降解有机污染物和重金属及其相应的降解转化微生物

污染物	降解菌	污染物	降解菌
五氯酚	*Flavobacterium* 属	氯化愈创木酚	*Acinetobacterjunii*
	Phanerochaete soidida	莠去津、扑灭津、西玛津	*Rhodococcus* sp. B-30
	Phanerochaete chrysosporium	β-硫丹	*Aspergillus niger*
	Trametes verscolor	1,4-二氧六环	*Actinomyces* CB 1190
氯酚	*Phodotorula glutinis*	2,4-二氯苯氧乙酸 (2,4-D)	*Pseudomonas capacia*
多环芳烃(PAH)类	*Bacillus* 属,*Mycobacterium* 属	2,4,5-三氯苯氧乙酸 (2,4,5-T)	*Burkholdena cepacia* AC1100
	Nocardia 属,*Sphingomonas* 属	—	*Pseudomonas* sp.
	Alcaligenes 属,*Pseudomonas* 属	高浓度脂类	*Aeromonas hydrophila*
	Flavobacterium 属	—	*Staphylococcus* sp.
高分子 PAH	*Mycobacterium* sp. strain PYR-1	水胺硫	动性球菌属
2-硝基甲苯	*Pseudomonas* sp. JS42	甲胺磷	*Pseudomonas* sp. WS-5
蒽醌染料	*Bacillus subtilla*	单甲脒	*Pseudomonas mendocina* DR-8
甲基溴化物	*Methylocoocus capsulatus*	洁霉素	*Aeromonas* sp.
氯苯	*Pseudomonas* sp.	重金属	*Pseudomonas* sp.
多氯联苯(PCB)	*Pseudomonas* 属,*Alcaligenes* 属	Pb、Ca、Cr	*Desulfovibrio desulforicans*
石油化合物	*Bacteroides* 属,*Wolinella* 属	镅(Am)(Pl)	*Citrobacter* sp.
	Desulfomonas 属,*Desulfobacter* 属	Ni^{2+}	*Desulfovibrio* sp.
	Desulfococcus 属,*Megasphaera* 属	Cr^{6+}	*Desulfovibrio* sp.
	Acinetobacter sp.	Cd	*Rhizopus or yzae*
n-十六烷	*Acinetobacter* sp.	有机汞	*Bacillus* sp.
间硝基苯甲酸	*Pesudomonas* sp.	—	—
3-羟基乙酸聚合物	*Acidovorax facilis*	—	—
3-羟基戊酸聚合物的共聚体	*Variovorax paradoxus*	—	—
	Bacillus 属,*Streptomyces* 属	—	—
	Aspergillus fumigatus	—	—
	Penicillium 属	—	—

　　天然的水体和土壤是微生物的大本营,存在着数量巨大的各种各样微生物,在遭受有毒有害的有机物污染后,可出现一个天然的驯化选择过程,使适合的微生物不断增长繁殖,数量不断增多。另外,有机物的生物降解通常是分步进行的,整个过程包括了多种微生物和多种酶的作用。一种微生物的分解产物可成为另一种微生物的底物。在有机污染物的净化过程中我们还可以看到生物种群的这一生态演替,可据此来判断净化的阶段和进程。由于土著微生物降解污染物的巨大潜力,在生物修复工程中充分发挥土著微生物的作用,不仅必要而且有实际的可能。

12.2.5.2　外来微生物

　　在废水生物处理和有机垃圾堆肥中我们已成功地用投菌法来提高有机物降解转化的速度和处理效果。如应用珊瑚色诺卡氏菌来处理含腈废水,用热带假丝酵母来处理油脂废水等。因此,在天然受污染的环境中,当合适的土著微生物生长过慢,代谢活性不高,或者由于污染物毒性过高造成微生物数量下降时,可人为投加一些适宜该污染物降解的与土著微生物有很好相容性的高效菌。

　　目前用于生物修复的高效降解菌大多是多种微生物混合而成的复合菌群,其中不少已被制成商业化产品。如光合细菌(Photosynthetic Bacteria,PSB),这是一大类在厌氧光照下进行不产氧光合作用的原核生物的总称。目前广泛应用的 PSB 菌剂多为红螺菌科(*Rhodospirillaceae*)光合细菌的复合菌群。它们在厌氧光照及好氧黑暗条件下都能以小分子有机物为基质进行代谢和生长,因此对有机物有很强的降解转化能力,同时对硫、氮素的转化也起了很大的作用。

　　目前国内有很多高校科研院所和生物技术公司有 PSB 菌液、浓缩液、粉剂及复合菌剂出售。它们经应用于水产养殖水体及天然有机物污染河道的治理已显示出一定的成效。由玉垒环境生物技术公司生产的玉垒菌,是以一类高温放线菌为主的复合菌剂,其中的 YL 活性生物复合剂 H15 经用于苏州河支流新泾港程家桥河段后,180 d 内对底泥中有机物(在有外来污染物不断进入的条件下)的降解率为 20% 左右,对促进底泥的矿化也显示出一定的效果。美国 CBS 公司开发的复合菌制剂,内含光合细菌、酵母菌、乳酸菌、放线菌、硝化菌等多种微生物,经对成都府南河、重庆桃花溪等严重有机污染河道的试验,对水体的 COD、BOD、NH_3-N、TP 及底泥的有机质均有一定的降解转化效果。美国 Polybac 公司推出了 20 余种复合微生物的菌制剂,可分别用于不同种类有机物的降解与氨氮硝化等。日本 Anew 公司研制的 EM 生物制剂,由光合细菌、乳酸菌、酵母菌、放线菌等共约 10 个属 80 多种微生物组成,已被用于污染河道的生物修复。

　　其他用于生物修复的微生物制剂尚有 DBC(Dried Bacterial Culture)及美国的 LLMO(Liquid Live Microorganism)生物活液,后者含芽孢杆菌、假单孢菌、气杆菌、红色假单孢菌等七种细菌。

12.2.5.3　基因工程菌

　　自然界中的土著菌,以污染物作为其唯一碳源和能源或以共代谢等方式,对环境中的污染物具有一定的净化功能,有的甚至达到效率极高的水平。但是对于日益增多的大量人工合成化合物,就显得有些不足。采用基因工程技术,将降解性质粒转移到一些能在污水和受污染土壤中生存的菌体内,定向地构建高效降解难降解污染物的工程菌的研究具有重要的实际意义。

　　20世纪70年代以来,发现了许多具有特殊降解能力的细菌,这些细菌的降解能力由质粒控制。到目前为止,已发现自然界所含的降解性质粒多达30余种,主要有4种类型:假单孢菌属中的石油降解质粒,能编码降解石油组分及其衍生物,如樟脑、辛烷、萘、水杨酸盐、甲苯和二甲苯等的酶类;农药降解质粒,如对2,4-D、六六六等;工业污染物降解质粒,如对氯联苯、尼龙寡聚物降解质粒等;抗重金属离子的降解质粒。

　　利用这些降解质粒已研究出多种降解难降解化合物的工程菌,Chapracarty等人为了消除海上溢油污染,将假单孢菌中不同菌株的CAM、OCT、SAL、NAH四种降解性质粒接合转移至一个菌株中,构建成一株能同时降解芳香烃、多环芳烃、萜烃和脂肪烃的"超级细菌"。该菌能将天然菌要花1年以上才能消除的浮油在几个小时内消除,从而取得了美国的专利权,在污染治理工程菌的构建上是一块里程碑。

　　Khan等人从能降解氯化二苯的Pseudomenas putida OV83中分离出3-苯儿茶酚双加氧酶基因,和PCP13质粒结合后转入E. coli中表达。Rojo等人利用基因工程技术将降解氯化芳香化合物和甲基芳香化合物的基因组合到一起,获得的工程菌可同时降解这两种物质。

　　生存于污染环境中的某些细菌细胞内存在着抗重金属的基因,已发现抗汞、抗镉、抗铅等多种菌株。但是这类菌株生长繁殖并不迅速,把这种抗金属基因转移到生长繁殖迅速的受体菌中,组成繁殖率高、富积金属速度快的新菌株,可用于净化重金属的废水。我国中山大学生物系将假单孢菌R4染色体中的抗镉基因转移到大肠杆菌HB101中,使得大肠杆菌HB101能在100 mg/L的含镉液体中生长,显示出抗镉的遗传特征。

　　要将这些基因工程菌应用于实际的污染治理系统中,最重要的是要解决工程菌的安全性问题。用基因工程菌来治理污染势必要使这些工程菌进入到自然环境中。如果对这些基因工程菌的安全性没有绝对的把握,就不能将它们应用到实际中去,否则将会对环境造成可怕的影响。目前在研制工程菌时,都采用给细胞增加某些遗传缺陷的方法或是使其携带一段"自杀基因",使该工程菌在非指定底物或非指定环境中不易生存或易发生降解作用。美国、日本、英国、德国等经济发达国家在这方面做了大量的研究,希望能为基因工程菌安全有效地净化环境提供有力的科学依据。

　　科学家们对某些基因工程菌的考察初步总结出以下几个观点:基因工程菌对自然界的微生物和高等生物不构成有害的威胁,基因工程菌有一定的寿命;基因工程菌进入净化系统之后,需要一段适应期,但比土著种的驯化期要短得多;基因工程菌降解污染物功能下降时,可以重新接种;目标污染物可能大量杀死土著菌,而基因工程菌却容易适应生存,发挥功能。当然,基因工程菌的安全有效性的研究还有待深入,但是不会影响应用基因工程菌治理环境污染目标的实现,相反会促使该项技术的发展。

12.2.6　影响生物修复微生物的生态因子

　　从环境条件的角度看,污染物的生物可修复性并不是污染物本身固有的,而是环境状态表现的结果,改变了环境状态,本来难以生物修复的污染物可能变得易于修复了。环境条件的变化是通过生物的活性或者改变污染物的生物可利用性而影响到生物修复的。

12.2.6.1　温度和湿度

　　温度和湿度对任何生物而言都是重要的生态因子,当然微生物也不例外。温度和湿度可以直接影响到生物体的活动、生长代谢以及存活等。在某些特殊的环境中,温度和湿度常常是相关联的因子,其作用也常为联合效应。

微生物生长的温度范围为-12~100 ℃,大多数微生物生活在30~40 ℃。任何一种微生物都有一个最适生长温度。在一定的温度范围内,随着温度的上升,该微生物生长速率加快。根据微生物对温度的依赖,可以将它们分为嗜冷性微生物(<25 ℃)、中温性微生物(25~40 ℃)以及嗜热性微生物(>40 ℃)。生物反应速率在微生物所能容忍的温度范围内随着温度的升高而增大。

温度变化对石油的生物降解速率的影响,随着降解菌种类的不同而有很大差异。中温性的假单孢菌在25 ℃时,石油降解速率为0.96 mg/(L·d),15 ℃时为0.32 mg/(L·d),5 ℃时为0.1 mg/(L·d)。而从北阿拉斯加的水土中分离的嗜冷性石油降解菌,它们在-1.1 ℃、菌体浓度为108 个/L时,石油降解速率仍可达1.2 mg/(L·d)。提高温度能够得到较高的生物降解速率,但在较高环境温度下,某些烃的膜毒性也增大。

温度影响有机污染物生物降解的原因除了改变微生物的代谢速率外,还能影响有机污染物的物理状态,使得一部分污染物在自然生态系统温度变化的范围内发生固-液相的转换。另外,温度也能影响污染物的溶解度,这一点对于石油烃类污染物的生物降解特别重要,因为大多数石油烃类化合物至多也只是微溶的。

湿度是一个重要的生态因子。对某些生活在水环境中的微生物而言,则不会受到湿度变化的影响;但是,对于一些非水生的环境,湿度则是十分重要的。湿度不仅是指空气中的湿度,也包括微生物栖息的环境湿度,如土壤环境中土壤颗粒表面的水分和土壤的含水率等都会影响到微生物的生长和活动。当微生物附着于某个固体表面时,其表面的水膜则是微生物运动的介质。如果缺少这个介质,微生物就失去了运动的可能,存在于环境中的微生物没有运动的空间,就使种群间失去了相互影响的机会,因此,在干旱的环境中微生物群落中各种群将不存在相互竞争。

12.2.6.2　pH值

环境的pH值必定会影响到微生物的生长与代谢,因为pH值是影响生理生化反应的重要影响因子,环境的pH值变化引起微生物细胞表面特性的变化,从而引起细胞体生理生化过程的变化,最终导致微生物代谢与生长的变化。

pH值对硝基苯类化合物的毒性有明显影响,这是因为有些硝基苯类化合物,如硝基酚类、硝基苯酸类在不同pH值条件下呈现不同的状态。pH值较低时它们主要以化合态存在,而在pH值较高时主要以游离态存在。一般认为游离态硝基苯类化合物的毒性比化合态更大。因此在细菌生长允许的范围内,适当提高pH值有利于硝基苯类化合物的生物降解。

Verstraete发现,在一种pH值为4.5的酸性灰壤中,瓦斯油生物降解作用很弱。将pH值调到7.4后,饱和化合物和芳香化合物的利用率有所提高,但仅在同时施加氮肥和磷肥的条件下才能获得最佳的生物降解效果。施加肥料而不调节pH值,并不能明显促进瓦斯油的生物降解。

一些在环境治理工程中应用的微生物对pH值适应能力很强,一般在pH值6~9之间均能较好地发挥作用。另一方面,微生物的生长代谢对pH值的变化有一定的缓冲作用。例如,在碱性环境中通过产酸而调节pH值,在酸性条件下通过消耗酸也可以调节

pH 值。一个污水处理系统,要求将系统中的反应较好地控制在某一阶段,常常可以通过调节系统的 pH 值而达到目的,如厌氧反应器的产酸和产甲烷的控制。

12.2.6.3　渗透压

微生物细胞结构简单,特别是原核生物细菌类,较容易受到环境渗透压的影响。环境中某种离子的浓度与微生物细胞体内该离子浓度的差会导致微生物的生理变化。例如,高盐环境下微生物细胞必须调节自身细胞膜,以防止环境中的 Na^+ 不断渗入细胞体内。

环境渗透压对微生物细胞而言,主要是低渗环境和高渗环境的影响,微生物在等渗环境(即以生理盐水为生存环境)中生长最好。而在低渗环境中,环境中的水会不断渗入细胞内的高渗环境中,致使细胞发生膨胀,严重时可能导致细胞的破裂;在高渗环境中,由于环境渗透压高于细胞内环境渗透压,致使细胞内的水分向外质壁分离,利用高渗溶液保存食品,就是这个道理。嗜盐菌对高渗环境的适应是其通过改变细胞膜的 Na^+ 通透性,达到维持细胞体内渗透压稳定的目的。

12.2.6.4　氧

氧与微生物的关系较复杂,对微生物的生存具有至关重要的作用。就严格厌氧微生物而言,氧将使微生物立即死亡;而对于好氧微生物而言,缺氧也将导致死亡。因此,氧对不同的微生物其作用是不同的。氧在环境中的存在又可用氧化还原电位来表示,有氧的环境中氧化还原电位为正,而缺氧的还原性环境中的氧化还原电位为负。环境中氧化还原电位的变化为 −400 ~ 820 mV。环境中的氧分压决定了氧化还原电位的高低。

好氧微生物是利用氧作为生理代谢的最终电子受体,同时氧也可参与物质的合成。污水处理系统通过强力增氧使污水中溶解氧增加,以保证微生物有足够的可利用的氧来氧化降解有机污染物。厌氧微生物在生长代谢过程中不需要氧,或者是不直接需要氧。如产甲烷菌等,专性厌氧菌不仅不能利用氧,反而遇氧就会中毒死亡,另一些厌氧菌的专一性稍低,不能利用环境中的氧,但环境中氧的存在不会使其出现中毒现象。

氧对微生物的作用受到了人们的最大关注,从氧这个因素出发,发展了许多的污水生物处理工艺,如好氧工艺、厌氧工艺、好氧–厌氧联合工艺以及厌氧–好氧–厌氧工艺等,当污水在不同的微生物群落间循环时,不同的污染物就会在不同的过程中被去除。

12.2.6.5　辐射

太阳辐射中的部分光谱可作为部分微生物进行光合作用的能源,如蓝细菌和藻类;另一些光谱则可能对微生物产生不利的影响,如紫外辐射,强烈的紫外辐射可能对某些微生物具有杀灭作用。不同的微生物或者微生物的不同生长阶段对紫外辐射的抵抗能力不同,芽孢对紫外辐射的抵抗力要比正常细胞的抵抗能力高好几倍。但芽孢在出芽阶段则对紫外辐射十分敏感。因此,辐射常被用于医疗消毒方面和农业育种方面,如辐射育种等。

12.2.6.6　抗生素

抗生素是微生物产生的一种特有的物质,许多微生物都能产生抑制其他微生物生长代谢的物质,称为抗生素,如普遍使用的青霉素。由于环境中存在多种多样的微生物,而微生物由于进化和选择的压力,为维护其所处生态环境的稳定,会向环境释放一定的抗生素;另一方面,则是人为向环境投施抗生素。环境中抗生素对微生物的影响主要表现为:一方面破坏或损坏微生物细胞膜,改变细胞膜的正常渗透性能,使细胞内环境受到干扰,导致生理紊乱而死亡;另一方面是干扰或抑制蛋白质和核酸代谢,从生理功能和 DNA 复制等方面破坏生命活动的正常进行。

12.2.6.7 化学物质

微生物在环境中受到各种化学物质的影响,影响微生物生命活动的化学物质非常多,一些是有利于微生物生长的,一些则是不利于微生物生长的,当然,有利影响与不利影响也将随不同的微生物种类或类群而不同。对一种微生物生长不利的影响因素可能对另一种微生物是不可缺少的必要生长因素。这就表现出了环境微生物的多样性。

环境微生物经过对环境的适应过程后,通过一个增长过程建立自己的种群。环境微生物除了自身的生长与繁殖的特征以外,种群的增长过程与一般的生物种群增长过程相似。例如,种群增长的初期符合自然增长模型,经过一定的发展过程以后,种群的增长不再符合自然增长过程,而是符合逻辑斯蒂方程,种群在一个趋于饱和的水平上稳定。研究和了解微生物的生长特点及生长规律,对促进环境中的降解菌生长和污染环境的生物修复有重要的意义。

当需要人工培养或生产微生物细胞时,可以根据微生物种群增长的特性,将培养或生产系统维持在某一个阶段,显然,将系统维持在对数增长期可以达到最大的生产效率。那么,必须在这个系统中不停地移走微生物细胞,并添加足够的营养物质,才能维持系统处于某种状态的动态平衡。

微生物种群增长曲线在环境工程中也具有广泛的应用意义。首先是活性污泥法中污泥的沉淀性能,当污泥泥龄与生长情况进入内源代谢阶段后,污泥的沉淀性能就会好很多。其次是生物吸附法,将活性污泥微生物种群维持在种群数量最大的稳定期,大量的细胞数量可吸附带走污水中大量的污染物质,延时曝气法是利用进入衰老期的种群,以处理较低浓度的有机废水。

12.2.7 PCR-DGGE 技术在原位生物修复中的应用

目前,环境污染日趋严重,对微生物多样性形成了严重的胁迫,而传统的纯培养分离技术研究环境污染微生物多样性有很大的缺陷,不能获得未被培养的微生物信息,只能分离出很少一部分微生物。与传统方法相比 DGGE 技术能够快速、准确地鉴定在自然生境或人工生境中的微生物种群,并进行复杂微生物群落结构演替规律、微生物种群动态、基因定位、表达调控的评价分析。目前,已经成为微生物群落遗传多样性和动态分析的强有力工具,并被广泛用于废水、废气、固体废弃物、污染土壤等环境样品中的微生物多样性检测和种群演替的研究。

12.2.7.1 固体废物微生物变化的研究

采用 PCR-DGGE 技术对垃圾填埋场细菌种群垂直分布及组成多样性的分析表明,垃圾填埋场细菌种群组成波动较大,某些种群对环境因子的变化十分敏感。填埋 3 年垃圾中细菌种群的多样性随着垃圾填埋深度的增加而呈现"多—少—多"的变化趋势,各种群间相对密度也呈现由不均一到均一的变化规律,部分层次优势种和非优势种发生较大变化。填埋深度 4.0~6.25 m 左右的区域是填埋场微生物区系组成发生变化的过渡区,该区域细菌种群的多样性较小,亲缘关系相差比较大的种交叉在一起,具有明显的过渡特征。从时间因素来看,填埋场同层次微生物群落组成随时间延长,种群构成趋于稳定。表层垃圾 1~2 年内,细菌种群处于交替更迭的阶段,日趋发育成熟。8.25 m 以下层次的细菌种群主要受填埋深度影响,与填埋时间关系较小。这些结构用传统环境微生物分析方法是不能得到的。

　　农业废弃物的利用,如秸秆还田能激发微生物活性,促进微生物繁殖,进而导致微生物群落组成的变化。有研究用 PCR-DGGE 方法分析了水稻土和红壤中水稻秸秆还田后土壤微生物的变化,结果显示,两种土壤样品的 DGGE 条带增加,表明水稻秸秆能增加土壤细菌群落分子多态性的丰富度,随着培养期的延长,施有稻秸的土壤中细菌群落多态性变化远大于对照,不同细菌群落多态性高峰期不同。

　　李友发等人用不依赖细菌培养的 16S rDNA-PCR-DGGE 方法对福建省六个不同地区 12 个取样点的稻田土壤进行细菌群落结构分析。直接提取 12 份样品的总 DNA,用 F341GC/R534 引物扩增 16S rDNA 基因的 V3 可变区,结合 DGGE 技术分析样品细菌群落组成如图 12.2 所示。结果表明,福建省不同地区的稻田土壤之间细菌群落结构存在较大差异,大体上可分为闽东、闽南、闽北、闽西四个大类。同一地区的根际土和表土样品之间也存在差异,但差异相对较低,其中龙岩根际土和表土细菌群落结构相似性最大,永泰的二者土壤差异性最大。回收了 DGGE 图谱中 n 个条带,测序结果经过 Blast 比对表明其中 10 个条带代表的细菌是不可培养的,显示了 DGGE 技术的优越性。

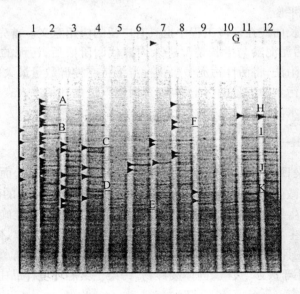

图 12.2　PCR 产物的 DGGE 电泳图谱
▲—检测到的不同条带;A 等英文字母—代表测序

　　李竺等人利用 DGGE 对快速高效堆肥处理城市污泥中微生物进行了多样性研究,结果表明污泥中的微生物种群有显著的改变,同时对堆肥后污泥中的微生物进行了尝试性探讨。原泥中无明显亮带,而堆肥高温期物料(反应 8 d)与回流物料和出料(均反应 16 d)有较为明显的亮带,这说明该堆肥工艺对污泥中微生物的种群构成有明显的作用,原泥中并无明显优势菌种,而经堆肥后泥样中有明显优势菌种出现,这可能是堆肥过程中起积极作用的微生物实现了污泥的减量化和稳定化。

傅以钢等人用 DGGE 指纹图谱技术对污泥堆肥工艺中的细菌种群动态变化及多样性进行了研究。结果表明,生物法污泥堆肥周期小于 8 d。对污泥堆肥各工艺环节样品进行 DGGE 指纹图谱和相似性系数 C_s 值分析,发现随着反应的持续进行,微生态结构的 C_s 值越来越高,说明微生物种群结构越趋稳定。证实污泥微生态能迅速进行优胜劣汰的筛选,调整内部细菌种群结构,从而达到适应环境的目的,在发酵过程中形成的优势细菌种群能长时间保持稳定。

刘有胜等人利用 DGGE 技术对城市餐厨垃圾堆肥过程中细菌种群结构随时间的变化进行了研究。DGGE 图谱显示,不同时间堆肥样中细菌 DGGE 图谱有着明显的差异性;堆肥升温期细菌种群丰富,优势种群不明显;高温期细菌种群减少,优势种群明显;降温期细菌种群结构基本保持稳定。温度对堆肥过程中细菌种群具有明显的筛选作用。堆肥各阶段 DGGE 图谱相似性 C_s 值比较低,堆肥处理后细菌种群结构与堆肥原料之间存在明显差异。

12.2.7.2　废气微生物的处理

利用生物过滤除去恶臭气体已有几十年的历史,其中环境微生物的种群结构、微生物多样性对于恶臭气体的处理效率以及反应器的稳定运行至关重要。由于传统的基于可培养的微生物学研究方法对填料中环境微生物多样性的研究有很大的缺陷,目前的趋势是采用分子生物学的手段来对反应器内的环境微生物生态变化进行研究。如用 DGGE 技术对处理含氨废气的生物滤塔中微生物多样性随时间的变化进行了研究,发现不同时间的相同填料中微生物 DGGE 图谱有着明显的差异性,填料中微生物的多样性都随着反应器运行时间的延长而有所减少,运行一个月后,混合填料的微生物多样性 Shannon 指数最低为 0.389;其次为污泥填料,其微生物多样性 Shannon 指数为 0.473;堆肥填料的微生物多样性程度最高,Shannon 指数为 0.569。生物滤塔对氨的去除效果与填料中微生物多样性 Shannon 指数之间有一定的正相关性。主成分分析显示,对于堆肥和污泥来说,填料样品之间微生物群落结构相似性较高,而混合填料样品间的微生物群落结构相似性较低。

陈桐生等人采用 PCR-DGGE 技术研究除臭生物滤池中试装置中分别处于较强酸性和中性的两种不同运行环境下微生物种群的多样性和生物种群的结构变化。通过扩增细菌 16S rRNA 基因的 V3 可变区,结合应用 DGGE 技术分析除臭生物滤池的生物种群的结构变化,并回收主要的 DNA 片段,结合 PCR 测序及 T 载体克隆测序,明确优势菌群的系统发育地位。结果表明,除臭生物滤池在不同的 pH 值条件下,微生物的多样性及其丰度存在较大差别,强酸性对微生物具有较高的选择作用,与中性条件相比,微生物种群多样性相对较低。同时在滤池的不同层次上也表现出明显的空间分布多样性差异,序列比对结果显示硫氧化细菌在除臭过程中占有优势地位。为更好地处理恶臭气体提供可靠的科学依据,同时也为生物除臭的应用提供一定的理论基础。

李建军等人利用 DGGE 技术对处理甲苯废气的生物滴滤池中微生物生态学进行了研究,在运行过程中,随着生物滴滤池对甲苯去除能力的不断增加,填料当中的微生物种群也发生了明显的变化。在甲苯的选择压力下,随时间的延长,微生物种类减少,优势种群的相对丰度增加,处于不同层面填料上的微生物分布也趋向于一致。

12.2.7.3　在废水处理微生物研究中的应用

目前,废水的微生物处理是最成功的微生物环境污染治理技术。但在污水处理中,不管是活性污泥、生物膜还是氧化塘、人工湿地等,基本上都是利用复合微生物的功能,对于其中微生物种类、结构、功能,用传统微生物分析方法很难进行研究。

　　Lapara 等人研究了不同温度下废水好氧生物处理过程中细菌群落结构和功能的变化,DGGE 分析细菌群落的结果表示不同温度下有不同的细菌群,如图 12.3 所示。

　　用 PCR-DGGE 方法,对在相同的操作条件下分别用低温菌和常温菌接种的两套活性污泥系统中的微生物群落结构的动态变化的研究结果表明,由于工艺和操作条件相同,两系统的微生物群落结构的相似性随着运行时间的增加而增加。PCR-DGGE 方法可以在一定程度上反映出系统以及操作条件对微生物群落结构变化的影响。将不同时期提取的活性污泥进行 PCR 扩增,经 PCR 扩增产物进行 DGGE 电泳,对反应器不同时期进行动态观察,发现在反应器运行的不同时期,微生物群落结构发生动态演替,微生物多样性与废水的处理效果出现协同变化的特征,1 d 与 15 d 微生物群落结构相似程度最高为 75%,1 d 与 30 d 相似性最低为 52.94%,15 d 与 30 d 相似性为 70.59%。

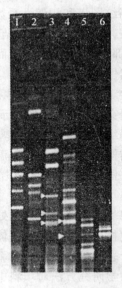

图 12.3　不同温度下运行反应器内微生物群落 DGGE 图谱

泳道 1—标记物(从上到下依次为:*Pseudomonas putida*, *Acinetobacter* sp ADP1, *Comamonas acidovorans* ATCC 15668, *E. coli* DH5a, *Alcaligenes* sp BR40, *C. testosteroni*);泳道 2—25 ℃;泳道 3—35 ℃;泳道 4—45 ℃;泳道 5—55 ℃;泳道 6—65 ℃;白色箭头所指为各泳道共存的条带

　　刘新春等人应用 DGGE 方法,对在相同的操作条件下分别用低温菌和常温菌接种的两套活性污泥系统中的微生物群落结构的动态变化进行了追踪,如图 12.4 所示。由于工艺相同,使得接种的低温菌群和常温菌群在相同的操作条件下,产生了相似的微生物群落结构。随着运行时间的增加,其菌群结构相似程度也越来越高。硝化作用是废水处理系统中实现氨氮去除的关键步骤,而氨氧化细菌在硝化作用过程中负责将氨氧化为亚硝酸

图 12.4　DGGE 凝胶电泳图像

泳道 1~3—低温菌在常温下运行样品(4~6 ℃);泳道 4~6—常温菌在常温下运行样品(20±1 ℃);取样时间分别为系统运行的第 1 d、4 d、20 d

盐,实现亚硝化作用是硝化过程中必不可少的步骤。由于氨氧化细菌的生长速率相当低,生物量很少,采用传统的细菌分离培养分析法研究氨氧化细菌相当费时、繁琐。

许玫英等人采用 PCR 扩增 16S rDNA、扩增功能基因、随机克隆测序等技术,分析处理含高浓度氨氮废水处理系统不同驯化时期的 4 个活性污泥样品氨氧化细菌的种类和氨单加氧酶的活性,并在国内首次采用 PCR-DGGE 结合技术对样品中总的细菌类群的差异进行研究(图 12.5)。结果表明,采用 PCR-DGGE 技术有利于更全面地了解氨氧化细菌的类群和功能,进而改善废水处理系统的处理效果。

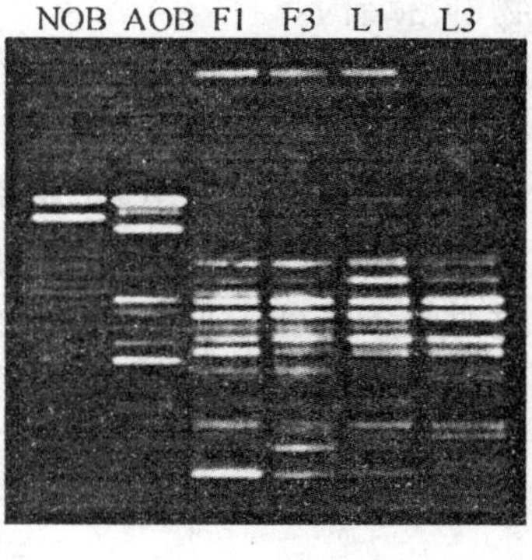

图 12.5　活性污泥样品 16S rDNA V3 区扩增片段的 DGGE 分析

王峰等人应用 PCR-DGGE 技术对城市污水化学-生物絮凝强化一级处理工艺与传统的完全混合式处理工艺反应池活性污泥样品微生物种群结构进行了对比研究,对同一反应器不同位置微生物分布以及不同工况下的微生物种群结构进行了初步探讨。结果表明两种城市污水处理工艺中微生物种群多样性都相当丰富,但是种群结构相差很大,说明化学生物絮凝处理工艺的微生物作用与成分相近的城市污水处理工艺中微生物作用机理可能存在相当大的差别。

Santegoeds 等人用 DGGE 研究了来自污水处理厂的生物膜中 SRB 种群的变化和硫酸还原的优化。在生物膜的生长过程中,微生物群落的遗传多样性增多。用专一性寡核苷酸探针对 DGGE 条带进行杂交分析,在所有的生物膜和活性污泥样品中,*Desulfobulbus* 和 *Desulf-oVibrio* 是主要的 SRB,在好氧层内部的厌氧区存在一种隶属于 *Desulf-onema* 的丝状 SRB。但是,在第 6 周和第 8 周,可以发现不同种类的 *Desulfobulbus* 和 *Desul-foVibrio*。

许春红等人对处理抗生素废水的厌氧复合床中的微生物种群多样性进行研究。结果显示,厌氧复合床反应器中微生物种群丰富,距底部 3 m 以下种群最多且相似性较高,3 m 以上的填料层部位微生物种群明显减少,除产甲烷菌为主外,污泥床层与填料层中分别有不同的优势菌种与产甲烷菌协同作用。

Rowan 等人采用生物滴滤反应器和生物滤池处理同种废水,运用 PCR-DGGE 考察了不同反应器中的氨氧化细菌菌群的组成。虽然不同形式反应器或是同一反应器的不同位置中的氨氧化细菌菌群组成不同,但是主要种群是不依赖反应器的形式或是在反应器中所处的位置不同而改变的,也正是这些主要种群在整个处理过程中发挥着重要的作用。

Curtis 等人采用 PCR-DGGE 比较了不同污水处理厂的活性污泥中总微生物群落的多样性。裘湛等人采用 PCR-DGGE 技术对处理采油废水的水解酸化-缺氧法不同生物反应器中污泥样品进行研究,确定了微生物的优势菌种,并进行了多样性分析,结果显示了在不同环境条件下微生物群落结构的连续动态变化过程。

12.2.7.4　在污染土壤生物处理研究中的应用

Fantroussi 等人研究了长达 10 年施用除草剂后的土壤中的微生物种类变化,结果发现,施用该除草剂的土壤中的微生物种类明显减少,即微生物多样性降低。Ellis 等人利用 PCR-DGGE 技术研究了遭受重金属污染的土壤,结果发现,受重金属污染的土壤中的微生物的种类没有太大变化,而微生物的生理特性却发生了改变。Maila 通过比较不同采样地点和石油烃类物质对土壤微生物种类变化的影响发现后者对土壤中微生物群落结构的影响较大。多项研究表明,利用 DGGE 技术可以快速有效地比较不同污染下土壤中微生物群落结构。

此外,Nakagawa T. 等人在乙苯降解过程中,采用 16S rDNA–PCR–DGGE 分析技术,对以乙苯为唯一碳源和能源的硫酸盐还原菌的菌群的动态变化做了一系列长期的研究(长达 3 年),讨论了每个菌群(亚克隆群)在乙苯降解过程中的作用,描述了其群落的结构和演替规律。在静态培养阶段,通过 DGGE 分析,至少检测到 10 条不同的带型(图12.6),通过对每条带进行亚克隆的系统学分析,表明该微生物群落包含真细菌门的不同细菌。其中 C 带的含量最大,并同降解二甲苯硫酸盐还原菌菌株 mXyS1 具有很高的同源性,实验结果表明,与含量最丰富的 C 带相应 SRB 负责乙苯的降解和硫酸盐的还原。图12.7同样表明了乙苯对 C 带的菌群的定向富集作用。

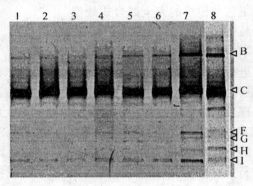

图 12.6　DGGE 对反应器中降解乙苯的 SRB 动态监测

1—6 d;2—15 d;3—20 d;4—28 d;5—37 d;6—49 d;7—82 d;8—127 d

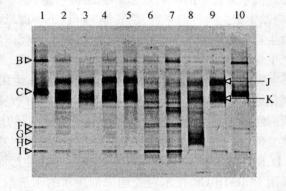

图 12.7　2%乙苯中的污泥转入其他生长基质中的 DGGE 带型的变化

1,10—乙苯;2—5 mmol/L 甲酸;3—5 mmol/L 醋酸;4—5 mmol/L 丙酸;5—5 mmol/L 丁酸;

6—5 mmol/L 乳酸;7—5 mmol/L 乙醇;8—5 mmol/L 柠檬酸;9—2.5 mmol/L 安息香酸

赵璇等人收集氯酚污染的土壤以及未被氯酚污染的土壤样品,经过一定的预处理后,提取 DNA,利用 DGGE 分析微生物的 16S rDNA 谱带,其结果如图 12.8 所示。结果显示,无论是受氯酚污染的土壤样品,还是未受氯酚污染的土壤样品,其微生物种群的 16S rDNA 的谱带都很复杂。尽管没有直接证据表明污染物分子可以改变土壤中微生物种群结构,但从图 12.8 中不同土壤样品中微生物种群的 DNA 谱带变化可以看出,受氯酚污染的土壤样品与未受氯酚污染的土壤样品,其 DNA 谱带存在明显的差别,这表明氯酚对土壤中的微生物种群结构会产生影响。然而,在未受氯酚污染的土壤和受氯酚污染的土壤中,也存在一些共同的 DNA 谱带类型但其强度有所差别。DGGE 分析结果表明,在未受氯酚污染和受氯酚污染的土壤样品中,存在一些共同的 DNA 谱带,但谱带强度有明显的差异。这说明土壤中的氯酚可能会改变微生物种群结构。在受污染的土壤中接种外来微生物进行生物强化,可以促进污染物的生物降解过程,是生物修复过程中的一种重要手段,将在受污染环境的生物修复中发挥重要作用。

图 12.8 氯酚污染土壤和未被氯酚污染土壤中微生物的 16S rDNA 图谱
M—标记分子;1—受氯酚污染土壤样品;2—未受氯酚污染的土壤样品

12.3 PCR-SSCP 技术在环境微生物领域的应用

由于 PCR-SSCP 分析具有快速、简便、灵敏度高、需要样品少和适于大样本筛选等优点,该技术在建立后的短短几年中已日益广泛地运用于微生物群落多态性的研究,如工业生物反应器中菌群的跟踪监测,人工湿地微生物群落结构研究,饮用水处理系统菌群分析以及食品中菌群鉴定等。

12.3.1 病原微生物的鉴别诊断

Oh、王永根据常见病原菌保守的 16S rRNA 设计通用引物对临床常见细菌进行 PCR-SSCP 分析,快速鉴定了多种不同种属的细菌。Huby-Chilton 等人以 rDNA 的 pITS-1 作为遗传标记对 6 种不同的鹿圆属线虫第一阶段幼虫进行 PCR-SSCP 分析,成功地鉴别了这 6 种幼虫。陈虹虹等人对来自青海湖的鲁道夫对盲囊线虫核糖体 DNA 的 ITS-1、ITS-2 进行 PCR-SSCP 分析及序列分析,并与来自欧洲的两个姊妹种鲁道夫对盲囊线虫进行比较。结果表明,我国青海湖的鲁道夫对盲囊线虫与来自意大利的 C. rudolphiiB 具有相同的 SSCP 带型及 ITS 序列,但不同于 C. rudolphiiA,因此,我国青海湖的鲁道夫对盲囊线虫属于 C. rudolphiiB。证实采用 PCR-SSCP 分析 ITS 片段可作为遗传标记用于鉴别鲁道夫对盲囊线虫的姊妹种,从而为鲁道夫对盲囊线虫的进一步研究奠定了基础。

12.3.2 病原微生物的分型

刘运喜等人把分离自辽宁、吉林地区的 6 株恙虫病东方体目的基因进行 PCR-SSCP 检测,并与国际参考株进行比较,呈现出两种不同的 DNA 单链构象图谱,得出辽宁、吉林地区恙虫病东方体分离株至少存在两种型别。姜鹏等人根据旋毛虫 m tDNA-COX I 序列设计引物,应用 PCR-SSCP 技术对我国 7 个猪源旋毛虫地理株与 1 个波兰猪源旋毛虫地理株的 COX I 基因片段多态性进行分析。结果表明,我国 7 个猪源旋毛虫地理株与波兰地理株存在 3 种基因型。Li 等人运用 PCR-SSCP 技术对汉坦病毒进行了分型,根据 SSCP 图谱的不同,区别出汉城病毒阳性血清与汉坦病毒阳性血清。

12.3.3　微生物基因变异的监测

Zhou 等人收集了患腐蹄病动物的病患组织样品,用 PCR-SSCP 分析法比较了坏死梭杆菌的 lktA 基因,得到了 4 种截然不同的 SSCP 图谱,结果表明,该基因很容易发生变异。王永山等人根据传染性法氏囊病病毒(IBDV)cDNA 序列,在病毒 VP2 区域设计一对引物,应用 RT/PCR-SSCP 方法,对 4 个不同时间及不同地域从传染性法氏囊病(IBD)病鸡法氏囊组织中分离的 IBDV 分离物进行了分析,发现 4 个 IBDV 分离物的 SSCP 图谱均存在明显差异,说明 IBDV 变异在我国普遍存在,SSCP 方法可用于 IBDV 的变异性分析。Pawe lcyzk 等人运用 PCR-SSCP 检测出乙肝病毒在复制时的变异。

12.3.4　在环境微生物多样性研究中的应用

Wenderoth 等人基于 16S rRNA 扩增,运用 SCCP 指纹技术对酸性采矿湖围隔中总细菌和硫酸盐还原细菌(SRB)在生物修复过程中的群落结构和动态进行了成功监测。

任南琪等人采用 PCR-SSCP 技术和杂交技术,分析进水碱度降低引起的产酸-硫酸盐还原反应器中微生物群落动态,通过对不同进水碱度条件下微生物群落结构特征和多样性分析,为维持系统硫酸盐较高去除率和反应器的稳定运行提供了理论依据。赵阳国等人采用单链构象多态性技术(SSCP)分别对稳定运行的脱氮除磷反应器(N)、中药废水处理反应器(P)、啤酒废水处理反应器(W)、糖蜜废水发酵制氢反应器(H)以及硫酸盐还原反应器(S)等 5 种废水处理系统中的微生物群落结构进行了解析(图 12.9),结果表明,处理同种废水且状态均一的反应器中微生物群落结构相似性最大;微生物种群多样性与废水中的有机质复杂性成正相关,中药废水由于含有较复杂的有机质成分,种群多样性最高,而人工配水的处理系统由于营养成分单一,种群多样性较低;与模式群落中微生物 SSCP 条带比较显示,某些功能微生物类群在整个系统中相对数量并非占优势,发酵产氢菌 *Ethanologenbacter ium* sp. 在状态良好的制氢反应器中相对比例仅占 5%,而脱硫弧菌 *Desulfvibrio* sp. 在硫酸盐还原反应器中的相对比例小于 1% ~ 5%,SSCP 指纹图谱技术能够揭示不同处理系统中微生物群落结构的差别,并对这些工艺中的部分功能微生物进行监测,进而为提高反应器的运行效果提供有益的指导。

Schwieger F. 和 Tebbe C.C 采用不依赖于培养的 PCR-SSCP 技术,报道了生瘤菌株 *Sinorhizobium meliloti* L33 在苜蓿生长过程对其根际菌群的影响,如图 12.10 所示。其中,2 ~ 7 为 *Medicago sativa* 根际的微生物,8 ~ 13 为 *Chenopodium album*,2 ~ 4、8 ~ 10 为没有接种 *S. meliloti* L33 的情况;5 ~ 7、11 ~ 13 为接种的情况。1、14 为四个纯培养的单链 DNA 作为标记。

Lee 等人利用 SSCP 的特性来研究水生态系统中的细菌群落的结构和多样性。首先通过 PCR 的方法从复杂的混合细菌种群中扩增其 16S rRNA 基因,然后再进行 SSCP 以区分。扩增区段的选择异常关键在研究中通过对 1 262 种细菌的 16S rRNA 序列的比较,设计了真细菌 16S rRNA V3 变异区的通用引物。PCR 产物的 SSCP 分析表明,一种细菌可

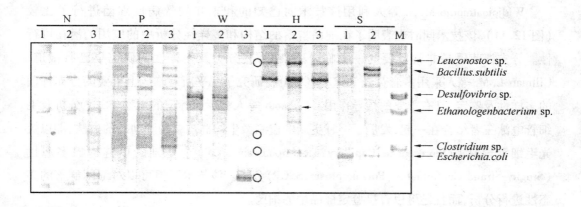

图 12.9 不同反应器中微生物群落的 SSCP 图谱

N—脱氮除磷系统;P—中药废水处理系统;W—啤酒废水处理系统;H—糖蜜废水发酵制氢系统;S—硫酸盐废水处理系统;M—包含 6 个菌株的模拟群落,用作 SSCP 中的标记(marker);"←"—表示 H 中与 *Ethanologen bacterium* sp. 平行条带;○—表示 W 系统进入好氧区后出现的条带

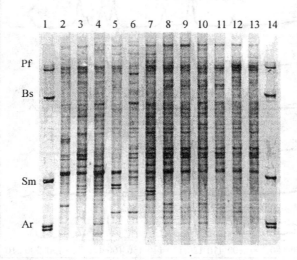

图 12.10 不同植物根际的菌群结构

产生其他细菌没有特异的带型,这样它在细菌群落中的相对丰度就可以得出了。另外,研究还发现,这种方法可以完全检测到占群落 1.5% 以下的细菌。不同细菌种群的明显差异也在厌氧湖和富氧池塘中得以体现,所以该方法证实可以评价水体系统中细菌群落的结构和多样性。

刘小琳等人采用 PCR-SSCP(单链构象多态性)技术,以 16S rRNA 基因的 V4-V5 区为靶对象,分析用于饮用水处理的生物陶粒和生物活性炭上的微生物群落结构。微生物分别经超声波清洗、R2A 和 LB 平板培养后提取核酸。除超声波清洗生物活性炭不能提取到基因组 DNA 外,其余处理均能获得大小 10 kb 的核酸。SSCP 电泳图谱及 DNA 测序表明:生物陶粒上的 1 种微生物最可能是 *uncultrued PseudomonAs* sp. Clone FTL201;生物活性炭上的两种微生物最可能是 *Bacillus* sp. JH19 和 *Bacterium* VA-S-11。

　　Widjojoatmodjo M. N. 等人利用该技术对已知的和未知的致病性细菌进行了比较（图 12.11），该技术同时也表明了在细菌群落的结构和多样性分析中的应用的潜在可行性。分支杆菌属是非常重要的一类临床感染病，其分类及多样性的研究早已有报道，Gillman L. M. 等人采用多彩荧光 PCR-SSCP 分析研究了几乎所有临床上重要的分支杆菌的多样性及鉴定，具有重要的指导作用。Iwamoto 等人将荧光标记的引物、SSCP 分析及毛细管电泳三者结合在一起，发展了一种更新的监测微生物群落结构和动态的方法，即以荧光毛细管电泳（Fluorescence Capillary Electrophoresis, FCE）为基础的单链构象多态性（Single-Strand Conformation Polymorphism, SSCP）分析。该技术不但可以对细菌群落的多态性进行分析，而且还可以直接鉴定样品中的细菌。

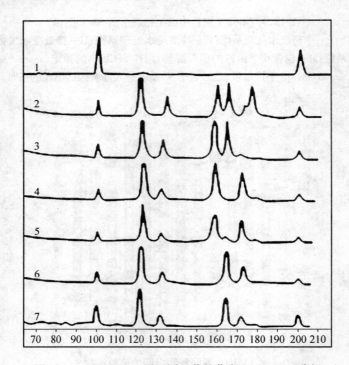

图 12.11　Citrobacter 属不同细菌的荧光 PCR-SSCP 分析

1—内对照；2—*E. coli* 对照；3—*C. amalonaticus*；4,5—*C. freundii*；6,7—*C. diversus*

　　PCR-SSCP 自 1989 年问世至今，方法学上发生了重大改进，从而使其在技术上更加完善，操作上更加简便，检测的敏感性也不断提高。但是，由于 DNA 单链变异的性质不同，从而它们的中性胶中的构象也具有很大的可变性，这样，虽然不同学者各自用自己的 PCR 产物探讨了一些各自的最佳实验条件，但至今尚无一条通用的条件可供使用。因此，PCR-SSCP 在方法学上仍应继续深入研究，以期尽可能研究出一套可普遍使用的方法。同时，PCR-SSCP 需要与其他变异性分析法结合起来，取长补短，不断提高检测的敏感性并扩展其应用领域。

12.4　肽核酸探针技术的应用

12.4.1　肽核酸技术

从 1869 年瑞士科学家 FriedrichMiescher 发现核酸,到 1953 年 Watson 和 Crick 阐明 DNA 双螺旋结构,到今天的分子生物学、分子遗传学和基因治疗学的迅速发展,无不标志着核酸研究工作的活跃。核酸是遗传信息的携带者,是基因表达的基础,它在个体的生长、发育以及繁殖等正常生命活动中具有十分重要的作用。此外,核酸碱基序列的突变还会导致生命的异常,如流感病毒的变异,因此分析核酸序列,探测核酸结构与功能具有非常重大的意义。

早在 1988 年,Bains 等人就将短的 DNA 片段固定到支持物上,以反向杂交的方式进行核酸序列测定。如今,随着生命科学与众多相关学科(如计算机科学、材料科学、微加工技术、有机合成技术等)的迅猛发展,为 DNA 探针的实现提供了可能。

20 世纪 90 年代,美国 Affy-metrix 公司实现了 DNA 探针分子的高密度集成,即将特定序列的寡核苷酸片段以很高的密度有序地固定在一块玻璃、硅等固体片基上,作为核酸信息的载体,通过与样品的杂交反应获取其核酸序列信息。由于该技术采用了微电子学的并行处理和高密度集成的概念,因此具有高效、高信息量等突出优点。现行通用的基因芯片技术一般多采用这样的寡核苷酸为探针,这便带来 3 个无法克服的问题:

(1)灵敏度不够高,探针一般长 20 个碱基左右,再与较长的靶序列结合时(如一些病原微生物的基因组靶序列通常有几千、上万个碱基),常由于结合力不够高而使探针无法与靶序列杂交。

(2)特异性不强,与靶物质结合的特异性较差,亲和力不够,在杂交过程中不稳定。一些特异性要求较高的实验如 SHB 杂交测序,需要使用寡核苷酸探针,虽然经过技术优化后的寡核苷酸芯片既具有特异性,又具有使得杂交产物稳定的特点,但对杂交以及洗脱条件很苛刻经常有错配的碱基序列与之非特异性的杂交。

(3)对杂交条件的严格依赖性,由于探针与靶序列间均带有负电,杂交时存在电荷排斥力,因此 DNA 探针需依赖特定浓度的阳离子缓冲液才能形成稳定的二聚体,与此同时靶分子的二级结构、三级结构也会相应地增加以至阻碍靶分子与探针靠近而阻碍杂交反应,同时给 DNA 分析过程中除盐带来了过多的洗涤步骤。

为克服上述问题,丹麦有机化学家 Ole Buchardt 和生物化学家 Peter Nielsen 于 20 世纪 80 年代开始潜心研究一种新的核酸序列特异性试剂。于 1991 年,在第一代、第二代反义试剂的基础上,通过计算机设计构建并最终人工合成了第三代反义试剂——肽核酸(Peptide Nucleic Acids,PNA)。从此,科学家们对 PNA 探针技术展开了深入的研究,并使其在细菌检测、环境监测以及临床致病微生物检测等研究中发挥重大作用。

从 1991 年 Nielsen 等人报道了肽核酸以后,在短短的不到 20 年时间里,肽核酸探针技术取得了日新月异的进展。相比 DNA 探针来说,PNA 探针有着很大的优势,但它同样存在不足之处,比如说 PNA 类化合物水溶性差、细胞膜通透性不强以及有一定程度的自

聚集现象等。所以,科学家们在 PNA 基本骨架基础上进行了结构改造,从而形成了多种
PNA 类似物,包括骨架原子顺序的改变、基团的替换、侧链的变化等,如 bis－PNA、pc－
PNA、(PNA)₂DNA、PNA-多肽共轭产物、α－PNA、P－PNA、2～5PNA 等。它们都能在一定
程度上改善 PNA 的性质及功能,达到实验的要求。

12.4.1.1 bis－PNA 的结构特点以及杂交模式

1995 年,Egholm 等人将 2 个含 7 个碱基长的 PNA 单体用一个柔韧的接头连接起来,
形成双体 PNA(bis－PNA)。在与 dsDNA 反应的过程中,他们发现 bis－PNA 比单体 PNA 更
容易也更快发生三链侵袭现象,形成的 bis－PNA/dsDNA 四链复合物有更高的稳定性。

这种“链侵袭”的模式通常发生在多聚同源嘧啶 PNA 和相应的多聚嘌呤 dsDNA 靶序
列之间,其结合模式:bis－PNA 的一条链以 Watson-Crick 氢键的方式在 dsDNA 双螺旋内
部与靶序列中的互补碱基以反向平行的方式结合,另一条链则以 Hoogsteen 键的方式在
DNA 双螺旋结构的大沟处与靶序列以正向平行的方式结合,原 dsDNA 中靶序列的互补片
段则突出于复合物外,形成一个著名的“P 环”(P loop)的结构。在理论和实际研究中,都
证实了 bis－PNA 不仅可以高亲和力地和 dsDNA 形成稳定的“P 环”结构,同时 bis－PNA 在
识别 dsDNA 的过程中,还显示了很高的序列特异性。这为设计利用 bis－PNA 探针直接检
测病原微生物基因组提供了坚实的理论及实践基础,而且也非常符合临床检测的实际
需要。

12.4.1.2 pcPNAs 的结构特点以及杂交模式

经典 PNA 有一些先天缺陷,尤其是其互补双链间的超强结合能力显著限制了其在反
义、反基因药物等领域的应用。在此基础上,1999 年 Nielsen 又提出 PNA 的碱基修饰衍生
物——pc－PNAs,它是对 PNA 互补双链的对应碱基进行修饰,抑制其相互结合,这种修饰
产物被称之为假互补肽核酸(pseudocomplementary PNAs,pcPNAs)。

pcPNAs 的结构是在 PNA 的 4 种 ATCG 碱基基础上进行的碱基修饰取代。其中的腺
嘌呤(A)全部用二氨基嘌呤(D)取代,胸腺嘧啶(T)全部用巯基尿嘧啶(ˢU)取代。
pcPNAs 作为 PNA 的碱基修饰产物,具有 PNA 的一切化学特性:①有中性的假肽骨架,与
带负电的 DNA/RNA 的结合不存在静电斥力,而且为了增加其溶解性,一般 PNA 单体会
附加阳离子的赖氨酸残基,这增加了其与靶序列的杂交能力;②结合不依赖于特殊的盐离
子浓度;③pcPNAs 单体通过多聚酰胺键连接,不被核酸酶和蛋白酶降解;④需要研究或用
于标记的基团、嵌合子及金属离子可以方便地连接到 N－末端氨基或 C－末端羧基上;
⑤pcPNAs分子为非手性分子,避免了其结构对映体的纯度问题;⑥可采用固相合成,以较
低的费用大量制备。

这样以双链 DNA 两条链上的某段互补序列同时作为靶片段,分别设计针对该互补序
列的 2 条 pcPNAs 杂交片段。当 2 条含有 D,ˢU 的 pcP－NAs 与相应的 dsDNA 发生杂交反
应的时候,pcPNAs 本身 2 条链间ˢU－D 对中ˢU 庞大的硫代基团和一个氨基之间形成了空
间位阻。这种空间位阻显著影响了 pcPNA－pcPNA 二聚体的稳定性,但与未修饰的 PNAs
相比,ˢU 和 D 并没有影响每条 pcPNA 单体与其互补 DNA 的杂交,甚至使得结合更强。
因此 pcPNAs 可同时与 dsDNA 两条链中相应的靶序列结合,形成稳定的 PNA－dsDNA－
PNA 复合物。这就保证了 pcPNAs 在识别靶序列的同时不会自己互补结合。Lohse 等人
的实验结果证实这种结合特异而高效,估计 80% 以上的靶序列是靠 Watson-Crick 键的方

式与 PNA 结合的。Demido V 等人更是对这种结合模式的动力学过程和可能的机制进行了详尽的探讨。

显然,pcPNAs 的这种杂交模式更具有广泛的应用前景,因为 PNA 不需要必须是多聚嘧啶,可以设计成任何与靶序列互补的碱基序列,pcPNAs 可以与双链 DNA 甚至是超螺旋结构的 DNA 结合,因此,将 pcPNAs 应用于探针领域理论上可以大大简化标本的处理纯化过程,尤其应用于完全基因组、粗制样本或未纯化样本操作的应用研究。对于基因的快速诊断,特别是特殊环境(如战争情况下)的疾病、病原体快速准确诊断提供了方便。

12.4.1.3　其他肽核酸类似物的结构和功能

(1)α-PNA

α-PNA 的主链由 L-α-氨基酸构成,主链上每个单元骨架多一个羰基(图 12.12)。与 PNA 的不同主要在于 PNA 碱基距主链的一段中不含羰基。α-PNA 比 PNA 更类似DNA,所以可作为 PNA 的替代物。

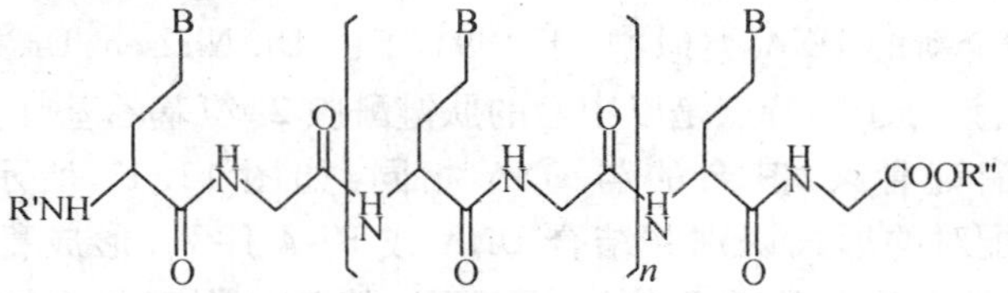

图 12.12　α-PNA 的结构

(2)手性 PNA

手性 PNA 的每一单元只含一个肽键(图 12.13),是一种在合成上和结构变化上都比较灵活的类似物,它具有手性,且比 PNA 更易变换形状,使其在与 DNA 等结合上更具灵活性。

(3)P-PNA(Phosphono-PNA)

针对 PNA 的细胞通透性差、水溶性差和自聚集的缺点,有人设计得到 P-PNA 系列(图 12.14)。它基本上克服了 PNA 这 3 大缺点,而且 P-PNA-PNA 缀合体可以与 DNA 形成更稳定的络合物,并可抑制核酸酶对其的降解,降解温度高于 PNA。

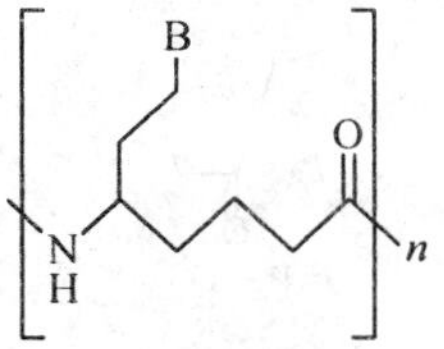

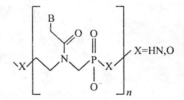

图 12.13　手性 PNA 的结构　　　　图 12.14　P-PNA 的结构

(4)转位 PNA(retro-inVer-so PNA)

转位 PNA(retro-inVer-so PNA)虽与 PNA 相比只将酰胺键进行了翻转(图 12.15),但性质却比 PNA 改进了许多,它比 PNA 有更好的识别 DNA 序列的能力,其构型的变化还减少了与水溶性介质的相互作用。

O-PNA(图 12.16)的水溶性好于 PNA,可能因其醚键的灵活性,对互补的 DNA 呈现全或无的杂交形式,其手性也使其结构变化更为丰富。

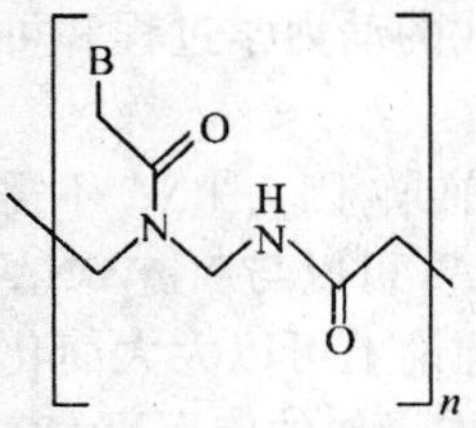

图 12.15　转位 PNA 类似物的结构 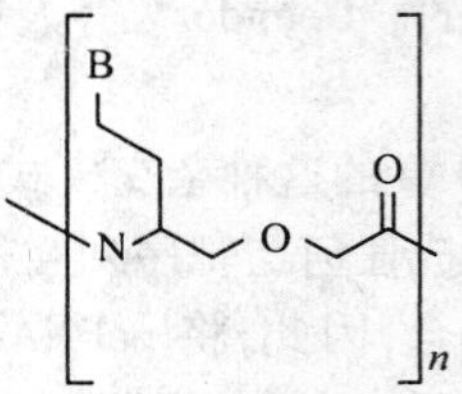　　　　　图 12.16　O-PNA 的结构

　　综上所述,科研人员设计合成了各种结构的 PNA,从骨架原子顺序的改变、基团的替换到侧链的变化等,用以优化 PNA 的生物学稳定性和利用度、靶结合特性以及药代动力学特性,为将 PNA 应用于临床微生物检测和治疗等领域开创了一个新的研究领域。

12.4.2　肽核酸的分子结构及性质

12.4.2.1　肽核酸的分子结构

　　肽核酸是一种全新的 DNA 类似物,于 1991 年由 Dr. Nielsen,Dr. Egholm,Dr. Berg 和 Dr. Buchardt 发明。该分子的特点是以中性的肽链酰胺 2−氨基乙基甘氨酸键取代了 DNA 中的戊糖磷酸二酯键骨架,其余的与 DNA 相同,如图 12.17 所示。PNA 可以通过 Watson−Crick碱基配对的形式识别并结合 DNA 或 RNA 序列,形成稳定的双螺旋结构。 PNA 骨架的化学特性允许对其进行修饰,从而可以使 PNA 的靶结合特性、药动学特征、生物利用度等得到优化。PNA 寡聚体链一端有游离的氨基,另一端有游离的羧基,书写时由左向右,左为氨基右为羧基,分别与 DNA 的 5′ 端和 3′ 端对应。

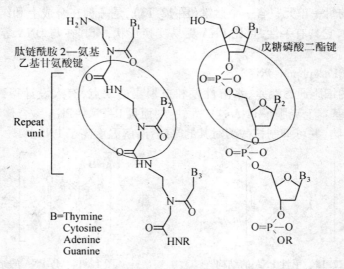

图 12.17　PNA 和 DNA 结构图

12.4.2.2　肽核酸的性质

（1）理化性质

　　PNA 的结构使其具有以下特点:①对核酸具有特异性识别能力,因不带电而避免了 PNA 与阴性的 DNA 或 RNA 的静电排斥;②可用化学合成法在其 N 末端或 C 末端连上 PNA 寡聚体、报告基团、金属黏合剂及某些插入基团;③具有高度生物稳定性,不易被核

酸酶、多肽酶及蛋白酶降解；④无手性，无需对映体纯化。

（2）生物学性质

与经典的寡核苷酸相比，PNA 热稳定性和生物学稳定性较高，PNA 没有核酸酶和蛋白酶的识别位点，因此不易被任何已知的核酸酶或蛋白酶降解。它对酶降解的抗性比常规的寡聚脱氧核苷酸（ODN）更强。T10PNA 在人血清中、细菌抽提物中温育 2 h，检测不到 PNA 发生降解。此外，PNA 对真菌蛋白酶 K、猪肠黏膜蛋白酶等有很强的抵抗力。PNA 在较大 pH 值范围内也稳定。因此，PNA 能在体内或体外长期存在。

（3）杂交特性

PNA 能以 Watson–Crick 碱基配对原则识别与其互补的 DNA 或 RNA 序列，并通过反向平行结合（反向 N 端朝向核苷酸的 3′端）或正向平行结合（N 端朝向核苷酸的 5′端）杂交形成稳定的双螺旋结构。在 PNA 的杂交过程中，有很明显的特性。

首先，杂交特异性强。PNA 能特异性识别对应靶 DNA 中的错配碱基而完全不发生杂交，PNA 与互补的 DNA 或 RNA 的结合有高度专一性。PNA–DNA 或 RNA 杂交特异性较 15–mer DNA/15–mer DNA 或 15–mer RNA 杂交特异性更高，前者的错配（Mismatch）稳定性远较后者低。比如，在混合的 PNA–DNA 聚体中，一个碱基对错配可使 T_m 值降低8 ～ 20 ℃（平均 15 ℃），而相应的 DNA/DNA 仅降低 4 ～ 16 ℃（平均 11 ℃），以至于双碱基错配时 PNA 根本不与靶序列杂交。PNA 的这种高水平的识别特性表明它具有分析点突变的能力，在基因诊断和治疗、调节基因表达等方面有很高的应用价值。

其次，杂合体的稳定性高。PNA 与 DNA 或 RNA 结合更稳定，原因在于 DNA 链或RNA 与 PNA 链之间不存在静电排斥。对于含有 1 ～ 3 个凸出残基的 12–mer DNA/DNA和 12–merPNA/DNA，当残基增加时，前者的稳定性降低，而后者的稳定性没有改变。一般而言，每增加一个碱基，PNA–DNA 双链的 T_m 值比对应 DNA–DNA 双链的 T_m 值高1 ℃（在 0.1 mol/L NaCl 中）。一个 15–mer PNA/15–mer DNA 双链的解链温度（T_m 值）大约为 70 ℃，而相应 DNA/DNA 双链的 T_m 值（解链温度）为 54 ℃。此外，杂交不受盐离子浓度的影响。在低离子浓度环境下，PNA 可在 DNA 不能与其互补 DNA 杂交的温度条件下与 DNA 稳定杂交，特别是在无 Mg^{2+} 环境中，也能与 DNA 杂交。在离子强度为 0 时，15–mer PNA/15–mer DNA 双链 T_m 值为 72 ℃，而相应 DNA–DNA 的 T_m 值为 38 ℃。另外，当 PNA 与 DNA 或 RNA 结合时，反平行方式结合的复合物比顺式结合有更高的热稳定性。醌霉素（Quinoxaline Antibiotics）有助于 PNA–DNA 复合物的形成，但原因尚不完全明白。PNA 可插入 DNA 双链或 RNA 双链而置换（也称"链侵袭"或"链侵占"）其中的一条链形成稳定的 PNA_2–DNA 三链结构和热稳定性很高的 PNA_2–RNA 三链结构。PNA_2–DNA 三聚体容易形成且极其稳定，导致双链 DNA 结构的改变，这一现象是 PNA 在反义和反基因技术中应用的基础。链置换的产生依赖低盐浓度，生理浓度下链置换复合物的形成发生很慢，但一旦链置换复合体形成后，就有较高的稳定性而不易被破坏。

最后，杂交速度快。PNA 只需要较短时间（5 ～ 30 min）就能与靶序列结合，而寡核苷酸引物则需几个小时。此外，当 PNA 作为杂交探针时有许多优点，比如在杂交条件的选择方面有较大的自由度、标记方法多（如生物素、荧光素、若丹明等）、简便、经济、信号检测的敏感性增加等。

　　由此可见,PNA 与核酸及其他类核酸物质相比较,在物理化学、生物学上都有明显的优点,这就使 PNA 在其合成的难易程度、导入方式、调控水平、临床应用上有自己的特点。

12.4.3　肽核酸探针技术在微生物检测领域的应用

　　微生物检测技术历经几十年的发展,从细菌培养检测到胶体金试纸条技术检测,从 PCR 扩增技术检测到生物传感器技术检测,再到生物芯片技术检测,所历经的一步步,都是在顺应时代发展的需要,破除原有的局限,在更高的层次上展现科技进步的力量。而肽核酸探针技术领先于时代潮流,应用于微生物检测领域具有无与伦比的优势,它所带来的技术革新必然能够更好地在微生物突发公共卫生事件中发挥巨大的作用。

12.4.3.1　乙型肝炎病毒的检测

　　张效萌、韩金祥等人根据从 Genebank 上下载的 HBV 基因组序列,用 Alignment 软件进行对比分析,选取 HBV 的保守序列,根据设计引物的一般原则,分别设计了表 12.4 中的扩增产物,从 Pro-mega 公司购买 dNTP,自主生产 Taq 酶,乙型肝炎病毒 PCR 诊断试剂盒购自安普利生物工程有限公司。分别进行单碱基突变检测和 HBV DNA 的检测,检测结果显示无论用 DNA 作为探针还是用 PNA 作为探针检测单碱基突变,都可根据杂交信号的比值得到正确的杂交结果。而 PNA 作为探针时对盐浓度的要求更低,杂交信号更强,阴性、阳性探针信号强度的对比也更强烈;DNA 做探针时为得到相对较好的结果,对洗脱条件的要求更苛刻。而检测 HBV DNA 的结果显示,用 PNA 探针检测乙肝患者(大三阳)血清 16 份,所得结果与使乙型肝炎病毒 PCR 诊断试剂盒所得结果完全相同,其中有 1 例使用试剂盒确定为极弱的阳性,但通过本方法检测为明显阳性。肽核酸探针对核酸链间错配的强识别能力使得该技术在乙型肝炎病毒的检测中发挥重大作用。

表 12.4　乙型肝炎病毒的引物和探针的设计序列

HBV 的上游引物	5′-GGAGTGTGGATTCGCAC-3′
HBV 的下游引物	5′-TAMRA-GCCTCCAAGC(t)TGTGCCT-3′
PNA 探针 1	5′-NH₃-TATCAACACTTCC-3′
PNA 探针 2	5′-NH₃-TATCAACATTTCC-3′
PNA 探针 3	5′-NH₃-CCACCAGCAATC-3′
靶 ODN	5′-TAMRA-GGAAGTGTTGATA-3′
PNA 探针 1	5′-NH₃-TATCAACACTTCC-3′
PNA 探针 2	5′-NH₃-TATCAACATTTCC-3′

　　此外,陈鸣、府伟灵等人设计了 bis-PNA 探针序列:5′ Bio-OO-TCCTTTTT-OOO-TTTTTTCCT-Lys（O 为接头(linker)分子,Lys 为赖氨酸）,结合基因传感器技术,以之检测 HBV,结果显示 bis-PNA 可直接与 dsDNA 稳定地结合,无须进行热变性,使待测的 HBV 基因组 DNA 可直接加至传感器和 bis-PNA 探针反应。这样一来,既简化了操作步骤,又增加了传感器的质量-频率效应,极大地提高了传感器的灵敏度,同时还避免了温度对传感器的干扰,充分展示了 PNA 探针技术在微生物检测领域的巨大优势。

12.4.3.2 鼠疫耶尔森氏菌的检测

鼠疫是由鼠疫耶尔森氏菌(*Yersinia Pestis*,以下简称鼠疫菌)引起的,它是传统生物战剂之一,是恐怖分子用于制造生物恐怖的首选微生物之一,因此对该菌的快速检测与鉴定具有重要意义。F1 抗原是鼠疫菌中发现最早的抗原,也是该菌最重要的保护性抗原,因其具有非常高的特异性,caf1 基因是 F1 抗原的结构基因,编码 F1 抗原的亚单位,读码结构为 510 个核苷酸。谭亚芳、杜宗敏等人针对鼠疫菌的 caf1 基因,设计并合成一对 PNA 探针,分别与链霉亲和素包被的磁性纳米颗粒(磁珠)和 cy5 荧光纳米颗粒结合后,与样品中的 DNA 杂交,利用荧光扫描技术检测样品中的鼠疫菌。

他们从 BBDJ 中调出 caf1 基因序列(序列号 M24150),使用软件 primer premier 5.0 完成 2 条探针和待测 DNA 引物序列的设计(见表 12.5),其中 PNA 探针 1 与磁珠结合用于捕获待测靶核酸,故称为捕获探针; PNA 探针 2 与 cy5 荧光纳米颗粒结合用于核酸的荧光信号检测,故称为检测探针。

表 12.5 鼠疫耶尔森氏菌引物和探针的设计序列

鼠疫菌的上游引物	5′-TAACTGCAAGCACCACTG-3′
鼠疫菌的下游引物	5′-CCTAAAGAAACAAGCGAG-3′
PNA 探针 1(捕获探针)	5′-GCAACGGCAACTCT-3′
PNA 探针 2(检测探针)	5′-GTCTTGGCTACGGGC-3′

该实验以鼠疫菌 DNA 作为阳性对照进行特异性试验,检测了 7 种非鼠疫菌株,包括金黄色葡萄球菌、假结核耶尔森氏菌、鼻疽伯克霍尔德氏菌、鼠伤寒沙门氏菌、枯草芽孢杆菌、类白喉棒状杆菌、布鲁氏菌,结果显示只有阳性对照鼠疫菌和伤寒沙门氏菌的信号高于空白对照,其他菌种对应的信号均低于空白对照。出现此结果可能的原因是探针与磁珠或 cy5 颗粒结合的效率不可能达到 100%,使部分颗粒表面缺少探针的覆盖而产生非特异的结合,所以这种检测方法的灵敏度和特异性较荧光定量 PCR 和常规 PCR 方法有一定的差距,但作为一种新技术,经过改进,且在研制专用单分子检测仪器的基础上,本方法有望成为不需要 PCR 扩增、检测灵敏度可与 PCR 媲美的具有广泛应用前景的单分子检测技术。从中可见在微生物检测领域内充分应用 PNA 探针技术还有待发展,但 PNA 探针的优势使其具有广阔的应用前景。

12.4.3.3 其他肽核酸探针技术在微生物检测中应用

目前,美国缅因州立大学的 Laurie Connell 等人以有毒赤潮生物 Alexandrium 藻作为目标藻,采用半自动的三明治杂交方式,研究比较了双标记的 PNA 探针和相应的双标记 DNA 探针及三标记 DNA 探针的检测效果,结果表明,PNA 探针的检测效果明显高于 DNA 探针。在其他相关研究方面,Worden 等人通过全细胞原位杂交法,使用 PNA 探针检测未固定的海洋蓝细菌,发现能大大提高检测仪号,是 DNA 探针的 5 倍。该杂交反应能在低盐和较高温度的条件下进行,而这些条件明显地降低了 rRNA 和 DNA 的 2 级结构的稳定性,因此使 PNA 探针能有效地和比较难到达的靶位点发生高效结合。这是使用 PNA 探针的优势,从而提高了蓝细菌的杂交效果。

此外,针对病原微生物的分子化石——rRNA 的序列,设计 PNA 探针并使之与荧光原位杂交(FISH)技术相结合可有效用来分离、鉴定病原微生物。

总之,PNA 探针技术自身的诸多优势在微生物检测领域内得到了很好的展示,它的检测方法灵活多样,不光可以在骨架结构上、碱基构成上针对被检测物质进行相应的自身调整,更可以结合荧光标记技术、PCR 检测技术、生物传感器技术、生物芯片技术等进行微生物的检测,它拓展了杂交探针在生物检测领域的应用,得到了更多人的关注。

12.4.4 肽核酸探针技术的应用前景

PNA 探针技术的发明是分子生物学发展的必然结果,它的理化特性使它具有超越其他探针技术的优势,从它被发明以来的不到 20 年的时间里,已被越来越多的人关注并得到迅猛的发展。从它的骨架结构到它结合的碱基都可以根据实际需要作出相应的调整,从而更加适用于临床医学检测和环境微生物检测。而 bis-PNA、pcPNAs 等的提出更是为现代分子生物学开辟了广阔的研究空间。作为一种分子生物学工具,PNA 探针技术在微生物检测领域具有极大的潜力。尽管目前对其研究仍然在初级阶段,很多生化特性及生物学功能仍然只停留在理论和假设阶段,但是随着进一步的研究,其在现代分子生物学领域必然会发挥越来越重要的作用,它的广泛应用也指日可待。

总之,PNA 以其生物稳定性高、与核酸亲和力强和具有较强的抗核酸酶和蛋白水解酶降解的能力等特性,成为现代分子生物学的一把利器,不仅可用于治疗癌症、艾滋病及细菌、病毒引起的疾病,同时作为探针有取代核酸探针进行原位杂交检测、PCR 特异性扩增和应用于高新技术生物传感器成为探针首选之势。相信随着对 PNA 研究的不断深入,它的价值将被更多人所认识,应用空间将更为广阔。

12.5 16S rRNA 序列分析技术的应用

环境微生物在环境保护和环境污染治理中起着非常重要的作用。很多微生物具有降解和转化污染物的能力,而且微生物具有容易发生变异的特点,它们比其他生物更容易适应环境。微生物的种类多,代谢类型多样,容易发生变异,又可产生各种诱导酶,从而能降解或转化那些环境中已经存在的污染物,也可降解或转化那些环境中"陌生的"化学物质。总之,环境微生物在环境污染物的治理和污染环境的恢复中起着举足轻重的作用。

16S rRNA/rDNA 序列分析技术是分子生态学领域的一项重要技术,目前已被广泛应用于环境微生物的检测(分类、鉴定以及微生物的群落研究),由于该技术的广泛应用,使其在很多方面都取得了较显著的成果。

12.5.1 16S rRNA 序列分析的基本原理

复杂细胞基质,在细胞内通常与细胞质紧密相连,是蛋白质合成的场所。原核生物细胞和真核生物细胞之间的显著差异就是核糖体,在原核生物细胞中,是 70S 核糖体,而真核生物细胞中的是 80S。核糖体中的遗传物质是核糖体 RNA(ribosome RNA,rRNA),70S 核糖体中的 rRNA 主要是 5S、16S 和 23S rRNA,而 80S 核糖体中的 rRNA 主要是 5.8S、18S 和 28S rRNA。

在漫长的生物进化中,核糖体中的 rRNA 分子一方面保持了相对恒定的生物学功能和保守的碱基序列,另一方面也存在着与进化相对应的突变率,从而在结构上分为保守区

(Conserved Domain)和可变区(Variable Domain)。因此,通过研究 rRNA 或 rRNA 基因(即 rDNA)序列就可发现各物种间的系统发生关系。在对原核生物进行研究时,因其核糖体小亚基上的 16S rRNA 长度适中(约含 1 540 个碱基),比 5S rRNA(约含 120 个碱基)包含的遗传信息要多,比 23S rRNA(约含 2 904 个碱基)序列短,易于进行序列测定和分析比较等实验操作,从而发展出了 16S rRNA/rDNA 序列分析技术。类似的,在研究真核生物时,可以选择其 18S rRNA(约含 1 789 个碱基)或 18S rRNA 基因进行研究,同样可以根据其序列信息对研究样品进行分类鉴定。

12.5.2　16S rRNA 分析技术与传统微生物鉴定技术的区别

该方法不依赖于环境微生物的分离培养,是一种非培养分析技术,能够快速鉴定出那些目前尚不能人工培养的环境微生物(如需要在厌氧条件下生存且难于培养的环境微生物,用常规技术难以分离的环境微生物,分离培养技术复杂或周期过长的环境微生物)。

该方法的鉴定指标单一明确,即以保守的 16S rRNA 序列为基准,通过找到序列差异鉴定种属,可以发现环境微生物新的种类,而传统技术必须综合大量的指标加以鉴定,常规 PCR 检测也必须已知环境微生物的特异基因序列。因此该技术在环境微生物学研究中逐渐得到广泛应用。目前 16S rRNA 序列分析技术主要应用于环境微生物多样性的揭示、环境微生物生态学的研究等方面。国内外均有许多利用种属特异性 16S rRNA 序列引物 PCR 或探针杂交进行快速检测的研究报道。如 Arnoldi 等人采用 rRNA 特异性探针通过原位杂交检测分析杆菌;杨瑞馥等人从北京某宾馆冷却塔水中分离一株菌,通过形态学以及生理生化分析怀疑为军团菌属,但因缺乏标准抗血清而未能定种,通过 PCR 和分析16S rRNA序列确定了该菌株为橡树岭军团菌。

12.5.3　16S rRNA 序列分析的基本步骤

16S rRNA 基因序列分析主要包括样品总 DNA 的提取、引物及探针设计、PCR 扩增、梯度凝胶电泳(包括 DGGE 和 TGGE)、限制性内切酶长度多态性、基因文库的筛选、序列测定、序列分析等多个步骤,可根据研究对象和研究目的不同单独使用或选择组合使用。16S rRNA 序列分析的操作流程如图 12.18 所示。

12.5.4　16S rRNA 序列分析技术的应用

12.5.4.1　16S rRNA 序列分析在好氧生物处理中的应用

活性污泥法处理废水是今天环境保护中最重要的技术和工艺之一,但是,对其中的微生物共生体的群体结构和功能的相关性却知之甚少。随着生化技术和分子生物学的发展,出现了许多直接检测活性污泥细菌结构动态的方法。Dabert P 等人接种具有脱磷能力的活性污泥与 SBP 反应器中,用荧光标记的引物对活性污泥细菌的 16S rRNA 进行 PCR 扩增,然后进行电泳分离。电泳图谱上每个波峰代表不同的菌群,前 3 个月的结果表明,接种改变了活性污泥的细菌群落结构,并提高了磷的去除率,但以后的细菌群落组成和除磷效果与对照相比就没有显著差别了。

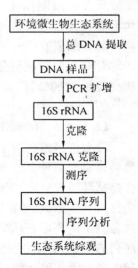

图 12.18　16S rRNA 序列分析的操作流程示意图

运用 16S rRNA 技术检测细菌群落的动态,并将检测序列的生物信息与各种理化参数进行综合分析,建立相应的预测模型,可以更加准确快速地反应活性污泥的运行效能。

12.5.4.2　16S rRNA 序列分析在厌氧消化反应中的应用

目前,厌氧消化已被广泛用于环境污染处理,它是一个在营养食物网中多种微生物相互作用的复杂进程,用 16S rRNA 序列分析方法研究厌氧消化中微生物的多样性,可以克服纯培养的限制。Jearn-Jacques Godon 等人对厌氧流化床的生物膜中存在的微生物种类进行 16S rRNA 序列分析,发现这个普通的生态系统中具有很高的生物学多样性,而通过序列能对这些未知菌进行分类鉴定,从而有望知道它们的功能。

在厌氧消化中,作为古细菌域的一个重要类群,产甲烷细菌的低生长率能使厌氧系统对环境的改变很敏感,且群体中的分布能影响整个系统。若分布不平衡会降低反应效率,需要很长的恢复期,甚至会导致反应失败。为了解这种平衡及控制反应进程,就需要对整个不平衡时期的微生物共生体的结构和活性进行分析。Celine Delbes、Rene Moletta 等人用单链构象多态性(SSCP)分析 16S rRNA 序列,考察了当培养基改变时对细菌群体的短期影响。后来,他们又用 16S rDNA 和 16S rRNA 序列的扩增序列进行 SSCP 分析,并结合化学分析来监测消化过程,考察了消化过程中的细菌和古细菌的动力学效应,发现醋酸盐的积累对细菌群体有重要的影响。

在垃圾填埋场中,产甲烷微生物在各种厌氧系统内有机废物的生物降解过程中扮演重要角色,由它们参与催化的处于垃圾连续矿化作用末端的解聚反应常常是垃圾厌氧降解速度的限制因素。因此,研究垃圾填埋场内部产甲烷古细菌群落的结构及其多样性,对全面了解有机废物厌氧消化过程中的微生物生态及其厌氧系统整体表现之间的关系具有重要意义。黄丽南等人对广州市北郊的李坑垃圾填埋场渗滤液中的古细菌群落的 16S rDNA 片段进行选择性的扩增,并利用 ARDRA 法进行分析,从而获得了有关垃圾填埋场内部古细菌群落的结构及其多样性的初步信息。结果表明,随机选出的 70 个古细菌 16S rDNA 克隆片段被分为 21 个不同的 ARDRA 型,其中的两个优势型总共占了所有被分析克隆子的 60%,而其余 19 个型的相对丰度均处于较低的水平,当中的 14 个型仅含有 1 个克隆子。

12.5.4.3　16S rRNA 序列分析在环境微生物分子检测及分类鉴定中的应用

已有许多方法用于分类、鉴定和检测微生物,比如形态特征、理化特性等,这些方法在分类及鉴定菌种上的确很有用,但是也十分有限。研究微生物多样性的传统方法是将微生物从环境中分离、实验室培养和鉴定。然而,微生物种类繁多,自然界中仅有极少数微生物得到鉴定,能够在实验室培养的种类更少,至多为 1%。目前分类方面一般采用的做法是除了需要形态观察、培养特征、生理生化特征试验外,还需要进行核酸序列或氨基酸序列的测定,其中相当有效的分类鉴别方法是采用 PCR 扩增 16S rRNA 进行序列分析。随着微生物核糖体数据库的日益完善,该技术已应用于海洋、湖泊和土壤等环境微生物多样性分析。

通过比较各类生物 16S rRNA 基因序列,从序列差异计算它们之间的进化距离,可绘出生物进化树,将获得 16S rRNA 序列信息,再与 16S rRNA 数据库中的序列数据或其他数据比较,确定其在进化树中的位置,从而可鉴定样本中可能存在的微生物种类。16S rRNA 基因序列水平的多样性为微生物的系统发育和未知菌的鉴定提供了全新的方法。

（1）在水体环境中的应用

在水体环境中，水华和赤潮造成的环境问题已被日益引起重视，而溶藻细菌有望成为水华和赤潮生物防治的重要手段。利用 PCR 及细菌的 16S rRNA 序列分析技术，直接分析水华样品中的细菌类属及亲缘关系，然后根据分析结果选择合适的培养基和分离方法进行分离培养，则能克服部分细菌不易被培养这一弊端，有利于分离更多的溶藻细菌及更全面了解水环境中的藻菌关系。Imamura N 等人从含有微囊藻的湖水中分离一种细菌，经过 16S rRNA 序列分析属于鞘氨醇单孢菌属，它产生的五肽 Argimicin A 是一种高效、有选择性的溶藻物质，在防治微囊藻水华中有广泛的应用前景。此外，海洋微生物中存在着大量的有害病菌，尤其在海产品中的有害病菌对人类的健康危害很大。因此，建立简便、快速、高效的致病菌检测方法对于提高海产品质量，维护人类身体健康有重要的实际意义。由于 rRNA 结构既具有保守性，又具有高变性，所以某一类微生物的 16S rRNA 结构具有其自身的特异性。依据其特异性可对一些有害微生物进行鉴定，并可考虑采取相应的措施对海产品进行处理，消除病原菌。

（2）在大气环境中的应用

大气微生物群与自然生态平衡及许多生命现象直接相关，其广泛分布可导致人、动物和植物疾病的发生和传播，给某些工业生产造成危害，因此大气微生物菌群的采样分析十分重要。周煜等人选择 5 株大气中采集分离的菌株，通过细菌 16S rRNA 通用引物 PCR 扩增其对应序列，直接对 PCR 产物进行测序，分析鉴定其对应细菌的种属，并将该结果同细菌表型鉴定、全自动微生物分析仪以及气相色谱分析结果加以比较。结果表明，16S rRNA 序列分析获得的鉴定结果与表型分析和气相色谱分析结果较为一致，该方法具有快速、准确和不依赖于细菌生长状态等优点，说明 16S rRNA 序列分析法可以作为大气微生物分析的一个有效技术。

12.5.4.4　16S rRNA 序列分析在构建基因工程菌中的应用

构建基因工程菌首先要从环境中筛选出具有降解污染物功能的菌株，再将具有降解功能的基因片段作为目的基因使用。然后在细胞外将目的基因 DNA 片段与其他来源的载体 DNA 片段通过一系列酶学反应，重组为新的 DNA。然后将重组后的 DNA 分子导入受体细胞内。而目的基因 DNA 片段是否存在于受体细胞内，就可以通过基因体外扩增技术和基因 DNA 序列分析技术进行鉴别。

已有报道，用变异菌处理废水可比一般活性污泥法处理效果提高 10% ~30%。美国科学家把除草剂 2,4-D 降解质粒中的降解基因片段克隆到另一菌株上，使宿主菌株获得了降解 2,4-D 的新功能。

12.6　FISH 技术在环境微生物研究中的应用

12.6.1　FISH 监测微生物群落结构与群落动态

12.6.1.1　监测自然环境中微生物群落结构与群落动态

目前，荧光原位杂交（FISH）技术多用于分析单个细胞水平上的微生物群落结构。在活性细胞中有 10 000 个核糖体,从而含有高浓度的 16S 和 23S rDNA 分子,因此用荧光标记的以 rDNA 为靶点的寡核苷酸探针,可用于原位鉴定单个细胞。根据相关资料和网站公布的序列,可以直接设计以 rDNA 为靶点的寡核苷酸探针,它们通常是化学合成的、单链、较短的 DNA 分子,通常为 15~25 个核苷酸。这些探针可以定位到不同的生物分类等级 rDNA 分子的特征位置,如种、属、科、目、纲甚至是门。

近几年来,应用 FISH 技术研究自然环境微生物群落的报道较多,如海水沉积物的微生物群落,海水、河水和高山湖雪水的浮游菌体、土壤和根系表面的寄居微生物群落。FISH 技术不仅能够提供某一时刻微生物的景象信息,还能监测生境中的微生物群落和种群动态,如海水沉积物连续流培养的微生物群落、原生动物摄食的增加对浮游生物组成的影响、季节变化对高山湖水微生物群落的影响等。

据估计,至今人类可培养的环境微生物不到自然界微生物种类的 1%,即使在可培养的环境微生物中,一些环境微生物(如氨化细菌、硝化细菌、反硝化细菌、除磷菌等)由于生长速率慢、环境条件要求高等原因,得到的结果精确度往往很低,甚至出现错误的结果。而对于那些不能培养的环境微生物,它们在环境中可能具有更重要的作用。所以,非培养环境微生物的研究对环境微生物资源的开发、环境污染与治理等有着重要的意义。FISH 技术的出现无疑为研究非培养微生物提供了一种很好的方法,如 1999 年《Science》曾报道了利用 FISH 技术检测巨大的纳米比亚硫酸盐细菌(*Thiomargarita namibiensis*)的例子,Schulz 等人在纳米比亚海岸发现了这株硫氧化细菌,但是没有获得纯培养,经过 16S rDNA 测序分析和 FISH 技术分析硫氧化细菌是变型菌纲 γ 亚纲。纳米比亚硫酸盐细菌直径 0.5 mm,果蝇的大小 3 mm 左右,是原核生物的 100 倍,由于含有硫粒常呈现白色。光镜下此菌常呈现链状排列,在细菌分裂时在链的尾部有两个空壳。用 FITC 进行荧光染色在共聚焦激光扫描电镜下原生质呈现绿色(菌体周围着色),弥散分布的白色颗粒是硫粒。

利用 FISH 技术检测全噬菌属(*Holophaga*)和酸杆菌属(*Acidobacterium*)、未被培的芽孢杆菌属细菌(*Bacillus*)和水杆菌属细菌(*Aquabacterim*)等的研究也早已有报道。FISH 技术对于探明自然菌群的组成和生态学规律,分析群落对自然和人为因素应答的动态变化均是最有发展的技术手段。

12.6.1.2 监测废水处理系统中微生物的群落结构与群落动态

众所周知,废水生物处理工艺的主体是微生物,不管微生物以活性污泥、生物膜还是颗粒污泥的状态存在,它们都是以群落的形式在发挥其生态学功能。但是,对于环境工程界而言,废水生物处理构筑物仍然是一个"灰箱",加之常规的微生物分离培养技术难以快速、准确、便捷地反映出其系统中的微生物种群波动和数量变化,更限制了人们对工艺系统中微生物生态学研究的步伐,也制约了人们对工艺过程的人为控制能力。而 FISH 技术摆脱了传统纯培养方法的束缚,能够提供处理过程中微生物的数量、空间分布和原位生理学等信息,放射自显影和 FISH(MAR-FISH)结合用于研究活性污泥中丝状细菌对有机底物的吸收,这种方法也被用于研究水体微生物,检测细菌活力、数目和对特异有机底物的消耗。因此,FISH 技术提供了一种监测和定量化复杂的环境样品中微生物群落动态的有效途径,也为人工创建生物处理系统的最佳工况条件提供了理论依据,进而为提高废水处理能力与处理水平提供新的思路。

德国学者 Wagner 对 8 个污水处理工艺(以生物除磷为主)的生物多样性进行了 FISH 探测。平均看来,其中 α-亚纲变型细菌占细菌总数的 11%,β-亚纲变型细菌占细菌总数的 29%,其中 γ-亚纲变型细菌占细菌总数的 10%,δ-亚纲变型细菌占细菌总数的 2%,ε-亚纲变型细菌占细菌总数的 4%,Bacteroides 细菌占细菌总数的 14%,放线菌占细菌总数的 7%,硝化细菌 Nitrospira 占细菌总数的 2%。表 12.6 为废水生物处理中常用的高分类级别探针,表 12.7 为标记探针的常用荧光标记素及相关内容。

表 12.6 废水生物处理中常用的高分类级别探针

探 针	序列(5′-3′)	目标位置 16S-RrRNA	特异种属
UNIV1392	ACGGGCGGTGTGTRC	1392 ~ 1406	通用探针
EUB338	GCTGCCTCCCGTAGGAGT	338 ~ 355	细菌类
ARCH915	GTGCTCCCCCGCCAATTCCT	915 ~ 934	主要古菌(EU338 以外)
ALF1b	CGTTCGYTCTGAGCCAG	19 ~ 35	α-亚纲变型菌及其他
BET42a	GCCTTCCCACTTCGTTT	23S 1027 ~ 1043	β-亚纲变型菌
GAM42a	GCCTTCCCACATCGTTT	23S 1027 ~ 1043	γ-亚纲变型菌
CF319a	TGGTCCGTGTCTCAGTAC	319 ~ 336	CFB 门 Cytopphaga-FlaVobacterium 类菌
HGC	TGTAGTTACCACCGCCGT	1901 ~ 1918	高 G+C DNA 含量革兰氏阳性细菌

表 12.7 FISH 探测微生物常用荧光素

荧光染料	激发波长/nm	发射波长/nm	颜色
AMCA	351	450	蓝
FITC 异硫氰酸盐荧光素	492	528	绿
FlouX™(5′-6′)羰基-N-羟基丁二酰亚胺荧光素	488	520	绿
(TRITC)四甲基罗丹明异硫氰酸盐荧光素	557	576	红
Texas Red 得克萨斯红	578	600	红
Cy3™	550	570	橙/红
Cy5™	651	674	红外

Wagner 和 Bruce 等人较早的将 FISH 技术应用于硝化细菌检测,他们研究了一套较完善的对硝化细菌检测的 FISH 技术,后来随着人工设计合成的硝化细菌及氨氧化菌探针的不断推出,FISH 技术被广泛地应用于活性污泥系统、硝化流化床反应器和膜-生物反应器等污水处理系统中。Juretschko 和 Schramm 等人曾对硝化流化床、普通活性污泥等工艺的活性污泥中硝化细菌的多样性采用 FISH 法进行了跟踪分析,发现 *Nitrosospira*、*Nitrospira* 为优势菌种,而并未探测到 *Nitrosomonas* 和 *Nitrobacter*。在 Juretschko 对多个工业废水处理厂利用活性污泥工艺处理工业废水的探测中发现,属于变形细菌 β-亚纲的 *Nitrosomonas* 氨氧化菌占 DAPI 染色的总菌数的 16% ~20%;用探针 S-*-Ntspa-1026-a-A-18 探测到的 *Nitrospira* 硝化细菌占细胞总数的 9%。

脱氮除磷工艺在废水处理工程中被广泛应用,特别是强化除磷(EBPR)工艺,对污水除磷效果十分显著。近年来,国内外许多学者利用分子杂交技术对不同除磷工艺中聚磷菌的生态变化进行了大量研究。Mamoru 对除磷工艺的 FISH 研究中,使用 ALF1b、HGC 和 Bet42a 探针检测出的细菌量所占比例较大,分别在 10%～64%,MP2 和 CF 探针探测到的细菌含量并不高,在 4% 以下。在强化除磷(EBPR)工艺中,无论好氧或厌氧区的活性污泥中都存在着大量丰富的除磷微生物,其中常见类群为 *BetProteobacteria* 亚类的 *Actinobacteria* 菌、GPBHGC、Epbr15 和 Epbr16 等,连利用常规方法不能培养的 γ-纲变型细菌也在 EBPR 工艺中探测到,这充分显示了该技术在除磷菌研究中的直接和高效性能。

12.6.1.3　监测废气处理系统中微生物的群落结构与群落动态

Stoffels 等人以传统分离方法结合 FISH 技术研究了除芳香族化合物生物滴滤器启动阶段微生物群落结构的变化,如图 12.19 所示,发现接种后生物滴滤器微生物种群结构发生了明显的转变,以 γ2 变形菌为优势的富集培养物在接种到生物滴滤器并运行一段时间后,γ2 变形菌急剧减少,而富集驯化前的 β2 和 α2 变形菌重新占据优势,表明用液态污染物的驯化富集物对稳定除芳香族化合物生物滴滤器微生物种群结构并无长期作用,要根据反应器的实际情况选择合适的启动和运行方式。生物滤器微生物群落结构时空变化与运行效果存在着一定的相关性,是反应器性能的一种内在体现。

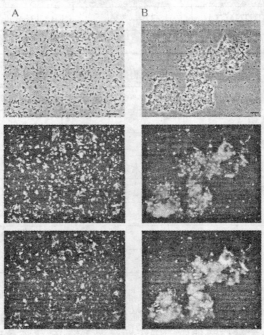

图 12.19　除芳香族化合物生物滴滤器启动阶段微生物群落的荧光原位杂交结果
(A)反应器运行 48 d 的样品分别采用探针 GAM42a(中图)和探针 Ppu56a(下图)进行标记;
(B)反应器运行 127 d 生物膜样品分别采用探针 BET42a(中图)和探针 Bcv13b(下图)标记

近年来,国内外均开展了一定的生物滤器处理恶臭气体和挥发性有机污染物及其微生物生态学机理的研究,主要包括生物滤器微生物丰度、活性与微生物群落结构多样性之间的相关性,运行条件对微生物群落的影响,微生物群落结构时空变化规律,生物膜形成机理和模型等方面,并取得了一些成果。然而,迄今为止生物滤器内部的情况呈现在人们面前的还是一个"黑箱",人们对其微生态的认识还很粗浅,需要广大科研工作者付出更多的努力。

12.6.1.4 监测土壤中微生物的群落结构与群落动态

利用 FISH 技术对土壤中的微生物群落进行监测主要有两种方式:①将土壤中的微生物洗脱至液相中进行 FISH 分析;②直接利用显微技术原位观察土壤中微生物群落及空间分布。共聚焦激光扫描显微镜(CLSM)的出现为原位观察土壤微生物群落及特异种群的空间分布提供了有力的工具,这种技术适用于厚度较大和荧光背景较高的样品,如污泥絮体和土壤,但是由于应用 CLSM 容易导致荧光熄灭,因此要求标记探针的荧光染料具有较强的荧光信号。

Lanthier 等人在降解 PCP 的 UASB 反应器内接种一种脱氯细菌 PCP-1,采用 FISH 测试经过生物强化后形成的厌氧颗粒污泥微结构,如图 12.20 和图 12.21 所示。真细菌和古细菌分别采用探针 EUB338 和 ARC915 检测,PCP-1 用 3 个特异探针检测 FISH 结果显示,古菌主要分布在颗粒污泥内部而最后阶段污泥表面会形成一层较薄的 PCP-1 菌层,这种结构能够确保其他厌氧微生物免受 PCP 毒作用。

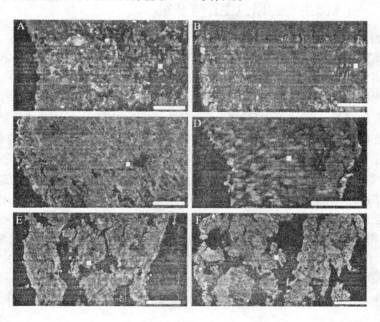

图 12.20 UASB 反应器内生物强化后形成的厌氧颗粒污泥微结构的荧光原位杂交结果

注:(A)反应器运行 4 周后与特异性探针杂交的古细菌颗粒的荧光原位杂交结果;(B)反应器运行 4 周后特异性古细菌颗粒的荧光原位杂交结果;(C,D,E,F)反应器运行 3、4、5、9 周后特异性探针 s-s-d. frap-327(D. frappieri)-a-a-19(用 Cy3 标记)的荧光原位杂交结果

FISH 技术的关键是探针设计以及荧光标记物的选择。由于土壤体系独特的复杂性,将此技术应用于土壤体系时仍需对其中的技术细节进行优化,如土壤样品制备以及如何降低背景荧光等。为解决应用过程中的各种技术缺陷,FISH 技术将在解析环境污染生物修复过程中的关键问题方面提供准确、丰富的信息。

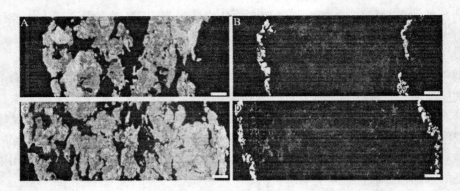

图 12.21　9 周后 UASB 反应器内厌氧颗粒污泥微结构的荧光原位杂交结果

注:(A,C)用 DAPI 染色的荧光原位杂交结果;(B)用探针 S-S-D. frap-86(D. frappieri)-a-A-20 (Cy3)和 S-S-D. frap-576(D. frappieri)-a-A-19(Cy5)的荧光原位杂交结果;(D)用探针 S-S-D. frap-327(D. frappieri)-a-A-19(Cy3)和 S-S-D. frap-576(D. frappieri)-a-A-19 的荧光原位杂交结果

12.6.2　监测微生物的原位生理学研究

　　微生物的结构和功能是密不可分的两个方面。在废水(物)处理过程中,活性污泥或生物膜内群落结构和群落动态与特定功能菌群的原位生理学信息是紧密相关的。FISH 技术与其他研究手段结合,可以很好地反映出微生物的原位生理学信息。

　　在微生物区系分析中,16S rRNA 与 DNA 的比率是检测复杂的微生物种群特定成员代谢活动的有效参数。核酸可以通过以专一性和通用型探针分别与直接从微生物样品中分离的总核苷酸进行杂交,可获得相对于总 16S rDNA 的特定 16S rRNA 数量,其相对丰度可以用与专一性探针和通用型探针杂交的残余放射性强度之比来表示。在稳定的条件下,某种微生物的 RNA 与 DNA 的比率与它生长率呈正相关。Muttray 用狭缝印迹杂交测得活性污泥中降解树脂酸(Resinacid)细菌的 16S rRNA 与 DNA 的比率,量化原位微生物种群中特定菌的代谢活性,分析了不同环境条件对特定细菌代谢的影响。利用定量点渍杂交求 16S rRNA 与 DNA 的比率时,具有很低丰度的 rRNA 序列(0.1% ~1%)也可以被定量,但由于不同种生物细胞内有不同数量的核糖体(介于 $10^3 ~ 10^5$ 之间),甚至同一种细胞内在不同时期核糖体数目也不同,所以 rRNA 的丰度不能直接用于表示某类微生物细胞数的多少,但可以代表特定种群的相对生理活性,这对研究生态系统功能多样性有重要的意义。

　　地高辛内标记的反义多聚核苷酸探针,在反转录过程中杂交到细菌细胞中,这一技术将是研究复杂环境中原位基因表达最有前景的技术。近几年来,绿色荧光蛋白(Green Fluorescent Protein,GFP)分子被应用到微生物生态学的研究中,将不同的基因插入微生物的质粒或染色体 DNA,表达的绿色荧光蛋白分子能在单细胞水平可视化和监测启动子活性或基因的表达。Nielsen 等人对工业废水处理厂活性污泥的细菌表面疏水性进行了原位检测,应用 FISH 技术结合细胞表面微球体(Microsphere Adhesion to Cells,MAC)分析,研究了丝状细菌的胞外聚合物(Extracellular Polymeric Substances,EPS)。Eberl 等人应用结合报告基因分析的 FISH 技术,研究了活性污泥的微生物生态学。Moller 等人研究了生物膜的微生物空间分布、启动子诱导及其表达的时序进程,同时对菌群间的相互影响进行了分析。Christensen 等人用 FISH 技术鉴定了生物膜中的恶臭假单孢菌,并将 gfp 基因标签的质粒导入该菌获得了景象信息。这种技术对于复杂微生物群落的结构-功能分析是十分有利的。

通常,我们检测特异底物转化率来研究活性污泥中重要功能菌群的活性、功能和低温。Schramm 等人将 FISH 和微传感器结合,可以在线监测活性污泥絮体或生物膜中特异的生态因子,如 pH 值、硝化率、反硝化率、磷吸收率和释放率、耗氧速率等,同时分析微生物群落的代谢活性,揭示了厌氧微生物在有氧环境中的缺氧微生态位。

FISH 技术与常规的在线分析相结合,能够研究和监测生物膜内群落结构组成、群落动态、微生物的生长及其代谢活性,同时获得生态因子与生物相动态变化的映射规律。例如,微放射自显影和 FISH 技术结合常用于研究混合菌群代谢活性,将混合菌群或活性污泥接种到放射性标记的底物,通过放射性标记底物吸收情况获得景象信息,从而限制和监测活性污泥中某些细菌种群。

此外,FISH 技术与其他技术的结合可为环境微生物学研究提供更多的信息。如 Orphan 等人将 FISH 和次级离子质谱结合,Böckelmann 等人应用 FISH 和凝集素分析技术对激流群落微生物的胞外物和糖结合物进行了分析。Strathmann 等人应用荧光标记凝集素对生物膜中的铜绿假单孢菌胞外聚合物进行了监测。

12.6.3　FISH 技术与其他技术相结合在环境领域研究中的应用

12.6.3.1　FISH 技术结合流式细胞计(FCM)定量化监测微生物

流式细胞术(FCM)是 20 世纪 70 年代初发展起来的一项高新技术,20 世纪 80 年代开始从基础研究发展到微生物分子诊断和监测。FCM 采用流式细胞仪对细胞悬液进行快速分析,通过对流动液体中排列成单列的细胞进行逐个检测,得到该细胞的光散射和荧光指标,分析出其体积、内部结构、DNA、RNA、蛋白质、抗原等物理及化学特征。FCM 综合了光学、电子学、流体力学、细胞化学、生物学、免疫学以及激光和计算机等多门学科和技术,具有检测速度快、测量指标多、采集数据量大、分析全面、方法灵活等特点,还有对所需细胞进行分选等特殊功能。随着该仪器性能的不断完善,操作简单的各新型流式细胞仪相继问世。新试剂的不断发现使试验费用日益降低,FCM 也从研究室逐步进入临床实验室,成为常规实验诊断的重要手段,不仅为临床提供了重要的诊断依据,也使检验科室的诊断水平、实验技术提高到一个新的高度。

生产流式细胞仪的主要厂家是美国的 BD 公司和贝克曼库尔特(Beckman Coulter)两家公司,它们生产出一系列的流式细胞仪,并研制生产了 FCM 所用的各种单克隆抗体和荧光试剂。流式细胞仪的工作原理是将待测细胞经特异性荧光染料染色后放入样品管中,在气体的压力下进入充满鞘液的流动室。在鞘液的约束下细胞排成单列由流动室的喷嘴喷出,形成细胞柱,后者与入射的激光束垂直相交,液柱中的细胞被激光激发产生荧光。仪器中一系列光学系统(透镜、光阑、滤片和检测器等)收集荧光、光散射、光吸收或细胞电阻抗等信号,计算机系统进行收集、储存、显示并分析被测定的各种信号,对各种指标作出统计分析。

科研型流式细胞仪还可以根据所规定的参量把指定的细胞亚群从整个群体中分选出来,以便对它们进行进一步的研究分析。其分选原理如图 12.22 所示,液滴形成的信号加在压电晶体上使之产生机械振动,流动室即随之振动,使液柱断列成一连串均匀的液滴,一部分液滴中包有细胞,而细胞性质是在进入液滴以前已经被测定了的,如果其特征与被选定要进行分选的细胞特征相符,则仪器在这个被选定的细胞刚形成液滴时给整个液柱充以指定的电荷,使被选定的细胞形成液滴时就带有特定的电荷,而未被选定细胞形成的细胞液滴和不包含细胞的空白液滴不被充电。带有电荷的液滴向下落入偏转板的高压静电场时,按照所带电荷符号向左或向右偏转,落入指定的收集器内,完成分类收集的目的。对分选出的细胞可以进行培养或其他处理,做更深的研究。

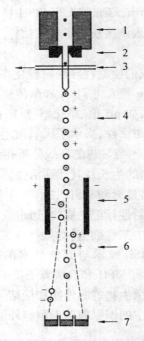

图 12.22　流式细胞仪细胞分选原理
1—管口;2—蓝宝石;3—激光束;4—液滴;
5—偏转板;6—带电荷液滴;7—收集器

目前,流式细胞计常用于记录和检出液相中 FISH 的荧光信号,尽管不能获得微生物的形态学和空间分布信息,但是对于悬浮细菌或浮游的混合群落可自动化和定量分析,并且能够对微生物进行高频率的分选。Chisholm 等人发现了海洋 *Prochorococcus* 属,Capmpbell 应用光合成色素和 DNA 分析证实了传统方法在分析光合成海洋细菌生物量时的局限性。流式细胞仪最理想的研究样品是细胞处于悬浮状态的水分析,是近几年来分析土壤活性污泥等环境样品中微生物分拣和数量的有效手段。

结合流式细胞计的 FISH 技术更适用于对有关微生物群落进行快速和频繁的监测,而且自动化操作水平高,是诊断和评价复杂微生物群落结构及其动态的最有前景的技术手段。

12.6.3.2　应用共聚焦激光扫描显微镜(CLSM)的 FISH 技术

FISH 技术与激光共聚焦扫描显微镜(CLSM)联用,可以考察生物膜系统中不同微生物群体之间的空间关系。

Schramm 和 Juretschko 等人在硝化流化床反应器和活性污泥中研究了亚硝酸氧化细菌和氨氧化细菌数量和空间分布。在研究中应用和设计了一些硝化细菌和氨氧化细菌特异寡核苷酸探针,见表 12.8。采用相差显微镜和共聚焦显微镜图像叠加的方式,对硝化细菌的空间分布进行原位分析。用 Cy5 标记的 NSV443 和 NSR1156 进行荧光原位杂交,亚硝化螺菌属(*Nitrosospira* spp)是蓝色荧光信号,硝化螺菌属(*Nitrospira* spp)是红色荧光信号。用 Cy5 标记的 NSV443 探针和 Cy3 标记 NSR1156 探针同时进行原位杂交,亚硝化螺菌属(*Nitrosospira* spp)呈现蓝色,硝化螺菌属(*Nitrospira* spp)呈现红色。

这种技术适合于厚度较大和背景较高的样品,如生物膜和污泥絮体,但是由于应用 CLSM 容易导致荧光熄灭,因此要求样品具有较强的荧光信号。

表 12.8 硝化细菌和氨氧化细菌 16S rRNA 寡核苷酸探针

探针	序列	特异性	靶位点
EUB338	GCTGCCTCCCGTAGGAGT	真细菌	16S rRNA,338-355
ALF1b	CGTTCGYTCTGAGCCAG	变形菌纲-α 和 δ 亚纲,硝化螺菌属 螺菌属	16S rRNA,19-35
BET42a	GCCTTCCCACTTCGTTT	变形菌纲-β 亚纲	23S rRNA,1027-1043
GAM42a	GCCTTCCCACATCGTTT	变形菌纲-γ 亚纲	23S rRNA,1027-1043
NSO190	CGATCCCCTGCTTTTCTCC	氨氧化细菌,变形菌纲-β 亚纲	16S rRNA,190-208
NSV443	CCGTGACCGTTTCGTTCCG	亚硝化螺菌属	16S rRNA,444-462
NSM156	TATTAGCACATCTTTCGAT	亚硝化单孢菌属	16S rRNA,653-670
NIT3	CCTGTGCTCCATGCTCCG	硝化杆菌属	16S rRNA,1035-1048
NSR826	GTAACCCGCCGACACTTA	淡水硝化螺菌属	16S rRNA,826-843
NSR1156	CCCGTTCTCCTGGGCAGT	淡水硝化螺菌属	16S rRNA,1156-1173

12.7 生物芯片技术的应用

环境微生物是反映环境质量的重要物质,微生物广泛存在于水、大气和土壤中。生物芯片可用于进行土壤及水中的微生物检测及研究环境微生物与宿主的关系,及分析蛋白质表达情况等。环境科学研究的主要是环境中的物质,尤其是人类活动产生的污染物,及其在环境中的产生、迁移、转变、归宿等过程和运动规律,因此,将生物芯片技术引入环境科学研究中有重大意义。生物芯片高信息量、快速、微型化、自动化、成本低、污染少、用途广等优点,很适应环境学研究中的技术需求,使其在环境科学领域有很好的应用前景。虽然生物芯片技术在环境领域的应用实例还较少,且其自身还有许多问题亟待解决(如提高芯片的特异性、简化样品制备和标记操作程序、增加信号检测的灵敏度等),但随着技术的发展与完善,生物芯片技术必将会越来越广泛地应用到环境科学研究的各个领域,给21 世纪人类对环境的保护和治理带来一场"革命"。

12.7.1 基因芯片技术的应用

12.7.1.1 基因芯片在环境微生物研究中的优势

与传统的核酸检测技术相比,基因芯片技术用于环境微生物研究具有更多优势:①DNA或寡核苷酸为基础的基因芯片技术允许研究者全面地研究不同条件下活细胞的生理学;②该技术不需要知道保守序列,不同种群的同一功能组的所有多态性基因序列可以构建在芯片上,并且以此作为探针来检测它们在环境样品中的的相应分布;③不需要枯燥费时的配对杂交;④基因芯片需要的样品量少,适宜于环境微生物检测;⑤基因芯片具有定量特性等优势,在环境微生物的生理生态、结构和功能的了解上具有广阔的应用前景。基因芯片在环境微生物研究中的应用处于起步阶段,但是芯片技术在环境微生物研究中的应用将加速复杂环境微生物系统的生态、生理、结构和功能的了解。Rudi 等人构建了含有源于藻青菌的 SSU rRNA 探针的小芯片,并在低浓度和高浓度下分析了湖泊中藻青菌的存在和数量,表明探针对培养物的分析是特异性的,结果表明探针对培养物的分析是特异性的,还得到了湖泊样品中的可繁殖量。利用致病菌沙门氏菌属、志贺氏菌属等 18个属的 16S rRNA 制成的 POAs,对 10 个菌属的 110 余株细菌进行了基因芯片检测,结果可以将绝大多数的致病菌检测出来。一种常用寡核苷酸基因芯片的改良型也被用于环境样品中的目标序列分析。Valinsky 等人利用从土壤克隆文库中获得的 16S rRNA 构建基因芯片,分析比较了来自两个不同农业土壤的 1 536 个 16S rRNA 克隆的指纹图谱,结果发现土壤中特殊的细菌种群与特异的植物病害抑制作用具有相关性。基因芯片应用于环境微生物研究,最终目的是对微生物群落的结构和功能进行研究,有的研究是为了鉴定目的生物,有的研究是对群落的特定功能进行定性。有研究者用 invA、virA 和 23S rRNA 基因为模板设计基因芯片,检测水环境中致病微生物,结果表明可以将水中致病菌沙门氏菌、志贺氏菌和大肠杆菌区分检测出来。

12.7.1.2　基因芯片在环境微生物研究中的挑战

理论上,基因芯片技术提供了为复杂的微生物群落进行全面的和定量研究所必须的优点,然而,与纯培养的研究比较,基因芯片在对环境核酸样品的分析面临几个重要的技术挑战:第一,基因芯片杂交的内在变化是一个关键问题。目前,很难用同一种方法在不同的实验室和同一个实验室的不同实验间进行数据比较。第二,当有些环境样品提取的 DNA 或 RNA 量不够时,基因芯片杂交的灵敏度仍然不够,不清楚基因芯片杂交的灵敏度是否足够检测环境样品中所有类型的微生物。第三,基因芯片研究环境样品产生的数据数量可能很大,但是快速的处理和发掘分析杂交数据仍然处于初级阶段。一定程度上,用于分析基因表达数据的生物信息学工具可以用于环境样品的分析,但是在处理复杂的环境样品中仍然有困难。同时因为潜在的交叉杂交和背景信号,对不清楚环境样品时分析基因芯片杂交结果的解释又是一种挑战。第四,整个群落的基因数量可能远远超出目前基因芯片的容量。第五,尽管确定微生物群落性状的基因芯片可以构建成功,该芯片可以提供一种快速方法,但是制备适合于基因芯片分析的高质量的样品将成为研究的“瓶颈”。样品处理中的自动化和改善也将是未来研究的重点。最后,基因芯片仅仅是研究的工具,它们应该结合到解决生态或环境的问题和假说中去,只有这样,分析微生物群落基因芯片的力量才能够得到肯定。

12.7.1.3　检测土壤微生物及鉴定微生物群落

美国橡树岭国家实验室的 Jizhong Zhou 等人分别构建了世界上第一块用于土壤环境检测的功能基因芯片和用于微生物群落鉴定的群落基因组芯片。张于光等人与 Jizhong Zhou 等人进行合作,利用 Zhou 等研制的环境检测功能基因芯片,对青藏高原和秦岭地区的土壤微生物相关功能基因的多态性和在全球气候变化中的响应进行了研究,该芯片含有固氮、硝化、去硝化等 2 704 个基因,这是我国首次利用基因芯片进行此类研究。Jack等人则通过使用通用引物扩增细菌核糖体 16S rRNA,并将扩增产物与含有探针的低密度芯片进行杂交,从而直接检测鉴定土壤中的微生物。Wu 等人用含有 nirS、nirK、nitN 等和在系统进化上与之相联系的甲烷单加氧酶基因(pmoA)等 120 多个功能基因的芯片分析了海洋沉积物和土壤中硝化和去硝化微生物种群的分布,研究表明了海洋沉积物和土壤中的功能基因家族具有明显的分布差异。

12.7.2 蛋白质芯片技术的应用

蛋白质芯片技术的研究对象是蛋白质,而在机体内执行着大量生物功能的正是蛋白质,所以蛋白质芯片有其独特的优点和应用前景。在微生物领域,蛋白质芯片的应用目前主要表现在两个方面:①利用已知蛋白质分子的性质,通过蛋白质与其他生物活性分子的相互作用,实现对不同微生物的检测,其中应用最广的是抗体蛋白质芯片;②开展微生物蛋白质组学研究,揭示蛋白质作用新的机理,开发未知蛋白质资源。

12.7.2.1 用于微生物的检测

(1)抗体蛋白质芯片在微生物检测方面的应用

因为抗体的高特异性、选择性和结合力,而使得抗体蛋白质芯片在微生物检测方面获得广泛的应用。抗体蛋白质芯片可用于对菌体抗原的直接检测。Howell 等人通过微接触印迹法将靶细菌对应的特异性抗体通过物理吸附固定在硅烷修饰的玻片上,利用抗体和细菌的特异性结合捕获细菌;他们使用 Nikon TE2300 光学显微镜和扫描探针显微镜分别检测了大肠杆菌($E.coli$)0157:H7 菌株和肾沙门氏杆菌,结果显示抗体蛋白质芯片对细菌具有高度的特异性、灵敏性和亲和力。

(2)抗原蛋白质芯片在微生物检测方面的应用

在芯片表面上直接固定抗原检测抗体引起了很多研究者的兴趣。Wang 等人构建的微孔芯片将炭疽杆菌($Bacillus Anthracis$)的保护性抗原固定在微孔内,并尝试用单链抗体片段与炭疽杆菌抗原反应,从而实现对炭疽杆菌的检测。

(3)蛋白质芯片在高效检测能力的生物传感器开发方面的应用

Delehanty 等人开发的一种在流体条件下快速检测蛋白质和细菌分析物的抗体微阵列生物传感器,只需十几分钟即可完成检测过程。他们采用非接触微阵列印迹法,将生物亲和素捕获抗体固定在抗生物素蛋白修饰的玻片表面的 6 个不同区域,形成 6 个阵列,然后将玻片和一个具有 6 个流体通道的流动模具匹配,模具引导包含分析物的试剂液流经捕获抗体区域,最后通过荧光示踪抗体完成对捕获分析物的检测,荧光复合物样品用 635 nm波长的激光共焦扫描显微镜扫描。此外,一些研究者利用 DNA、糖类等与蛋白质杂交反应原理,通过在芯片表面定向固定蛋白质分子探针的方法,对病原微生物进行检测。

12.7.2.2 用于微生物蛋白质组学的研究

微生物蛋白质组学研究的内容包括从复杂的组分中分离出微生物表达的靶蛋白并进行鉴定以及蛋白质与蛋白质等生物活性分子之间相互作用等方面的功能研究。Zhu 等人利用酵母菌为原料,克隆了 5 800 个酵母菌的开放读码框,并过量表达和纯化了相应的蛋白质,通过将这些纯化了的蛋白质高密度固定在芯片上形成酵母蛋白质组芯片。

蛋白质芯片也适用于微生物致病因子及其机理的研究。Elliott 等人运用表面等离子体共振仪原位定量分析了炭疽杆菌分泌的水肿因子和致死因子与活性保护抗原(PA63)结合形成有毒复合物的相互作用,并论证了 PA63 的细胞表面受体对两种因子与 PA63 相互作用过程的影响。

12.7.3　组织芯片技术的应用

12.7.3.1　肿瘤病理学

组织芯片技术依赖其高通量的特点,大大提高了相关研究的效率和可靠性,成为肿瘤病理学研究新的技术平台。现阶段对肿瘤病理学研究尚局限于检测相关基因及其表达产物在不同肿瘤、同一肿瘤不同类型、同种类型不同发展阶段的表达水平,进而探讨与肿瘤分化、转移、复发等预后相关的因素,为临床决策提供新的理论依据。如针对肿瘤组织芯片的分类研究肿瘤基因表达产物、肿瘤分期、肿瘤分型、肿瘤病原学等,进一步衍生出肿瘤预后指标评估、癌前病变判断、病因学研究和分子治疗干预等更加实用的临床应用研究。国内在这方面研究报道的文章也很多,其中涉及各系统肿瘤的各种原癌、抑癌基因、细胞周期蛋白、细胞黏附分子、细胞核增生抗原等。

12.7.3.2　非肿瘤病理生理学

近几年组织芯片技术的应用已大大超出了肿瘤研究的范围,扩展到了临床病理生理研究的许多方面。以消化道疾病为例,陈胜良等人应用生物芯片技术观察萎缩性胃炎和非萎缩性胃炎胃黏膜组织基因表达谱的差异,探讨萎缩性胃炎发生的分子生物学机制。结果显示,与非萎缩性胃炎相比,萎缩性胃炎的活检胃黏膜组织中 165 项基因的表达水平上调 2 倍以上,460 项的表达水平下调 50 % 以上,表达下调者占 7.316% ,表明萎缩性胃炎涉及多基因在表达水平上的改变,生物芯片技术可以获得萎缩性胃炎胃黏膜组织基因在表达水平上改变情况的较全面的信息,对最终揭示疾病分子生物学机制提供了帮助。

12.7.3.3　实验室检测

组织芯片技术也被运用到实验室抗体特性的检测中。随着新抗体的产生,抗体品种的不断增多,免疫组化技术的应用范围也越来越广,正确选择抗体是有效实施这一技术的关键。在实际工作中如果按照传统方法对每一种抗体都进行系统的免疫组织化学染色比较困难。组织芯片技术的推广克服了常规切片染色操作繁琐、耗费试剂、检测条件很难一致的困难,而且提高了检测的效率和准确性,使生物试剂的测试变得简易而准确。

12.7.3.4　药物研究

生物芯片技术已经逐渐渗入到药物研发过程的各个环节,包括新药作用靶点发现、药物作用机制研究、超高通量药物筛选、毒理学研究和药物基因组学研究以及药物分析等。由于生物芯片技术正好能缩短药物开发周期和降低药物开发成本,引起了制药业的新一轮革命。路名芝等人分析了胃癌组织中胃泌素(GAS)和胃泌素释放肽(GRP)的表达,发现中、低分化胃癌组织中 GAS、GRP 阳性率高于高分化胃癌,印戒细胞癌 GAS、GRP 阳性率显著高于其他组织学类型胃癌。推测可使用胃泌素受体拮抗剂内分泌辅助治疗,达到抑制肿瘤生长的目的,为胃癌治疗提供了新的思路。

12.7.4　芯片实验室技术的应用

芯片实验室可涉及包括基因测序、核酸、蛋白质、糖和各种小分子在内的不同对象,并已经应用于神经递质、人体代谢产物、药物筛选、功能基因分析、细胞计数等领域。芯片实验室具有潜在的成本更低、体积更小、速度更快等优点,特别是易于实现集成和高通量。

12.7.4.1　临床分析

临床分析主要是指对血液、尿液及其他体液排泄物和分泌物的检验分析。芯片实验室作为一种微型化的生化分析仪，已成功地应用于临床分析和诊断。Koutny 等人在中部为"Z"形的十字通道芯片上进行均相竞争免疫分析，用兔多克隆抗氢化可的松抗血清及荧光标记的氢化可的松测定血清中该成分，测定质量浓度范围 $1 \sim 60~\mu g/L$，且分离时间小于30 s，达到临床分析的要求。

12.7.4.2　核酸分析

芯片实验室前沿应用领域之一是核酸分析，包括寡核苷酸、RNA、DNA 测序以及基因分型等。到目前为止，芯片实验室已对寡核苷酸片段、DNA 限制性片段、RNA 核糖体等进行了分离及分析研究。由芯片实验室所进行的基因型分析是一个发展相当迅速的领域，可以对与各种遗传病有关的基因进行快速鉴定。

12.7.4.3　肽和蛋白质分析

Hofmann 等人以 Cy5 标记肽，在 7 cm×200 μm×10 μm 的通道内，30 s 内即可完成聚焦，整个分析过程不超过 5 min，最大峰容量为 30～40 个峰。

12.7.4.4　糖以及其他小分子的检测

测定糖的含量对确诊糖尿病和代谢紊乱都是不可缺少的化验指标，因而在临床检验上有重要作用。Wang 等人首先报道了一种基于两种酶同时柱前衍生化的葡萄糖氧化酶/乙醇芯片实验室，葡萄糖和乙醇分别与葡萄糖氧化酶、乙醇脱氢酶在柱前发生酶催化反应生成 H_2O_2 和 NADH，在柱端碳电极分别对这两种具有电活性的酶反应产物进行检测。

12.8　mRNA 差异显示技术

12.8.1　原核生物 mRNA 差异显示技术的一般方法

近年来，mRNA 差异显示技术也被应用于原核生物的基因表达分析之中，一般的策略是基于 RNA 随机引导 PCR(RNA Arbitrary Primed-PCR，RAP-PCR)的方法。

RAP-PCR 是由 DD 发展而来的一种技术，是以一个或多个随机寡核苷酸引物代替 oligo dT 锚定引物来进行 cDNA 的合成。由于 RAP-PCR 技术并不依赖于 Poly(A)结构，因此可以应用于不具有 Poly(A)结构的原核生物 mRNA 的差异显示分析。

应用 RAP-PCR 对原核生物 mRNA 进行差异显示分析主要包括以下几个步骤：

(1)总 RNA 的提取

高质量、完整的总 RNA 是实验成功的限制性因素之一。在提取操作中应尽量注意避免核糖核酸酶(RNAse)的污染，同时为了避免总 RNA 中的基因组 DNA 污染而产生的假阳性条带，需要用 DNAseI 进行处理，并在逆转录反应中设定一个不含逆转录酶的阴性对照，以保证 RAP-PCR 产物差异来自 RNA 而非基因组 DNA。

(2)RAP-PCR 反应

一般选择一个随机引物进行反转录反应。PCR 反应采用与反转录相同的引物配合其他的随机引物进行。PCR 反应的条件以及所使用的不同公司生产的 *Taq* 酶等都有可能影响产物的稳定性。

（3）PCR 产物的分离

选择适合的电泳方法进行产物的分离是比较重要的。传统的方法是使用聚丙烯酰胺测序胶进行放射自显影来寻找差异条带；也有使用非变性聚丙烯酰胺凝胶进行银染来寻找差异条带，当然用琼脂糖凝胶电泳 EB 染色分离来寻找差异条带也很普遍，然后再进一步对差异条带进行回收、再扩增。

（4）差异条带的确认和分析

一般采用 Northern blot 和 Reverse Northern blot 差异条带进行确认，也可以采用其他的 RNA 操作方法。在对差异条带进行克隆、测序后，通过生物信息学手段预测其产物和功能。

12.8.2　mRNA 差异显示技术的应用

12.8.2.1　不同环境下细菌基因表达改变的研究

mRNA 差异显示技术主要被用于研究细菌在各种特殊环境条件下基因的表达改变，如极端 pH 值、化学刺激、营养匮乏和厌氧生活等。如对幽门螺杆菌（*Helicobacter pylori*）在酸性和中性培养条件下的基因差异表达分析研究中，参考了在大肠杆菌中应用的引物，从中分别选择了 6 条 10 碱基的寡核苷酸作为反转录反应的引物和 6 条 11 碱基的寡核苷酸作为 PCR 反应的引物，将这些引物两两组合引导 RAP-PCR 反应，平均每对引物能够获得50 个片段，总共得到并验证了 8 个差异表达的基因，其中 topA，tufB，ureB，flaA，atoE 是幽门螺杆菌在酸性环境中生存所必需的基因。

在对肠道沙门氏菌（*Salmonella Enterica SeroVar Typhimurium*）的 SOS 应答的研究中，使用 10 碱基的随机引物对加入丝裂霉素 C 前后的基因表达变化中发现一个和大肠杆菌的 SOS 修复的类似系统，同时还发现一个不依赖于 RecA 的系统（在大肠杆菌的 SOS 应答中，RecA 起核心作用）。此方法也被应用于红球菌属（*Rhodococcus Erythropolis* HL PM-1）中 2,4-DNP 降解途径相关基因以及链球属（*Streptococcus Gordonii* DL1）中唾液调节的基因的研究中。

在对深海细菌发光菌属（*Photobacterium Profundum*）SS9 的野生型菌株和 ToxR 突变菌株的基因表达差异分析研究中，选择了两套 GC 的 10 碱基的随机引物，将这些引物的不同组合引导 RAP-PCR，发现了 8 个同细胞膜结构的改变以及营养匮乏时的饥饿反应有关的 ToxR 调节基因。在对粪肠球菌（*Enterococcusfaecalis*）有氧和厌氧条件下基因表达的变化分析研究中，得到了一些与氧代谢有关的基因，并且对反应中的一些关键因素，如RNA 模板浓度，PCR 反应的温度等条件进行了系统的探索。

龚勋等人运用 RAP-PCR 技术寻找和分离淡水以及 50% 的海水培养条件下 HW-1的差异表达基因。设计并选择了一套针对基因组高 GC 含量黏细菌的 10 碱基随机引物。通过 mRNA 的富集将 16S 和 23S rRNA 引起的假阳性干扰由 75% 降低至 50%。进一步采用 Reverse Northern blot 方法对这些差异表达片段进行验证。总共获得了 9 个在 50% 海水培养条件下上调表达的 cDNA 片段，其中有 2 个 cDNA 片段与 DK1622 基因具有同源性，其他 7 个 cDNA 片段为 HW-1 所特有的。

12.8.2.2 病原菌致病机理的研究

mRNA 差异显示技术另一个应用较多的方面是对病原菌致病机理的研究。在对结核分支杆菌(*Mycobacterium Tuberculosis*)的致病性菌 H37RV 和其无致病性的突变株 H37Ra 的 mRNA 差异显示分析研究中,寻找到一系列致病性相关的基因。在对霍乱弧菌(*Vibrio Cholerae*)入侵宿主体前后的基因表达情况进行分析,发现了 5 个差异表达的基因,其中 2 个体外诱导表达的基因编码了亮氨酸 tRNA 合成酶和 SOS 核糖体蛋白,3 个体内诱导表达的基因则编码了 SucA,MurE 蛋白以及一个功能未知的多肽。在对福氏志贺氏菌(*Shigella Flexneri*)和副猪嗜血菌(*Haemophilu Sparasuis*)的研究中也使用了 RNA 随机引导 PCR 的方法。由此可见,RNA 随机引导 PCR 的方法可以从分子水平上对病原菌的致病机理进行全面的分析,寻找潜在的致病基因。

12.8.2.3 微生物拮抗作用的研究

mRNA 差异显示技术也应用于从分子的角度研究微生物间的拮抗作用。对加入荧光假单孢菌(*Pseuclomoncrs Fluorescens*)AH2 培养液上清的鳗利斯顿氏菌(*Vibrio Anguillarum*)的基因表达进行分析,得到了 10 个差异表达的基因,其中 rpoS,VibE 基因被诱导表达(rpoS 基因和许多细菌的应激反应系统有关,VibE 基因参与铁载体的合成)。因此通过 mRNA 差异显示分析的方法可以建立荧光假单孢菌对鳗利斯顿氏菌拮抗作用的分子模式。AH2 培养液的上清中含有铁载体能够螯合溶液中游离的铁离子,当溶液中离子浓度减少时,鳗利斯顿氏菌(*Vibrio Anguillarum*)启动了应激反应,同时 VibE 基因被诱导表达以合成铁载体,但是这些铁载体不能与铁螯合物作用,因此鳗利斯顿氏菌的生长被抑制。

另外,RNA 随机引导 PCR(RAP-PCR)方法也已应用于环境样品的研究中,即直接从环境样品的混合菌群中提取总的 RNA,分析混合菌群在不同条件下的基因差异表达情况。由此可见,mRNA 差异显示分析技术在原核生物中的应用是可行的。上述应用实例也为其他原核生物 mRNA 差异显示分析中随机引物的选择提供了有益的借鉴。

12.9　Biolog 技术在环境微生物研究中的应用

微生物功能多样性信息对于明确不同环境中微生物群落的作用具有重要意义。而平板上肉眼计数的分类技术只检测到环境样品中的一小部分微生物使得微生物群落的定量描述成为微生物学家面临的最艰巨的任务之一。目前,有两种方法在此研究领域中得到认可:利用微生物 rRNA(rDNA)和环境样品中磷酸脂肪酸分析微生物群落功能多样性。但是这两种方法要求的劳动强度大、时间长、技术含量较高,难以在较短的时间内分析较多的样品,以微孔板碳 Biolog 源利用为基础的定量分析为描述微生物群落功能多样性提供了一种更为简单、更为快速的方法,并广泛应用于评价土壤微生物群落的功能多样性。但这种方法存在选择培养问题,只有能够利用 Biolog 微孔板上碳源的微生物才能反映出来,也只代表了整个微生物群落的一部分,这种代谢多样性类型也就不一定反映整个土壤微生物群落的功能多样性,因此许多研究者对此方法的利与弊及其准确性、重现性开展了广泛研究。

12.9.1　Biolog 方法的测定原理

Biolog 法通过微生物对多种碳底物的不同利用类型来反应微生物群落的功能多样性。目前已有多种 Biolog 微平板实现了商业化,而在微生物群落功能多样性分析中所用到的微平板主要有革兰氏阴性板(GN)、生态板(ECO)、酵母菌鉴定板(FF)、丝状菌鉴定板(YT)、SPF1、SPF2 和可针对具体研究情况自配底物的 MT 板等。其中 GN、ECO 和 MT 板都是用于分析细菌生物群落功能多样性的,其原理为:微生物在利用碳源过程中产生的自由电子,与四唑染料发生还原显色反应,颜色的深浅可以反映微生物对碳源的利用程度。由于微生物对不同碳源的利用能力很大程度上取决于微生物的种类和固有性质,因此在一块微平板上同时测定微生物对不同单一碳源的利用能力,就可以鉴定纯种微生物或比较分析不同的微生物群落,从而得出其微生物群落水平多样性(Community-Level Physiological Profiling,CLPP)。FF、YT、SPF1 和 SPF2 均为真菌板,由于真菌不能还原细菌板中的四唑染料,无法通过颜色变化对其进行鉴别,因此通常利用微平板孔中的浊度变化来评价真菌的活动,并加入原核抗生素以抑制细菌的生长;也有一些研究通过将四唑染料二甲基臭硫—联苯四唑溴化物(MTT)与真菌待测液一起加入到没有染料的 Biolog 板中,将其中的颜色变化用作评价真菌活性的一个指标。

(1)革兰氏阴性板(GN)

适合于该类微生物的 95 种碳源,组成主要为:氨基酸(20 种)、糖类(28 种)和羧酸(24 种)。该类板碳源的选择偏向于简单的碳水化合物。

革兰氏阴性板的特点是:①加入的抗生素使革兰氏阳性细菌和真菌对该板上颜色剖面的作用极小;②实际上其中仅有少数碳源对土壤样品中的群落分离有作用;③土壤研究中应用最为广泛的一种微孔板,板中的许多有机酸、糖类和氨基酸是根系分泌物的组成成分或其结构与自然界的物质结构相似。

(2)MT 板

根据研究需要利用自然物质作为培养基,如植物根系分泌液。

MT 板的特点是:MT 板包含有氧化还原作用的化学药品,但没有培养基,允许研究者根据具体的研究需要生产专用型板。

(3)生态板(ECO)

生态板利用更多的与生态有关的化合物具有 31 种培养基,其组成主要为:氨基酸(6 种)、糖类(10 种)和羧酸(7 种)。

生态板的特点是:①其中的 6 种培养基在革兰氏阴性板中没有;②至少有 9 种是根系分泌液的组分,这些培养基更适合于土壤微生物群落功能多样性研究。

(4)SF-N 和 SF-P 板

共有两种类型:①一种包含有 GN 和 GP 同样的相应碳源,但缺乏四唑染料;②另一种有四唑染料二甲基臭硫-联苯四唑溴化物(MTT)。

SF-N 和 SF-P 板的特点是:①真菌不能还原微孔板中四唑染料使得其不能对革兰氏阴性、革兰氏阳性、MT 和生态板的内颜色反应剖面起作用。能够通过孔中的浊度变化来评价真菌的活动;②MTT 能与真菌待测液一起加入到没有染料的 Biolog 板中,将其中的颜色变化用于评价真菌活动性的一个指标。

（5）真菌板

包含能够被真菌转变的四唑染料和抑制细菌但不影响真菌生长的抗生素（如：100 μg/mL利福平；50 μg/mL链霉素）。

真菌板的特点是：专门用于真菌实验的 Biolog 真菌板（FF）。

12.9.2　Biolog 系统的组成与操作方法

12.9.2.1　Biolog 系统的组成

Biolog 系统主要包括 Biolog 微平板、微平板读数器和一套微机系统。

Biolog 微平板：共96孔，孔中含有营养盐和四唑盐染料 TTC。其中1孔不含碳源为对照孔，其他95孔含有不同单一碳源。

读数器：测定一定波长下每个小孔内的吸光度及变化。

微机系统：与读数器相连，自动完成数据采集、传输、存储与分析。

12.9.2.2　Biolog 系统的操作方法

（1）平板选择

针对革兰氏阳性和革兰氏阴性细菌选择不同的平板（Biolog GP 和 GN），各孔内碳源也可调控。

（2）样品处理

样本微生物从环境介质中提取出来，制备成适宜浓度（浊度表示）的接种液。

（3）加样

取一定体积菌液（一般 150 μL/孔），平行加入各孔。

（4）培育与读数

细菌板培养温度为 26～37 ℃，具体根据所研究的目标群落而定，真菌板的培养温度为 26 ℃。每隔一段时间（通常为 12 h 或 24 h）用 Biolog 读数仪读取固定波长下的吸光度，通常细菌板在 590 nm 下读取吸光度来表征颜色变换，真菌板在 750 nm 下读数来表征浊度变化，在细菌板数据计算过程中，有研究者用 590 nm 与 750 nm 下吸光度值的差来表征细菌板的颜色变换，因为这样能排除真菌变化所引起的浊度变化，通常情况下读取 7 d 或 10 d 内的吸光度值，因为此后吸光度逐渐趋于稳定值，最后对所得的一系列数值进行分析。

12.9.3　数据分析

Biolog 法研究微生物群落功能多样性能通过简单的操作获得大量的数据，因而如何从庞大的数据中尽量多的提取出有价值的信息十分关键，目前较为成熟的数据分析方法有 AWCD、曲线拟合、主成分分析和聚类分析法等。

12.9.3.1　AWCD

首先对 Biolog 所测得的吸光度数据进行平均颜色变化（Average Well Color Development，AWCD）计算，即：

$$AWCD = \frac{\sum_{i=1}^{n}(C_i - R)}{n}$$

式中，C_i 为每个孔(光密度测量)的吸光度；R 为对照孔的吸光度；n 为底物数量(GN 板 $n=95$，ECO 板 $n=31$)。

　　然后绘制 AWCD 随时间变化的曲线，还可通过方差分析不同时间点样本间 AWCD 的差异是否显著。

　　AWCD 随时间变化呈现出随时间延续的常规生长曲线，包括颜色变化前期、颜色指数变化期和最终的稳定期(或最大水平)，细胞死亡阶段无法观测到。绘制每个样品的 AWCD 值随时间的变化可以用来表示微生物的平均活性，能直观地体现微生物群落反应速度和最终达到的程度，Garland 等人认为土壤微生物群落酶链反应速度和最终能达到的程度与群落内能利用单一碳底物的微生物的数目和种类相关。

12.9.3.2　曲线拟合法(CI)

　　采用曲线整合方法估计颜色扩展，梯形面积计算公式为：

$$S = \sum_{i=1}^{n} \frac{v_i + v_{i-1}}{2} \times (t_i - t_{i-1})$$

式中，v_i 和 v_{i-1} 分别为 t_i 和 t_{i-1} 时刻的光密度。

　　Keun-Hyung Choi 等人的研究表明，无论是基于 AWCD 的算法还是基于曲线拟合的算法都能较好地描述 ECO 板和 GN 板数据，并表达两种类型平板在 6 种水环境中的微生物群落多样性，目前在国内应用较多的为基于 AWCD 的分析法。

12.9.4　Biolog 方法的特点

　　Biolog 方法用于环境微生物群落研究，具有以下特点：

　　(1)灵敏度高，分辨力强。对多种 SCSU 的测定可以得到被测微生物群落的代谢特征(Metabolic Fingerprint)，分辩微生物群落的微小变化。

　　(2)无需分离培养纯种微生物，可最大限度地保留微生物群落原有的代谢特征。

　　(3)测定简便，数据的读取与记录可以由计算机辅助完成。微生物对不同碳源代谢能力的测定在一块微平板上一次完成，效率大大提高。

12.9.5　Biolog 技术在环境微生物群落研究中的应用

　　Biolog 技术主要应用于环境微生物群落的比较研究。

　　(1)土壤微生物群落

　　西弗吉尼亚大学的 De Fede 等人用 Biolog 方法对农田与森林中的土壤微生物群落进行了测定。研究结果表明，对微生物提取液进行稀释会使优势种群富集，劣势种群缺失。研究中还发现不同深度农田土壤中的微生物群落的代谢特征非常接近，这可能是农田土壤经常翻耕的结果。

　　(2)水体微生物群落

　　美国的 Choi 等人利用 Biolog GN 和 Biolog ECO 平板对 6 种不同水样(3 种淡水水样，3 种海水水样)中的微生物群落进行了比较。结果表明，来自于不同水体中的好氧异养微生物群落的代谢特征具有明显差别，研究中还发现，微量营养元素不同会引起微生物对同种碳源的代谢差异。

（3）活性污泥中的微生物群落

美国的 Kaiser 等人用 Biolog 方法对比了实验装置中的活性污泥与污水处理厂的活性污泥。实验装置包括连续运行的 CAS 系统和半连续运行的 SCAS 系统。Biolog 测定表明，进水使用生活污水原水时，CAS 系统与 SCAS 系统中活性污泥的代谢特征均和污水处理厂污泥相似；并且 CAS 系统中微生物群落的代谢特征非常稳定，在 16 个月的实验周期内没有发生明显变化。进水使用葡萄糖蛋白胨废水时，SCAS 系统中的污泥代谢特征则发生了明显变化。

第五篇 现代分析仪器

第 13 章 现代分析仪器的应用

13.1 仪器分析发展现状及特点

现代科学技术发展的特点是各学科互相渗透、互相促进、互相结合、不断开阔新领域。目前,仪器分析充分利用了相关学科的新理论、新技术,逐步发展成为一门多学科性的综合性科学。从分析对象上看,与生命科学、环境科学、新材料科学有关的仪器分析法已成为分析科学中最为热门的课题。从分析手段上看,多种方法互相融合使测定趋向灵敏、快速、准确、简便和自动化。从分析方法上看,计算机在仪器分析中的应用和化学计量学是最活跃的领域,以上课题和领域的研究、应用,推动了仪器分析的迅猛发展,老方法更趋于完善,新仪器不断涌现,新方法层出不穷。在光谱分析中,等离子体、傅里叶变换、激光技术和光导纤维传感技术的引入,出现了电感耦合高频等离子体-原子发射光谱(ICP-AES)、傅里叶变换-红外光谱(FT-IR)、等离子体-质谱(ICP-MS)、激光光谱和化学发光光谱等一系列光谱分析新技术。目前,已有 80 多种光导纤维化学传感探头(又称光极,Opt Rode)用于临床分析、环境监测、生物分析及生命科学等领域。利用荧光虫素及其酶反应的光极甚至可以测定生物体中的低至 10^{-18} g 的三磷酸腺苷(ATP),使灵敏度得到极大的提高。而 ICP-MS 技术不但灵敏度高、干扰少,而且线性范围可达 $5 \sim 6$ 个数量级,能够进行多种元素的同时分析,应用范围进一步扩展。新的过程光二极管阵列分析仪(Processsdiode Array Analyzer)可以进行多组分气体或流动液体的在线分析,一秒钟能提供 1 800 种气体、液体或蒸汽的分析结果,已应用于试剂、塑料、药物及食品工业生产过程中产品质量控制分析。

在电化学分析方面,各种生物传感器和微电极伏安法扩展了电分析化学研究的时空范围,适应了生物分析及生命科学发展的需要。近 20 多年来发展的化学修饰电极、微电极、光谱电化学、生物电分析化学,使电化学分析从宏观深入到微观区域,从破坏样品测定到进行无损的活体分析,实现了新功能电极体系的分子设计及分子工程学研究,从分子水平探讨电化学界面区组成、状态及结构,使分析化学进入了分子水平测定的新时代。

色谱分析是仪器分析发展迅速、研究和应用十分活跃的领域之一，可以连续对样品进行浓缩、分离、提纯及测定。近30年来发展的气相色谱–质谱(GC–MS)联用技术、高效液相色谱(HPLC)、超临界流体色谱(SFC)、离子色谱(IC)、毛细管区域电泳(CE)使色谱分析领域充满了活力。尤其是毛细管电泳技术，具有分离效率高(柱效达100万理论板数/m)、试样用量小($10^{-6} \sim 10^{-9}$mL)、灵敏度高(检出线低至$10^{-15} \sim 10^{-20}$ mol/ L)，分离速度快(小于10 min)等特点，适用于离子型生物大分子，如氨基酸、核酸、肽及蛋白质分析，甚至细胞和病毒等的快速、高效测定，在生物分析及生命科学领域中有极为广阔的应用前景。超临界流体色谱能在较低温度下分析热稳定性和挥发性差的大分子，柱效比HPLC高几倍，现已应用于生物医学及高分子化合物的分析。

13.2　仪器分析技术的基础地位

现代仪器分析是一门信息科学，用于陈述事物的运动状态，促进人与环境的相互交流。现代仪器分析也是一门信息技术，涉及信息的生产、处理、流通，也包括信息获取、信息传递、信息存储、信息处理和信息显示等，有效地扩展了人类信息器官的功能。人们通常将信息与物质、能源相提并论，称为人类社会赖以生存、发展的三大支柱。世界由物质组成的，没有物质，世界便虚无缥缈。能量是一切物质运动的源泉，没有能源，世界便成为静寂的世界。信息则是客观事物与主观认识相结合的产物，没有信息交换，世界便成为没有生气的世界，人类无法生存和发展。

生产和科研的发展，特别是生命科学和环境科学的发展，对分析化学的要求不再局限于"是什么"、"有多少"，而是要求提供更多更全的信息，即从常量到微量分析，从微量到微粒分析，从痕量到超痕量分析，从组成到形态分析，从总体到微区分析，从表现分布到逐层分析，从宏观到微观结构分析，从静态到快速反应追踪分析，从破坏试样到试样无损分析，从离线到在线分析等。

仪器分析是生产和科研的眼睛，是高科技发展的基础。现代分析仪器是基于多学科的高技术产物，离开现代仪器分析，高新技术研究与进步寸步难行。

13.3　仪器分析法的特点

(1)灵敏度高，大多数仪器分析法适用于微量、痕量分析，相对灵敏度可为 μg/g，ng/g，乃至更小。

(2)取样量少，仪器分析试样常在$10^{-8} \sim 10^{-2}$ g。

(3)在低浓度下的分析准确度较高，含量在$10^{-11} \sim 10^{-7}$范围内的杂质测定，相对误差低达1% ~ 10%。

(4)快速，某些仪器进行的项目检验在1 min内可出结果。

(5)可进行无损分析，有时可在不破坏试样的情况下进行测定。

(6)能进行多信息或特殊功能的分析，有时可同时进行定性、定量分析，有时可同时测定材料的组分比和原子的价态。放射性分析法还可进行痕量杂质分析。

（7）专一性强。如用单晶 X 衍射仪可专测晶体结构,用离子选择性电极可测指定离子的浓度等。

（8）便于遥测,可进行即时、在线分析控制生产过程、环境自动监测与控制。

（9）操作较简便,有些仪器操作较简便,省去了繁多化学操作过程。随自动化、程序化程度的提高操作将更趋于简化。

（10）仪器设备较复杂,价格较昂贵。

13.4　现代生命科学分析仪器

13.4.1　大气环境监测分析仪器

13.4.1.1　污染源烟尘（粉尘）在线监测仪

用于在线监测污染源烟尘、工艺粉尘排放量（浓度或总量）,包括测量流量、O_2、含湿量、温度等相关参数,是实现污染源排放总量监测的必备监测仪器。

13.4.1.2　烟气 SO_2、NO_x 在线监测仪

用于在线监测烟气中 SO_2、NO_x 含量,通过流量测量实现总量监测。

13.4.1.3　环境空气地面自动监测系统

用于空气质量周报、日报监测,主要监测项目有：SO_2、NOx、CO、O_3、PM_{10} 等。

13.4.1.4　酸雨自动采样器

自动采集降水样品,以便测定降水的 pH 值。

13.4.1.5　PM_{10} 采样器

用于采集环境空气中空气动力学当量直径 10 μm 以下的颗粒物。

13.4.1.6　固定和便携式机动车尾气监测仪

用于测定机动车排放尾气中 CH、CO 等含量。

13.4.2　水环境监测分析仪器

13.4.2.1　污染源在线监测仪器

污染物排放总量监测,要求浓度与流量同步连续监测。在线测流量和比例采样是总量监测的基本技术手段,对于重点污染源还需要配备在线监测仪器。

13.4.2.2　流量计

用于规范化污水排放口流量在线连续监测。

13.4.2.3　自动采样器

用于污染源排放口的在线自动采样,具有流量比例和时间比例两种方式。

13.4.2.4　在线监测仪器

用于工业污染源或污水排放口在线监测。监测的主要项目：COD、TOC、UV、NH_4^+-N、NO_3^--N、氰化物、挥发酚、矿物油、pH 值等。仪器应具有自动校正和自动冲洗管路功能。

13.4.2.5　环境水质自动监测仪器

用于地表水环境质量指标的在线自动监测。监测项目分为水质常规五参数和其他项目。水质常规五参数包括：温度、pH值、溶解氧（DO）、电导率和浊度。其他项目包括：高锰酸盐指数、总有机碳（TOC）、总氮（TN）、总磷（TP）及氨氮（NH_3-N）。

13.4.2.6　总有机碳（TOC）测定仪

总有机碳（TOC）是检测水体有机物含量的指标，可用于污染源或地表水的监测。

13.4.3　便携式现场应急监测仪器

便携式现场应急监测仪器用于突发性环境污染事故监测，其主要特点为小型，便于携带和快速监测。

13.4.3.1　便携式分光光度计

用于现场监测，测试内容一般包括：氰化物、氨氮、酚类、苯胺类、砷、汞及钡等毒性强的项目。

13.4.3.2　小型有毒有害气体监测仪

用于现场有毒有害气体监测，主要监测项目有：CO、Cl_2、H_2S、SO_2 及可燃气等。

13.4.3.3　简易快速检测管

用于现场快速定量或半定量检测水或空气中有害成分，主要监测项目有：CO、Cl_2、H_2S、SO_2、可燃气、氨氮、酚、六价铬、氟、硫化物及 COD 等。

13.4.3.4　现场快速综合监测分析系统

为提高现场采样监测分析仪器的质量水平和更新换代，研制开发现场在线智能监测分析仪器及系统，研制开发流动监测车和监测船，为环境污染事故和污染源监督监测提供快速响应的现代化手段。

13.4.4　电磁辐射和放射性监测仪器

13.4.4.1　全向宽带场强仪

用于测量某频率范围内的综合电磁场强度。

13.4.4.2　频谱仪

用于测量不同频率电磁辐射的场强及分布。

13.4.4.3　工频场强仪

用于测量 50 Hz 工频电磁场强度。

13.4.4.4　大面积屏栅电离室 α 谱仪

测量环境介质中放射性核素的浓度。

13.4.4.5　全身计数器

用于监测职业工作者或公众的全身放射性污染情况。

13.4.4.6　环境辐射剂量率仪

用于监测环境贯穿辐射水平。

13.4.5　毛细管电泳（CE）仪器系统

毛细管电泳（CE）仪器系统包括流体驱动、位移控制、电泳电源、检测单元、数据管理、温度调控、自动控制等结构单元，如图 13.1 所示。

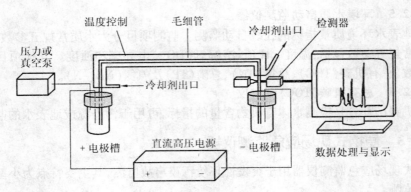

图 13.1　毛细管电泳系统基本结构
（摘自：汪尔康主编的《生命分析化学》，2006）

　　CE 模式易换、机理丰富，应用范围很广，被称为万用分离分析方法。从功能上看，CE 具有比较完备的分析能力，包括定性定量分析、指纹分析、手性分离、尺寸分离、相对分子质量测定、DNA 测序、亲和免疫分析等，只是制备量很小；从应用领域来看，仅生物前沿研究，有基因组测序、单细胞分析、单分子检测以及与蛋白质组学、代谢组学、糖组学、系统生物学等相关的高通分析战略发展，CE 还涉及临床医学、法医学、药物分析、星际生命物质发现等非常活跃的研究领域。

13.4.6　DNA 自动测序仪

　　1987 年，美国应用生物系统公司（Applied Biosystem）首先推出了 DNA 序列自动测定仪。20 世纪 90 年代初，出现了全自动激光荧光测序仪（Automated Laser Fluorescent Sequencer，ALF）。第一代自动测序仪沿用了平板凝胶分离技术，最新的 DNA 自动测序仪采用阵列 NGCE 方法，并结合 LIF 检测技术，具有灵敏度高、速度快、操作高度自动化等特点。DNA 自动序列仪的推出，极大地促进了 DNA 测序研究的进展。各种 DNA 自动测序仪见表 13.1。

表 13.1　商品 DNA 自动测序仪

公司	型号	分离	检测方法	备注
Pharmacia （美国）	Amersham Pharmacia Biotech. −ALFexpress	40 道（32 cm×0.5 mm），1 500 V，55 ℃，6% 聚丙烯酰胺，0.5×TBE 缓冲液	40 个固定 LIF 检测探头	测序时速 500 bp/6 h，适用于定向测序
ABI （美国）	373A	24 泳道，引物（随机测序）或 ddNTP（随机或定向测序）荧光标记	四波长 LIF	测序时速：（450 ~ 500）bp/（12 ~ 24）h
	PRISM 310 Genetic Analyzer	毛细管：61/47 cm×50 μm I. D. 缓冲液：含 POP-6 聚合物和 EDTA	四波长 LIF	同道分离可消除道间差异引起的误差
	PRISM 377	96 根毛细管阵列	四波长 LIF	适用于大规模测序
GENTEON （美国）	Capella 400	386 根毛细管（柱状）阵列	旋转 LIF	提供高灵敏度的 DNA 定量分析
Shimadzu （美国）	RISA-384	毛细管阵列	四波长 LIF	测序长度 600 个碱基

基因组测序是一种大规模 DNA 测序操作,至少可以有 3 种方案:

(1)对每个染色体中的 DNA 进行测序;

(2)对基因组 DNA 进行随机切割,分析所得片段的序列,通过序列拼接和重叠技术获得完整序列;

(3)对染色体进行选择切割,对切割片段进行逐段测序,最后拼接成完整的序列。

第一种方案需要单分子 DNA 测序技术;第二种方案需要 DNA 片段及其结构的鉴定技术;第三种方案主要采用尺寸分离技术。

13.4.7　氨基酸序列分析仪

13.4.7.1　旋转杯测序仪

1961 年,Edman 和 Begg 制造了第一台蛋白质测序仪——旋转杯测序仪,如图 13.2 所示。旋转杯测序仪由一个溶剂释放系统构成,可以利用氮气的压力将溶剂和试剂经过一个电子运转的密闭真空管送入反应室(旋转杯)。在旋转杯反应室里,蛋白质受离心力作用而紧贴内壁,由氮气压力送入旋转杯的试剂盒溶剂的量是经过精确计算的,其量只需湿润蛋白质即可,多余的通过真空汽化的方法除去。1969 年,Beckman 公司对 Edman 旋转杯测序仪进行了改良,并使之商业化。

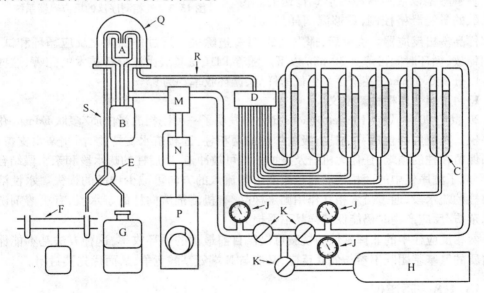

图 13.2　旋转杯测序仪

A—旋转杯;B—电动马达;C—试剂(溶剂)贮藏处;D—阀门;E—排出口开关;F—组分收集器;G—废液缸;H—氮气瓶;J—压力表;K—压力调节器;M—三通阀;N—带旁通管的两通阀;P—旋转式真空泵;Q—钟罩;R—供料线;S—流出线;图中气体管线空白,而液体管线充满

13.4.7.2　气相测序仪

随着气相测序仪的出现,迎来了自动化微量测序仪的时代。气相测序仪使用更小型化的组成部分,如图 13.3 所示,对固定在玻璃纤维盘上的蛋白质进行汽化偶联和裂解反应。气相测序仪的灵敏度比旋转杯测序仪高 1 000 倍,而且,还在修饰的 Edman 试剂的基

础上淘汰了大多数其他的蛋白质测序技术。通过向玻璃支持物中加入聚酰胺可降低样品的洗出量。两个关键试剂是偶联碱(三乙胺)和裂解酸(三氟乙酸,TFA),它们都能溶解蛋白质/多肽,并通过氩气或氮气加压以气相形式被释放入反应器,可以获得适合于偶联和裂解的 pH 值环境,避免将样品洗出反应容器。通过谨慎地选择有机溶剂并以液态输入反应容器,实现选择性地萃取反应副产品和 ATZ 氨基酸。提取的 ATZ 氨基酸从反应容器中转入转化瓶,然后自动转化成稳定的 PTH 衍生物。随着毛细管柱的发展,PTH 氨基酸分析的灵敏度已经达到了 fmol(10^{-15} mol)水平。

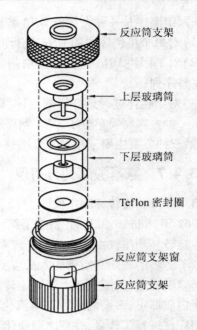

图 13.3　气相测序仪的反应容器系统

13.4.7.3　脉冲液相测序仪

脉冲液相测序仪和气相测序仪的基本原理是相同的,最大的区别在于脉冲液相测序仪的裂解酸是以液相脉冲的形式传送的。传送的酸的量经严格控制,足够湿润样品,但不会将样品洗出反应器。裂解后,挥发性的 TFA 被除去。通过仔细优化反应循环和试剂/溶剂释放,循环时间可降到 30 min 以下。随着 PTH 氨基酸微柱分析技术的完善,这些仪器可以分析 0.5 pmol,甚至含量更低的样品,循环收率约为 95%。

13.4.7.4　两相柱测序仪

20 世纪 90 年代初,Hewlett-Packard 公司发明了一种固相的蛋白质/多肽 Edman 化学测序仪。其反应器包括一个具有吸附作用的两相柱:固相疏水支持物、固相亲水支持物。样品保留在柱的顶端,任何无机盐及缓冲液均可被冲走,然后柱的疏水段和亲水段结合起来,形成了测序仪中的两相柱。通过改变溶剂流入的方向可减少样品的损失。水性溶剂流向柱的疏水段,通过疏水相互作用固定样品,有机溶剂流向柱的亲水段,有机溶剂洗脱疏水杂质/反应产物时仍能保持样品不受损失。

两相反应柱中的非挥发性的烷胺可提供目前最优的循环收率,这种方法基本能保证蛋白质的氨基基团既不参与偶联反应,又能与 N 端氨基酸竞争,从而优先被封闭。

13.4.8　质谱仪

质谱仪也称为质谱分析仪,是一种测定由分子衍生的离子质量的分析仪器。质谱能够产生并分离分子离子,并根据其质量与质荷比(m/z)进行检测。质谱仪由一系列基本的标准组件构成:离子源、质量分析器、检测器、数据记录器(处理器)。生物质谱仪器组成如图 13.4 所示。

质谱仪的核心是离子源和分析器,其他的部分一般根据离子源和分析器相应地来配备。生物质谱离子源主要有:工作在真空状态下的,如电子轰击源、快原子轰击源、基质辅助激光解吸离子源等;工作在大气下的如电(离子)喷雾等。生物质谱分析器类型主要有四级杆、离子阱、飞行时间、离子回旋共振等。

目前用于生物大分子质谱分析的软电离质谱技术有电喷雾电离质谱(ESI-MS)、离子喷雾电离质谱(ISI-MS)、大气压电离质谱(API-MS)、基质辅助激光解吸电离质谱(MALDI-MS)。MALDI、ESI、ISI、大气压下碰撞电离(APCI)等电力技术的出现,大大提高了质谱的测定范围,改善了测量灵敏度,并在一定程度上解决了溶剂分子干扰等问题,使质谱在生物分析上的应用得到了进一步发展。

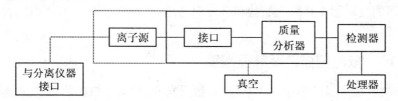

图 13.4　生物质谱仪器组成示意图

部分电离技术比较见表 13.2。

表 13.2　生物质谱电离技术的比较

离子化方式	样品制备	离子化温度	类别
电子轰击	蒸气	较高	热源
化学离子源	蒸气	较高	热源
热喷雾	溶解于溶剂	温和	场解析
快原子轰击	溶解于基体	室温	高能粒子轰击
基质辅助激光解吸	与基体混合	室温	高能粒子轰击
电喷雾	溶解于溶剂	室温	场解析
大气压下碰撞电离	溶解于溶剂	温和	热源

13.4.9　色谱仪

13.4.9.1　气相色谱

常用的检测器及其应用范围:热导检测器(TCD);氢火焰检测器(FID);电子捕获检测器(ECD);火焰光度检测器(FPD),基于磷和硫在富燃火焰中燃烧产生的分子光谱进行检测,对有机磷、硫化合物的灵敏度比碳氢化合物高 10^4 倍;热离子检测器(TID),又称氮磷检测器(NPD),对含磷、氮等有机化合物的检测灵敏度较高,最小检测量对磷和氮分别为 5×10^{-14} g/s(马拉硫磷)和 $\leqslant 1 \times 10^{-3}$ g/s(偶氮苯)。光离子化检测器(PID),多用于芳香族化合物的分析,对 H_2S、PH_3、N_2H_4 等物质也有很高的灵敏度。

气相色谱分析是一种高效能、选择性好、灵敏度高、操作简单、应用广泛的分析、分离方法。在气相色谱分析中,由于使用了高灵敏度的检测器,因此在痕量分析上,它可以检出超纯气体、高分子单体和高纯试剂等中质量分数为 10^{-6} 甚至 10^{-10} 数量级的杂质,在环境监测上可用来直接检测大气中质量分数为 $10^{-6} \sim 10^{-9}$ 数量级的污染物,农药残留的分析中可测出农副产品、食品、水质中质量分数为 $10^{-6} \sim 10^{-9}$ 数量级的卤素、硫、磷化物等。

13.4.9.2　液相色谱和离子色谱

按照分离机理液相色谱分为吸附色谱、分离色谱、离子交换色谱和凝胶色谱。

高效液相色谱分为正相和反相高效液相色谱,所使用的检测器如下:紫外-可见光吸收检测器;示差折光检测器;荧光检测器;光二极管阵列检测器;蒸发光散射检测器;电化学检测器(包括电导检测器、安培检测器、库仑检测器、伏安检测器和介电常数检测器)。20世纪90年代后期发展的超临界流体色谱法,既可以分析挥发性成分,又可以分析高沸点和难挥发样品,主要用于超临界流体萃取分离和制备。

离子色谱仪和一般的离子色谱仪的基本结构相似,泵的工作压力一般不超过15 MPa,使用的流动相多是酸、碱、盐和络合剂,分离柱以离子交换剂为填料,检测器通常为电导检测器。

13.4.10　激光扫描共聚焦显微镜

激光扫描共聚焦显微镜由荧光显微镜、激光光源、共聚焦扫描装置、检测系统、软件及计算机系统组成。系统由计算机控制,各组成部分的调整、运行及之间的切换都可以在计算机软件界面中进行。

现代激光扫描共聚焦显微镜系统建立在 Minsky 的基本原理基础上,如图 13.5 所示,结构上采用双针孔或单针孔装置,激光经过光源针孔形成电光源对样品进行扫描,分光镜将光束偏转,通过物镜会聚在物镜的焦点上,样品中的荧光物质受激发产生发射光,焦平面处的发射光经分光镜,通过检测针孔,由检测器接收,形成共焦像,非焦平面的发射光则被挡在检测针孔之外。在扫描成像过程中,针孔的大小起着关键的作用,对图像的对比度和分辨率有着重要的影响。

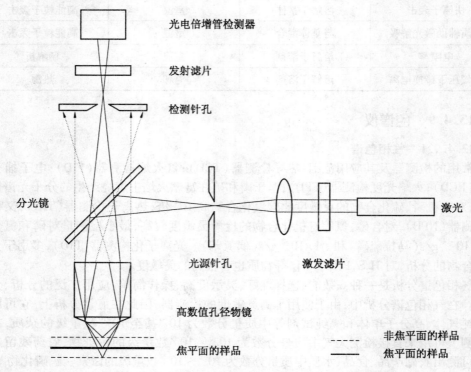

图 13.5　激光扫描共聚焦显微镜基本原理示意图

(摘自:汪尔康主编的《生命分析化学》,2006)

激光扫描共聚焦显微镜可以获得较普通荧光显微镜分辨率高、放大率高的组织和细胞图像,借助全自动显微镜、激光光源强度、扫描系统及检测系统等的可控性,以及大容量高强度的软件图像处理功能,辅以传统的、荧光染料分子的应用,可以对任何组织和细胞结构及分子、离子的定位、定量、实时动态观察,广泛应用于细胞及分子生物学研究的各个领域。

13.4.11　扫描探针显微镜

1982 年,IBM 公司苏黎世实验室的 G. Binnig 和 H. Rohrer 研制成功扫描隧道显微镜(Scanning Tunneling Microscopy,STM)。1986 年,在 STM 的基础上,Binnig、Quate 和 Gerber 发明了原子力显微镜(Atomic Force Microscopy,AFM),进一步在此基础上发展了侧向力显微镜、磁力显微镜、力调制显微镜、化学力显微镜、扫描电化学显微镜、扫描电容显微镜、扫描热显微镜、扫描近场光学显微镜等。这些显微镜都是以微小的探针来“摸索”微观世界,统称为扫描探针显微镜(Scanning Probe Microscopy,SPM)。

扫描探针显微镜突破了光和电子波长对显微镜分辨率的限制,在真空、大气、甚至液体环境下,不但能观察到物质的三维立体形貌,而且能获得探针与样品相互作用信息(如黏弹性、硬度、摩擦力、化学力等),并能对样品实施分子级甚至原子级加工和剪裁。

13.4.11.1　扫描隧道显微镜

扫描隧道显微镜的基本原理是利用量子理论中的隧道效应。将一个极细的探针金属(针尖头部可以达到单原子水平)和被研究物质的表面作为两个电极,当这两个电极之间的距离缩小到原子尺寸时,它们之间的势垒变得非常薄,在外加电场的作用下电子可以穿过势垒从一个电极流向另一个电极,这种现象称为隧道效应。在 STM 中,隧道电流 I_t 大小近似值为

$$I_t = V_t e^{-Cd}$$

式中,V_t 为两极间偏压;C 为与导体组成特性(如逸出功)相关的常数;d 为针尖最低处与试样最高处原子的距离。

STM 主要用来研究导电固体样品表面的原理结构和电学性质。近年来不断涌现的新兴 STM 技术,使 STM 不但有可能对样品表面的化学组分进行区分,实时监测单分子或单原子的电化学反应过程,而且在特定条件下还有可能在绝缘基底上对生物样品进行更深入的考查。STM 在纳米操纵技术方面也呈现出了诱人的前景。

13.4.11.2　原子力显微镜

原子力显微镜(AFM)又称扫描力显微镜(SFM)。其原理(图 13.6)是利用一根微小的探针“探摸”样品表面获取各类信息。当探针接近样品表面时,针尖受到样品对其产生的力的作用使承载探针的悬臂发生偏移或振幅发生改变。利用检测系统将探针悬臂的这种偏移或振幅改变转变成电信号传递给反馈系统和成像系统,通过记录系统记录下探针“探摸”过程中的一系列变化,获取样品表面的各种信息而得到图像。

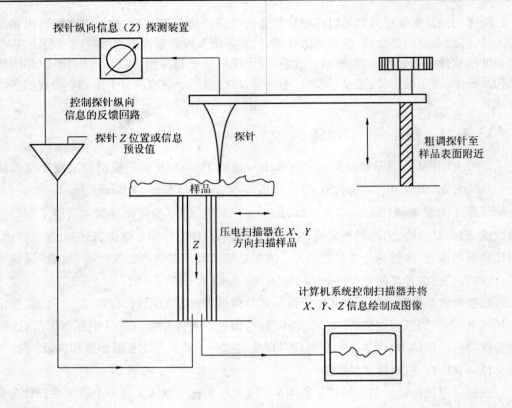

图 13.6　AFM 工作原理示意图

（摘自：汪尔康主编的《生命分析化学》，2006）

13.4.11.3　扫描近场光学显微镜

扫描近场光学显微镜（SNOM）是由光纤探针在样品表面逐点扫描，记录数据后成像。工作原理如图 13.7 所示。

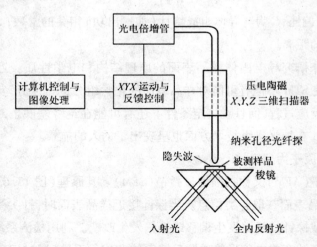

图 13.7　典型的 SNOM 工作原理示意图

（摘自：汪尔康主编的《生命分析化学》，2006）

扫描近场光学显微镜大体上分为 3 大类:小孔扫描近场光学显微镜、无孔针尖散射扫描近场光学显微镜和光子扫描隧道显微镜。它们的共同特征是利用一根光纤探针采集样品隐失场内的近场光学信息,获取样品的近场信息,这 3 种近场显微镜都突破了半波长衍射的光学极限。

但是,SNOM 可以开展扫描电子和扫描隧道显微镜所没有的应用,如它可以对来自样品的光吸收、光发射和光散射进行包括谱线成像在内的近场光谱学研究。光谱学应用是扫描近场光学显微镜应用中最具特色和最重要并已经取得显著成果的领域。目前,扫描近场光学显微技术结合其他技术,广泛地应用于纳米刻蚀、近场单分子成像、近场单分子光谱和生物样品成像等领域。

13.4.12 激光光谱分析技术

13.4.12.1 流式细胞仪

流式细胞仪(Flow Cytometry Microscopy,FCM)是一种对单细胞或其他生物粒子膜表面和内部的化学成分进行快速定量分析与分选的细胞分析仪器。FCM 主要由液流系统、光源与光学系统、检测系统和处理系统四部分组成,如图 13.8 所示。

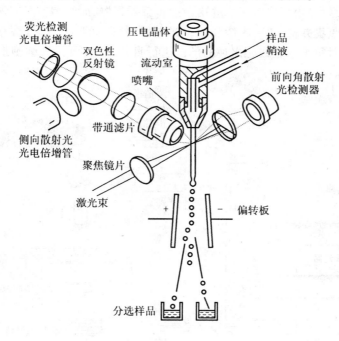

图 13.8 流式细胞仪示意图

(摘自:汪尔康主编的《生命分析化学》,2006)

流式细胞仪的工作原理是采用气压装置将染色细胞的悬浮液送入一个由样品管和鞘液管组成的流动室,在流动室的鞘液管充满流动的鞘液,并且其压力与样品流压力不同。当两者压力差达到一定值时,鞘液裹着样品流使染色细胞有序排列成单列恒速通过喷嘴进入激光椭圆集斑区。这些染色细胞在通过激光椭圆集斑区时将受到激光激发,产生荧光和散射光信号,采用滤光片将不同波长的散射光与荧光信号区分并送入检测器进行检测和处理。

流式细胞仪可对细胞的物理、生理、生化、免疫、遗传、分子生物学性状及功能状态进行定性或定量检测,它的应用标志着生物学和医学的研究进入细胞和分子水平,为微观认识细胞提供了精密、准确的方法和仪器。流式细胞仪的主要特点表现在:(1)测定细胞内DNA含量的变异系数小,一般为 1% ~ 2%;(2)它能正确区分二倍体、四倍体、近二倍体及非整倍体,并可用于细胞周期分析;(3)可在极短时间内分析大量细胞,特别适合于细胞群体的统计分析;(4)同时采用多种荧光分子探针,可进行细胞的多参数分析从而同时获取同一细胞的多种信息;(5)对单细胞悬液制备虽然要求严格,但是检测客观,分析数据多,统计结论可靠。

13.4.12.2 激光扫描细胞仪

近年来,一种基于显微技术的激光扫描细胞仪(LSC)得到了迅速的发展。LSC 同时兼有 FCM 和图像分析仪的优点,它的基本构件与 FCM 基本相同,但采用了一个常规的可对荧光进行检测的显微镜及摄像系统。

在激光扫描细胞仪中,显微系统是它的基本部件,如图 13.9 所示,样品置于由电脑控制可移动的显微镜载物台的载玻片上,两束或多束不同波长的激光在样品上快速地来回扫描,所产生的散射光由聚光镜成像并由散射传感器检测,而细胞被激光诱导所产生的荧光信号则由物镜收集并被 CCD 成像和四个光电倍增管中的一个进行检测。利用显微镜的不同放大倍数对每个细胞或感兴趣的部位进行直接观察,可得到细胞形态和荧光信号之间的关联信息。

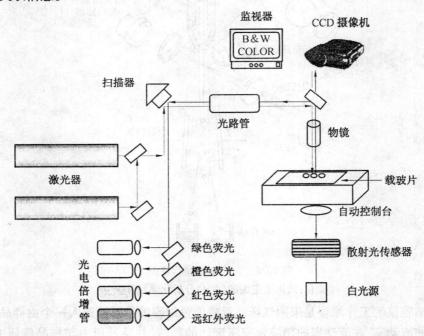

图 13.9　激光扫描细胞仪示意图
(摘自:汪尔康主编的《生命分析化学》,2006)

由于 LSC 将样品置于载玻片上，因此它具有不同于 FCM 的独特应用，如根据细胞的形态和生存状态将细胞分类，在复杂的细胞群中对罕见的细胞或事件（如白血病母细胞、有丝分裂过程和凋亡细胞）进行观察，并可直接在载玻片上对细针状、黏液状、类黏液状和肿瘤切片横截面直接进行观察以及进行完整膜生理功能的动力学研究。

13.4.13　SPR 生物传感器

1982 年，瑞典的 Liedberg 等人提出在金属薄膜上的表面等离子体共振（Surface Plasmon Resonance，SPR）现象能应用于生物传感方面的研究，以 SPR 为基本原理的生物传感技术的研究开始引起了人们的关注。20 世纪 90 年代初，SPR 生物传感技术的研究主要集中在方法的建立及灵敏度的提高等基础理论方面，20 世纪 90 年代以后，自动化、商品化的 SPR 一起相继问世，掀起了 SPR 生物传感技术应用的热潮。

SPR 生物传感器主要采用衰减全反射的方法（ATR）激发表面等离子体共振。表面等离子体是一种沿着金属和介电层界面传播的电荷密度波。偏振光通过三棱镜耦合激发表面等离子体引起共振的光学现象称为表面等离子体共振。一般在棱镜或玻璃基底上被覆一层金或银的薄膜，与另一种折射率较小的介质相如水接触，当一束平面单色偏振光在一定的角度范围内从玻璃一侧照射到镀在玻璃表面的金属薄膜上时发生全反射，虽然光线被完全反射回来，但此时会产生一种损耗波或消失波的电磁波向金属薄膜内传播，并使金属的自由电子发生振荡。当入射光的波向量与金属膜内表面电子的振荡频率相匹配时，引起电子发生共振，即产生 SPR 现象。

SPR 生物传感器有许多种类型，都包括四部分：①可以发出平面偏振光的光源；②沉积在玻璃基底上的金属薄膜；③棱镜，将光线与金属薄膜内的自由电子相耦合；④光学检测器，检测 SPR 角度或波长。如图 13.10 所示。

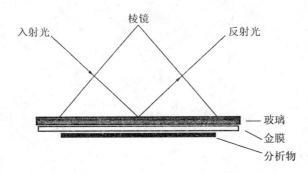

图 13.10　常见的 SPR 生物传感器结构原理示意图
（摘自：汪尔康主编的《生命分析化学》，2006）

从液体传输系统来分，SPR 生物传感器可以分为两类：非流动注射型和流动注射型。非流动注射型是采用非流动的反应池，样品在测定过程中保持静止，如 Affinity Sensors 公司的 IAsys 系列仪器。流动注射型的如 Pharmacia Biosensor AB 公司的 BIACORE1000、2000、3000 等型仪器，液体由恒流泵传送持续流过传感表面。

采用 SPR 传感技术可以定性检测生物分子之间是否发生了相互作用，可以在多种物质中筛选与配体结合的物质，或者在混合物中筛选是否有需要的目标分子；可以检测生物分子相互作用亲和力的大小;定量测定分析物结合和解离的速度等动力学信息;分析物的浓度;分析物与配体相互作用的影响因素;分析物结合导致的配体构象的变化;通过测定不同突变体的结合特性进行结合位点分析;多组分复合物中不同成分之间的结合情况对结合的影响等。

参考文献

［1］KNIETSCH A，WASCHKOWITZ T，BOWIEN S，et al. Construction and screening of metagenomic libraries derived from enrichment cultures：generation of a gene bank for genes conferring alcohol oxidoreductase activity on Escherichia coli［J］. Applied and Environmental Microbiology，2003，69：1408-1416.

［2］LIU B. 基因组学、转录组学与代谢组学［M］. 北京：科学出版社，2007.

［3］KURISUA F，SATOHB H，MINOB T，et al. Microbial community analysis of thermophilic contact oxidation process by using ribosomal RNA approaches and the quinine profile method［J］. Water Research，2002，36：429-438.

［4］HANDELSMAN J，RONDON M R，BRADY S F，et al. Molecular biological access to the chemistry of unknown soil microbes：A new frontier for natural products［J］. Chan Biol，1998，5：245-249.

［5］BEJA O，SUZUKI M T，KOONIN E V，et al. Construction and analysis of bacterial artificial chromosome libraries from marine microbial assemblage［J］. Environ Microbiol，2000，2：516-519.

［6］于仁涛，高培基，韩黎，等. 宏蛋白质组学研究策略及应用［J］. 生物工程学报，2009，25(7)：961-967.

［7］袁军. 印度洋深海多环芳烃降解菌的多样性分析及降解菌新种的分类鉴定与降解机理初步研究［D］. 厦门：厦门大学，2008.

［8］袁志辉. 宏基因组学方法在环境微生物生态及基因查找中的应用研究［D］. 重庆：西南大学，2006.

［9］许俊泉，贺学忠，周玉祥，等. 生物芯片技术的发展与应用［J］. 科学通报，1999，44(24)：2600-2606.

［10］马立人，蒋中华. 生物芯片［M］. 2版. 北京：化学工业出版社，2002.

［11］方肇伦. 微流控分析芯片［M］. 北京：科学出版社，2003.

［12］邢婉丽，程京. 生物芯片技术［M］. 北京：清华大学出版社，2004.

［13］王升启. 基因芯片技术及应用研究进展［J］. 生物工程进展，1999，19(4)：45-51.

［14］杨霞. 高效棉酚降解菌株的筛选鉴定及其差异蛋白质组学研究［D］. 杭州：浙江大学，2010.

［15］于仁涛. 从天然生境中直接分离新纤维素酶组分方法的探讨［D］. 济南：山东大学，2007.

［16］傅以钢，王峰，何培松，等. DGGE 污泥堆肥工艺微生物种群结构分析［J］. 中国环境科学，2005，25：98-101.

［17］高翠娟. 酿酒酵母耐乙醇特性的分析及代谢工程改造研究［D］. 济南：山东大学，2010.

[18] 郝纯,刘庆华,杨俊仕. 宏蛋白质组学:探索环境微生态系统的功能[J]. 应用与环境生物学报,2008,14(2):270-275.

[19] 贺纪正,张丽梅,沈菊培,等. 宏基因组学(Metagenomics)的研究现状和发展趋势[J]. 环境科学学报,2008,28(2):209-218.

[20] 李建军,陈进林,岑英华,等. 处理甲苯废气的生物滴滤池中微生物生态学研究[J]. 微生物学通报,2007,34(4):638-642.

[21] 李瑶. 基因芯片与功能基因组[M]. 北京:化学工业出版社,2004.

[22] 李竺,方萍,陈玲,等. 快速高效堆肥处理城市污泥微生物多样性研究[J]. 同济大学学报(自然科学版),2005,33(5):649-654.

[23] 刘小林. 蛋白质组学及其研究进展[J]. 安徽农业科学,2007,35(31):9810-9818.

[24] 刘新春,吴成强,张昱,等. PCR-DGGE 法用于活性污泥系统中微生物群落结构变化的解析[J]. 生态学报,2004,25(4):842-848.

[25] 刘有胜,杨朝晖,曾光明,等. PCR-DGGE 技术对城市餐厨垃圾堆肥中细菌种群结构分析[J]. 环境科学学报,2007,27(7):1151-1156.

[26] 牛泽,杨慧,刘芳,等. 元蛋白质组分析——研究微生物生态功能的新途径[J]. 微生物学通报,2007,34(4):804-808.

[27] 罗坤. 土壤宏基因组文库 PKS 基因的筛选及其代谢物杀线虫活性测定[D]. 长沙:湖南农业大学,2010.

[28] 钱小红,贺福初. 蛋白质组学理论与方法[M]. 北京:科学出版社,2003.

[29] 秦启龙. 深海沉积物细菌和丝状真菌的基因组学研究[D]. 济南:山东大学,2010.

[30] 裘湛,闻岳,黄翔峰,等. PCR-DGGE 技术在水解酸化–缺氧法处理采油废水的微生物研究中的应用[J]. 环境污染与防治,2006,28(6):439-443.

[31] 沈菊培,张丽梅,郑袁明,等. 土壤宏基因组学技术及其应用[J]. 应用生态学报,2007,18(1):212-218.

[32] 唐惠儒,王玉兰. 代谢组研究[J]. 生命科学,2007,19(3):272-280.

[33] 王峰,傅以钢,夏四清,等. PCR-DGGE 技术在城市污水化学生物絮凝处理中的特点[J]. 环境科学,2004,25(4):74-80.

[34] 王凤超,刘巍峰,陈冠军. 环境微生物不依赖于培养的基因组学研究及应用[J]. 中国生物工程杂志,2006,26(9):76-83.

[35] 王智文,马向辉,陈洵,等. 微生物代谢组学的研究方法与进展[J]. 化工进展,2010,22(1):163-173.

[36] 武超. 淡水环境中新型酯酶和甲烷氧化菌的筛选与鉴定[D]. 北京:中国科技大学,2009.

[37] 许国旺. 代谢组学方法与应用[M]. 北京:科学出版社,2008.

[38] 许国旺,路鑫,杨胜利. 代谢组学研究进展[J]. 中国医学科学院学报,2007,29(6):701-712.

[39] 许玫英,曾国驱,任随周,等. 分子检测技术对活性污泥中氨氧化细菌的比较研究[J]. 微生物学报,2003,43(3):372-379.

[40] 杨军,宋硕林,Jose C P,等. 代谢组学及其应用[J]. 生物工程学报,2005,21(5):1-5.